What is a *p-value* anyway?

34 Stories To Help You Actually Understand Statistics

저자 Andrew Vickers

역자 이근백 이경은 김용구 김은하

스토리가 있는 통계학

어쨌든 'P-값'은 무엇일까?

통계를 실제로 이해하는 데 도움이 되는 34가지 통계이야기

(주)신한출판미디어

스토리가 있는 통계학

인　　쇄 | 2021년 2월 22일
발　　행 | 2021년 2월 28일

저　　자 | Andrew Vickers
역　　자 | 이근백 이경은 김용구 김은하
발 행 인 | 채수봉
발 행 처 | (주)신한출판미디어

주　　소 | 서울 마포구 구룡길 19 B동 332호(상암 한화 오벨리스크)
대표전화 | (02) 338-5396
팩　　스 | (02) 338-5293

홈페이지 | http://shinhanpub.com
E-mail | shinhanpub@shinhanpub.com

I S B N | 979-11-90854-04-7
정　　가 | 26,000원

스토리가 있는 통계학

어쨌든 'P-값'은 무엇일까?

통계를 실제로 이해하는 데 도움이 되는 34가지 통계이야기

(주)신한출판미디어

저자에 관하여

앤드류 비커스 박사는 뉴욕의 Memorial Sloan-Kettering Cancer Center에서 역학 및 생물 통계학과의 협력연구방법론자이다. 그는 분자 마커 및 임상시험, 수술 결과 등을 포함한 다양한 암 연구 분야에서 활동하고 있다. 그는 또한 통계적 방법, 특히 예측 모형 평가에 관하여 독창적인 연구를 수행하고 있으며, 책을 쓸 당시, 200개 이상의 과학 논문의 주저자 또는 공동 저자였다.

비커스 박사는 통계교육에 큰 관심을 가지고 있다. 그는 Memorial Sloan-Kettering Cancer Center 생물 통계학 과정의 강좌 리더이며 코넬 의과 대학의 의대생들에게 생물 통계학을 가르치고 있다. 비커스 박사는 뉴욕 브루클린에서 아내와 자녀와 함께 살고 있다.

차례 CONTENTS

가설검정

회귀 및 의사 결정

몇 가지 일반적인 통계 오류 및 이 오류들은 무엇을 가르쳐 주는가?

이 책을 읽는 방법

만약 자신이 하는 일을 사랑하지만 다른 사람들이 그 일을 싫어하는 것처럼 보인다면 이상한 기분이 들 것이다. 나는 숫자 목록들을 들여다보며 사람들이 더 건강하게 더 오래 살 수 있도록 도움이 되는 지식을 골라내는 사람인데, 친구들에게 통계가 정말 재미있다고 말하면 친구들은 마치 전염병이라도 걸린 사람 보듯 나를 피한다.

대부분 사람이 통계를 굉장히 어려운 것으로 생각하는데, 그 이유가 통계를 배운 방식, 특히 교과서 때문인 것 같다. 통계 교과서들이 두껍고 읽기 힘들고, 심지어 비싸기까지 하다(번역자: 미국에서 특히 책이 비쌈). 이런 점들을 염두에 두고 편집장에게 여전히 읽기 힘들고 비싸지만, 얇은 책을 쓰겠다고 제안했다. 편집장은 그것도 좋지만, 좀 더 좋은 책을 쓰면 좋겠다고 했다. 내가 생각하는 대부분의 통계 교과서는 (a) 통계를 이해하는 방법이 아니라 통계를 어떻게 사용하는지만 알려주고, (b) 공식으로만 가득 차 있고, (c) 전혀 재미가 없다는 것이다. 그래서 나는 이 책을 (a) 통계를 이해하는 방법에 초점을 맞추고, (b) 공식을 피하며, (c) 적어도 가끔은 재미있는 그런 책을 쓸 수 있을지 모르겠다.

이런 배경 때문에 이 책의 이야기에 대한 아이디어를 생각하게 되었다. 십계명의 열 번째 계명은 "네 이웃의 것을 탐내지 말라."고 되어 있지만 아무도 일상의 대화에서 이런 말을 하지 않는다. 대신 "저쪽 풀밭이 더 푸르다"고 한다. ["저쪽 풀밭이 더 푸르다"의 유래: 어떤 염소들이 들판에서 맛있게 풀을 먹고 있다가 고개를 들어 보니 작은 개울 저쪽 풀밭이 훨씬 더 푸르게 보여서 작은 다리를 건넜다. 잠시 풀을 먹다가 다시 고개를 들어 보니 그들이 처음 먹던 저편의 풀밭이 지금 서 있는 들판보다 더 푸르게 보인다는 생각을 했다. 그래서 그들은 계속해서 "저쪽 풀밭이 더 푸르다."는 생각을 하면서 다리 건너기를 왕복하면서 하루를 보냈다고 한다]. 이 이야기는 유치원에서 들은 것 같은데, 지금도 그 내용과 의미가 기억이 난다. 열 번째 계명도 정확히 그런 뜻인데 무엇을 하라고만 하니까 기억하기 어렵다. 그러나 어떤 것을 이해하는데 도움이 되는 이야기는 평생 잊지 못할 것이다.

이야기처럼 이 책의 각 장들은 짧고 재미있게 읽을 수 있도록 했다. 이 책의 후반부의 "토론" 부분은 조금 무거울 수 있다. 토론 질문들은 다양하다. 보통 첫 번째 질문은 핵심적이므로 꼭 생각해보면 좋겠다. 대부분의 다른 질문들은 선택사항이고, 어떤 것들은 정말 열성적인 독자를 위해서 심화 활동을 구별하였다. 예를 들어, e라고 불리는 수학 상수의 도출, 통계 프로그래밍 소개 등이다.

통계 관련 경험이 있는 사람은 자유롭게 어느 장을 읽어도 좋다. 통계 경험이 별로 없으면, 아마 처음부터 끝까지 모든 장을 읽어야 할 것이다. 1장에서 12장까지는 평균, 변동, 분포 및 신뢰구간과 같은 기초적인 사항을 다룬다. 13장에서 21장까지는 가설검정과 p-값, 회귀분석, 그리고 의사결정에 대하여 다룬다. 이 책 마지막 3분의 1, 22장 "토미 존의 세 가지 실수 (네 가지 통계적 오류)"부터는 광범위한 통계적 오류들을 논하였다. 책의 적지 않은 부분을 "오류들"에 할애하는 것이 이상해 보일 수 있는데, 이는 "과학"은 "실수로부터 배우는 것"의 특별한 이름이라고 생각하기 때문이다. 가르칠 때도 특별히 멍청한 대답을 하는 학생들에게 보너스 점수를 주는데, 왜냐하면 멍청한 대답을 통해 우리가 정말로 배우기 때문이다. 예를 들어, p-값이 잘못 사용된 경우들을 실제로 보고 또 왜 잘못되었는지를 설명할 수 있을 때까지는 p-값을 제대로 이해한 것으로 보기 힘들다. 그러므로 시험 범위를 다 공부했다고 생각해서 후반부 장들을 건너뛰지 않기 바란다. 후반부의 몇 장들은 통계를 위한 실제적 지식이 될 것이다.

이 책이 가르쳐 줄 수 있는 것과 가르쳐 줄 수 없는 것

이 책을 읽고 나면, 좋은 통계에 대한 많은 핵심 아이디어들을 잘 이해할 수 있을 것이다. 또한 가장 흔히 저지르는 통계적 실수와 오류를 피할 수 있을 것이다.

실제로 어떻게 통계 분석하는지 모를 수 있는데, 이는 내가 어떤 적절한 공식도 제시하지 않았기 때문이다. 만약 연구나 수업을 위해 분석을 하고 싶다면, 공식과 단계별 지침이 있는 전통적인 통계 교과서를 찾아야 할 것이다. 또 이 책은 여러분이 잊어버린 것들을 떠올리기 위한 참고서로써 특별히 쓸모가 있지는 않을 것이다. 그래서 통계분석을 하려면 이 책만 사서는 안 된다. 반면에 만약 스스로 어떤 통계 분석도 하고 싶어하지 않고 여러분이 접하는 통계를 이해하고 해석해야 한다면 이 책 한 권만으로도 충분할 것이다.

연구 설계(design)에 관한 섹션은 어디에 있나?

나는 연구 설계를 매우 중요시하는 통계학자이다. 간단한 예로, 의학 연구에서 결측치가 있는 자료는 큰 문제다. 통계학자들은 마치 결측치가 없는 것처럼, 결측치를 예측하는 통계 기법을 제안하는 연구 논문들을 수백 편 작성했다. 내가 기여한 것은 처음부터 자료의 결측치 비율을 줄이기 위한 아주 간단한 기법을 제안한 것이다. 집에 있는 환자들에게 전화할 때, 긴 질문지 대신 단 두 가지만 질문하는 것이다. 이렇게 해서 임상시험에서 결측치 비율을 25%에서 6%로 줄였고, 그래서 복잡한 결측 자료 분석이 아니라 오히려 중복적 자료 분석을 하게 되었다.

이와 같이 연구 설계에 관한 부분이 이 책에 없다는 사실에 놀랄 수도 있다. 그 이유는 통계의 나머지 부분에서 연구 설계를 분리할 수도 없고 연구 설계에 관한 별도의 장을 가질 수 없다고 생각하기 때문이다. 회귀분석과 윌콕슨 검정에 관한 내용이 각각 다른 장에서 다뤄지고 있다. 그 이유는 하나가 없어도 다른 하나를 이론적으로 다룰 수 있기 때문이다. 하지만 연구 설계를 고려하지 않고 윌콕슨이나 회귀분석에 대해 생각할 수는 없다. 그래서 연구 설계와 관련된 장이 따로 없지만, 대신 연구 설계에 대한 언급은 책 전반에 걸쳐 있다.

이 책의 이야기와 자료에 대하여

글을 쓰기 시작할 때, 편집장이 "앤드류, 나는 당신이 세상에서 가장 재미있는 통계 교재를 썼으면 좋겠어!"라고 해서, "좋아, 내가 재미있는 이야기를 하나 쓰는 걸로 내 할 일은 끝이다."라고 생각했다.

사실, 정확히 그렇게는 아니지만, 거의 그렇게 되었다. 어떤 점에서 이 책의 이야기와 자료는 독자들이 통계 학습을 돕기 위해 개발되었다. 그래서 때로는 이해하기 쉽게 자료를 단순화하거나 바꾸기도 했다. 다뤄야 할 자료가 너무 복잡하고 설명이 많이 필요해서 처음 내가 그 자료를 사용하고 싶었던 이유인 통계에 대한 이해를 돕는 것을 벗어날 정도인 경우에는 자료를 시뮬레이션 하기도 했다. 또 한 가지, 나의 주된 연구 분야인 전립선암에 대해 계속 다뤄서 짜증이 날 수도 있겠다.

그렇다고 해서, 여기에 나오는 자료가 모두 100% 사실인 것은 아니다. 오해의 소지가 있다고 생각하지는 않지만, 이 책의 자료를 사용하여 스웨덴 남성의 헤모글로빈수치(참조: 7장. 주사위 보드 게임과 헤모글로빈 수치 (정규분포))에 대해서나, 전립선암(참조: 18장. 시카고를 방문하기 좋은 시기는? (선형 및 로지스틱 회귀))에 대하여, 아프리카계 미국인이 택시를 부르는 데 걸리는 시간 (참조: 29장. 나에게 절대 일어나지 않는 것들

(p-값을 비교하면 안 되는 이유))이나, 또는 그 문제에 관해 내 친구 Mike(참조: 26장. 마이크도 결국에는 결혼할걸. (평균으로의 회귀))에 대하여, 또는 "**바르게 살도록 겁주기**(Scared Straight)"프로그램이 청소년 범죄자가 평생 죄를 안 지으면서 살게 하는 데 도움이 되는지 여부(참조: 14장. 바싹 마른 칫솔, 양치했을까? (p-값의 정의)) 등에 대하여 함부로 결론 내리지 않기를 바란다. "그렇지 않다"고 하는 내 개인 의견을 그대로 받아들이기보다 직접 찾아보길 바란다(참조: www.cochrane.org). 이 책은 범죄 정책이 아니라 통계에 관한 책이다.

이 책의 자료들을 통해 얻은 결과를 조작 없이 분석하고 제시했다. 여러분도 내 분석을 재연할 수 있어야 한다. 원자료의 대부분은 웹에서 찾을 수 있지만, 당신이 찾을 수 없고 재연해 보려는 경우 알려 주면 도와주겠다. 이 책에 있는 범주형 자료 분석의 대부분은 피셔(Fisher)의 정확한 검정(exact test)을 사용했다.

미국 대중에 대한 설문 조사에서 얻은 원자료를 공개한 퓨 리서치 센터(www.pewresearch.org)에 감사드린다. 종교 간 결혼 태도에 관한 자료는 2006년 북 아일랜드 생활 및 세대 조사(www.ark.ac.uk)에서 발췌했다. 미국 1996년 범죄 통계는 www.statcrunch.com에서 구할 수 있다(다른 자료들과는 달리 구독해야만 사용 가능하다). 침술과 두통 자료 세트는 www.trialsjournal.com/content/7/1/15에서 다운로드 할 수 있다(자료 공유에 대한 내 생각을 읽을 수도 있다). 전립선암(스웨덴 남성의 혈액 수준)에 관한 자료는 동료 Hans Lilja와 함께 수행 한 일련의 연구에서 얻은 것이다. 의료 데이터베이스 "PubMed" (http://www.ncbi.nlm.nih.gov/sites/entrez)에서 "Vickers Lilija"를 검색하여 자세한 내용을 확인할 수 있다. 출산휴가에 관한 자료는 Janet Gornick의 작업에서 나온 것이다(예: 일하는 가족들: 자녀양육과 직업의 조화를 위한 정책: 뉴욕: Russell, SAGE Foundation, 2003 참조).

감사의 말

다음 분들에게 감사드린다. 조금 다르게 생각할 수 있게 도와 준 메드스케이프의 Carol Peckham과 David McNeel, Pearson의 Chris Cummings, 이 책을 나올 수 있게 한 Pearson의 Dana Jones, MSKCC에서 일할 수 있는 기회를 준 Barrie Cassileth, 내가 성공할 수 있는 환경을 제공한 Peter Scardino, 이 도시를 떠나는 Mike Kattan, 잘 참고 도와 준 Mike V. 와 기타 여러 사람들, 만화에 도움을 준 Mike Shapiro, 글 쓰는데 도움을 준 Burkhard Bilger, 건설적인 비판뿐 아니라 큰 응원을 해준 Elaine McDonald-Newman, Jackie Miller, Bill Rayens 및 Jeanne Osborne, 생물 통계학 및 건강 성과에 관하여 내가 기억하고 있는 것보다 더 많이 가르쳐준 MSKCC의 동료들, 나의 장모님, 열정적이며 똑똑하고 높은 생산성을 가진 Angel Cronin, Caroline Savage 및 Ally Maschino, 그리고 명백한 이유로 Caroline, Oliver, Emmeline, Robin 등.

또한 이 글에 대해 초기 단계부터 논평과 검토를 해준 분들에게도 감사를 전한다. Michael Dohm, Chaminade University, Onondaga Community College의 Sharon Testone, 노스이스트 주립 기술 커뮤니티 칼리지 Malissa Trent, 메릴랜드의 Loyola College, Elizabeth Walters, 버몬트 대학교 Sheila O'Leary Weaver.

1장에 있는 재미있는 이야기 중 하나는 Emily Tobey의 도움을 받아 Emily Tobey가 기획, 각본, 연출을 했고, 수석 PD도 Emily Tobey이다.

메드스케이프 (Medscape)

이 책의 일부 자료는 처음에 메드스케이프 시리즈 Stats for Health Professional의 일부로 출판되었다. 메드스케이프는 웹에서 전문가가 비평한 임상 의학 논문을 전문과 함께 제공하며 뉴스, 견해, 무료 CME 및 멀티미디어 전문가 의견들도 제공한다. 또한 메드스케이프는 비뇨기학이나 소화기학 같은 주제별 전문가 영역과 간호학 또는 약학과 같은 전문 업종 분야에 따른 전문 사이트 기능도 제공한다. www.medscape.com에서 등록 후 메드스케이프에 무료로 접속할 수 있다.

역자 서문

주위의 사람들에게 중·고등학교 시절에 배운 통계에 관해 질문하면, "무엇을 배웠는지 기억이 나지 않는다."라고 대답을 하는 경우를 종종 보았다. 대부분 사람이 중학교와 고등학교를 거치면서 통계와 관련된 지식을 학습했지만, 평균과 표준편차와 같은 공식이 학습 내용의 전부인 것으로 알고 있다. 예를 들어, 중학교에서 학생들은 얼마 되지 않는 몇 개의 제한된 수의 데이터를 가지고 히스토그램 및 도수분포표를 작성하고, 평균, 중앙값, 최빈값, 표준편차 등을 구했다. 하지만 그것들이 어떤 맥락에서 무엇을 의미하는지는 잘 모르고, 단순히 정확한 계산에 집중하였다. 그러다가 고등학교 때에 배운 확률분포표를 통하여 제한된 상황에서 주어진 자료를 활용하고자 하였고, 학교 시험을 대비하기 위해 전형적인 문제들을 반복적으로 풀이하였다. 따라서 이러한 통계학습은 사람들에게 여러 개의 수를 사용해서 사칙연산으로 답을 찾는 다소 따분한 수학으로 받아져 왔던 것 같다. 이것이 우리나라 통계교육의 대략적인 현실이었다.

역자는 2011년부터 중·고등학교 수학 시간에 학생들이 학습하는 통계 교육과정에 어떤 변화가 필요하다고 생각했다. 그래서 미국의 중등 교육과정에서는 어떤 통계를 가르치는지 관심을 가지게 되었다. 또한 수학 교과서나 참고서 외에 미국의 청소년들이 볼 수 있는 통계 도서는 어떤 것들이 있는지 살펴보았다. 그러다가 2013년 가을쯤에 아마존을 통해 "What is a p-value anyway? 34 Stories to Help You Actually Understand Statistics" 책을 처음으로 접하게 되었다. 34가지의 이야기를 통해 평균부터 회귀분석과 검정까지 풀어낸 책이었다. 시중에 여러 가지 통계 도서가 있지만, 짤막한 이야기를 통해 맥락으로 통계를 이해하는 책은 그렇게 많지 않았으므로 이 책은 상당히 매력적이었다. 책을 읽으면서 번역을 해야겠다는 욕심도 생겼다. 하지만 중등학교의 교육과정에 적합하지 않은 내용이 많아서 조용히 책장 한 편에 꽂아 두었다.

시간이 흘러 2020년이 되었다. 지금 학교 현장에서는 '인공지능', '빅데이터', '융합' 등의 용어가 넘쳐나고 있다. 또 교육활동의 많은 부분이 그 용어들과 연관되어 있다. 그러면서 몇 년 전부터 '통계적 소양'에 관한 관심이 부쩍 높아졌다. 세계를 놀라게 한 '알파고'의 열풍은 확률적 사고와 통계적 추론의 새로운 장을 열었다. 빅데이터를 학습하고 활용하기 위해서 통계학의 이론이 필요하다는 인식이 널리 퍼졌다. 자연과학, 사회과학 등에도 통계의 중요성이 더욱 부각되었다. 초등학교부터 고등학교까지 학습 내용에서도 통계적 소양의 함양이 중요하게 다뤄지고 있으며, 대학교에서도 통계학과의 인기가 높아지고 있다.

책장에 꽂혀 있던 "What is a p-value anyway?" 책을 다시 펼쳤다. 이제는 이 책을 번역할 때가 되었다. 이 책의 내용을 통해 통계적 사고, 소양과 관련된 내용을 함께 공유할 때가 된 것이다. 그동안 피상적으로 알고 있던 평균, 중앙값, 신뢰구간, 검정 등의 내용을 흥미롭고 친근한 사례를 통해 좀 더 깊게 이해할 필요가 있다. 계산 위주의 통계 교육활동이 아닌 실제 상황의 맥락 속에서 통계 개념을 이해하는 것이 중요하다. 비록 미국의 상황이긴 하지만, 한국의 상황에 적용하여 책의 내용을 이해하는 데 무리가 없을 것으로 생각한다.

이 책은 통계를 배우는 중·고등학생 그리고 통계에 관심 있는 대학생과 성인들에게 유용하다. 중학생은 1장에서 6장까지 내용인 [자료 나타내기] 부분을 읽으면 좋을 것 같다. 만약, 자료의 분포에 관심이 있다면 9장까지 읽을 것을 추천한다. 고등학생은 1장에서 12장까지 내용인 [자료 나타내기], [자료 분포], [신뢰구간] 부분을 읽기 바란다. 학교에서 배우는 통계 내용을 이해하는 것에 도움이 될 것이다. 수학을 좋아하고 회귀분석이나 가설검정에 관심 있는 고등학생이라면, 책 전체를 모두 읽는 것을 추천한다. 통계에 관심 있는 대학생과 성인들은 1장부터 천천히 책을 읽을 것을 추천한다. 기존에 알고 있던 통계적 지식을 다시 한번 살펴보고 짧은 이야기를 통해 맥락 속에서 통계를 이해할 수 있는 계기가 될 것이다.

이 책이 우리 글로 나오는 과정에서 소중한 분들의 도움이 있었다. 초고 번역을 함께 읽어준 성균관대학교 진지연, 황지연 학생과 경북대학교 김희진 학생에게 감사드린다. 책을 만드는 데 헌신적으로 노력한 신한출판미디어 편집진에게도 감사드린다. 특히, 통계교육에 관심을 가지고 이 책의 출판을 적극적으로 추진한 신한출판미디어 대표님께 감사드린다. 코로나 19의 상황으로 번역 과정이 지체되었지만, 대표님은 충분한 시간적 여유를 제공하였다.

이 책을 번역하는 과정에서 역자들은 통계교육에 관해 이야기를 나누는 자리를 자주 마련하였다. 어떨 때는 서로 얼굴을 보면서, 때로는 코로나 19의 영향으로 온라인 화상 모임을 가졌다. 중·고등학교의 수학 교실에서 일어나는 통계적 교육활동과 대학교의 통계적 교육활동의 연관성에 관해서 이야기를 나누었다. 또 대학에서 통계를 학습한 성인들이 가지고 있는 통계적 소양에 관한 이야기도 나누었다. 나아가 인터넷, 언론 매체 등에서 다뤄지는 통계와 그것들을 이해하는 방식에 관한 이야기도 나누었다. 이 책은 통계가 그 어느 때보다 중요하게 대두되고 있는 현재 상황에서 학생들과 일반인들이 통계를 생각하고 이해하는데 작은 출발이 될 것으로 기대한다.

2020년 가을

코로나 19 통계가 종식되기를 기대하며

역자 일동

CHAPTER 1

통계가 네 생각보다는 더 재미있어.

유명한 DJ인 친구랑, 그 친구가 밀라노에서 최근에 했던 공연(이만 명이나 모인 큰 공연) 대해 이야기 하고 있는데, 그때 이웃이 택시에서 내렸다. 기자인 그는 야생 버섯에 관한 이야기를 조사하고 태평양 북서부에서 막 돌아오는 길이었다. 우리 셋은 인도 위에 서서 한동안 이야기를 나누었고, 내 친구랑 그 기자는 서로의 전문분야 이야기로 서로 감명 받은 듯했다. 나도, 방광암에 관해 특강하러 클리블랜드에 갈 거라고 말했어야 했는데....

예전에, DJ인 친구의 아내가 하루 종일 내가 뭘 하는지 물어 본 적이 있다. 어려운 일이 많고, 비록 DJ 일 만큼 신나는 일은 아니지만, 생각하는 것보다 훨씬 재미있고 매우 만족스럽다고 대답했다. 제일 좋은 점은, 많은 통계학자들을 만나는 것이다. 정확한 답은 아닌 것 같지만, 내가 말한 것은, 앞으로 설명하겠지만, 통계 분석의 거의 처음과 끝(A-Z)인 추론(추정과 검정)에 관한 것이다.

추정은 어떤 것이 얼마나 큰지 혹은 작은지를 알아내려는 것이다. 그 "어떤 것"은 일반적으로 직접 측정할 수 없거나 측정하는 데 너무 많은 시간과 노력이 필요한 것이다.

내가 답한 두 가지 추정은 "통계에는 어려운 일이 많다."와 "통계학자인 것은 매우 만족스럽다."이다. 정확하지는 않지만, 몇몇 심리학자들이 정신적 노력, 직업만족도, 일에 대한 흥미, 이 세 가지를 측정하는 설문지를 개발했다고 가정해보자. "통계학자들은 얼마나 많은 일을 해야 하나요?"라는 질문에 답하기 위한 이상적인 방법은 세계의 모든 통계학자에게 설문지를 보내는 것이다. 하지만 그렇게 하기는 힘들기 때문에, 500명의 통계학자들에게 설문지를 보내고 이 500명의 대답이 모든 통계학자들의 대답을 잘 대변하기를 기대하는 편이 나을 것이다. 500명의 통계학자들이, 평균적으로 88% 정도 "일할 때 정신적 노력이 필요하다." 라고 답한다면, 88%는 전체 통계학자들의 평균치에 대한 우리의 추정치가 된다.

검정은 결론을 이끌어 내는 것이고, 일반적으로 통계학자들은 추론을 할 때 가설검정을 사용한다. DJ인 친구 부인의 질문에 대한 내 대답은 다음과 같은 두 가지 가설을 포함한다. "통계를 하는 것은 DJ 일 만큼 신나지는 않다." 그리고 "통계학은 생각보다 재미있다."

첫 번째 가설을 검정하기 위해, DJ 500명에게 "직장에서의 즐거움"에 관한 설문지를 주고 그들의 대답을 500명의 통계학자 대답과 비교할 수 있다. 두 번째 가설을 검정하기 위해 자료를 수집하기 전에 했던 어떤 추측과 통계학자들의 대답을 비교할 수 있다. 예를 들어, 0.3% 정도는 재미있을 것 같다고 답할 것이다.

표본으로 추출할 통계학자를 어떻게 선택할지, 어떤 설문지를 줘야 할지, 회송용 봉투에 우표를 붙어야 할지 아니면 "우송료가 지불된 우편물"을 사용해야 할지, 회송되지 않은 설문지를 얼마나 자주 추적해야 할지, 설문지로부터 자료를 어떻게 입력해야 할지, 누군가가 그중 절반만 답을 하면 어떻게 할지 등 여러 문젯거리에 대해 생각해봐야 한다. 연구를 설계하는 것은 꽤 복잡하지만, 통계학자들은 연구 설계에 대해 많이 알고 있다. 위대한 통계학자 중 한 명인 피셔(R. A. Fisher)는 "쥐가 오염되면 내 자료도 오염될 것이다."라는 이유로 쥐 우리 자체를 본인이 청소했다고 한다. 실제로 설문지 연구의 설계에 관한 모든 질문은 통계학자들이 결정하게 된다. 회송용 봉투에 우표를 붙이는 여부조차도.

선택의 여지가 있다면, 나를 포함한 대부분 사람은 복잡한 통계 분석을 하기보다는 야생 버섯을 먹거나 파티에서의 DJ 활동을 더 선호할 것 같다. 사랑하는 사람이 방광암에 걸리고 나서야 방광암 치료를 어떻게 하는지 알고 싶어 할 것이다. 통계는 매우 냉정해 보이지만, 매우 인간적인 목표를 가지고 있다. 나에게 숫자는, 해주고 싶은 이야기를 가진 누군가의 살아 숨 쉬는 아버지와 같다. 우리는 더 좋은 삶을 살기를 원한다. 그러기 위해서는 올바른 결정을 내려야하며, 때로는 올바른 방식으로 수치적 자료를 보는 것이 도움이 되기도 한다.

•정리•

1. 통계는 추론(추정, 검정)과 연구 설계를 다룬다.
2. 추정은 어떤 것이 얼마나 큰지 혹은 작은지를 알아내려는 것이다.
3. 검정은 보통은 통계적 가설검정을 수행함으로 결론을 끌어내는 것이다.
4. 가설은 그것이 사실인지 거짓인지 알아보기 위해 검정할 수 있는, 세상에 대한 진술이다.
5. 많은 연구는 숫자를 산출한다. 숫자의 전문가로서, 통계학자들은 종종 연구가 정확히 어떻게 설계되어야 하는지에 대해 많은 것을 말한다.
6. 클리블랜드가 평판은 그렇게 좋은 건 아니지만, 교직원 식당에서 내가 먹었던 저녁 식사는 정말 괜찮았다.

•토론•

1. 가설을 "세상에 대한 진술로서 사실인지 거짓인지 검정할 수 있는 것"이라고 정의했다. 검정할 수 없는 진술들이 있는가?
2. 통계학자들의 추정에는 두 가지 종류가 있다. 어떤 것이 얼마나 큰지 혹은 작은지, 그리고 어떤 것이 다른 것에 비해 얼마나 큰지 혹은 작은지 알아내려는 것이다. 첫 번째 종류의 추정은 "미국 남성의 평균 키는 5피트 9와 1/2인치에 가깝다."는 것과 같은 것이다. 두 번째 종류의 추정의 예는 "흡연 남성은 담배를 피운 적이 없는 남성보다 폐암에 걸릴 확률이 23배 높다."라는 것이다. 두 가지 유형의 추정의 다른 예들을 적어 보아라.
3. 대부분의 가설은 추정의 관점에서 다시 서술할 수 있다. 아래에는 몇 가지 추정과 가설이 뒤섞여 있다. 각각의 추정을 해당 가설과 일치시키고 어떤 것이 추정이고 어떤 것이 가설인지 말해보라.
   a. 가로등 개선 프로그램이 완료된 후, 범죄가 전년대비 21% 감소했다.
   b. 남성과 여성은 대통령 후보들에 대한 투표 행태에 차이가 없다.
   c. 캘리포니아주의 비만율은 1990년대에 증가했다.
   d. 수술 후 항암치료를 받는 여성의 경우 수술만 받는 여성에 비해 재발률이 5% 낮았다.
   e. 민주당 대선 후보에게 투표하는 여성의 비율이 남성보다 5% 높다.
   f. 가로등 개선은 범죄를 감소시킨다.
   g. 미로 학습을 완수하는데 걸리는 시간을 측정값으로 볼 때 전기충격(벌)은 설탕(보상)보다 쥐들의 학습을 향상시키는데 더 효과적이다.
   h. 충격에 노출된 쥐들이 미로를 완성하는 데 걸리는 평균 시간이 설탕을 준 쥐들보다 20초 짧았다.
   i. 캘리포니아 비만율은 1990년 10%에서 2000년 거의 20%로 약 2배 증가했다.
   j. 유방암의 경우, 항암 요법과 수술을 병행하는 것이 수술만 하는 것보다 더 효과적이지는 않다.
4. "거짓말, 빌어먹을 거짓말, 통계가 있다."고 누가 말했는가?

NOTE. 212쪽의 정답을 보라.

자료 나타내기

CHAPTER 2

빌 게이츠가 식당으로 들어가니….

(평균과 중앙값)

통계학자의 농담: 빌 게이츠가 식당에 들어가니 평균 연봉이 변했다.

재미는 별로 없지만, 빌 게이츠에 관한 "농담"의 요점은 두 가지 다른 유형의 대푯값, 즉 평균과 중앙값의 차이를 보여주는 것이다. 빌 게이츠가 들어오기 전에 식당에 있던 손님들의 연봉이 다음과 같다고 가정해 보자.

에릭	$85,000
호세	$50,000
바렛	$45,000
산드라	$40,000
토드	$35,000
마이클	$30,000
캐티	$30,000

평균은 우리가 일반적으로 생각하고 있는 평균을 의미한다. 모든 연봉을 합한 총합을 사람의 수로 나누면 된다. 평균은 합해진 모든 연봉, $315,000을 인원 수, 7명으로 나눈 값인 $45,000이 된다. 중앙값은 "중간" 위치의 숫자로 생각하면 된다. 모든 연봉을 최솟값에서 최댓값으로 순서대로 나열하면 중앙값 연봉은 중간 위치에 있는 연봉이다. 7개의 중간 위치는 4번째이므로, 식당 손님들의 중앙값 연봉은 4번째로 높은 연봉인 산드라의 연봉이다.

이제 연봉이 10억 달러인 빌 게이츠가 식당 안으로 들어 온 후, 빌의 연봉 때문에 전체 평균 연봉은 $125,000,000를 조금 넘게 바뀐다. 8개의 중간위치는 4.5이므로, 4번째와 5번째의 평균이 중앙값이 된다. 현재 4번째로 높은 연봉은 $45,000, 5번째는 $40,000로, 두 값의 평균 연봉인 $42,500가 중앙값이 된다. 대부분의 사람들은 $42,500가 식당 안에 있는 사람들의 연봉을 공평하게 반영하는 것이고, $125,000,000는 이와 관련이 별로 없다고 말할 것이다. 그래서 우리는 다음과 같은 작은 규칙을 만들게 된다: 만약 자료 안에 이상치가 있다면, 중앙값을 사용하라.

통계에서 "작은 규칙"을 발견한 경우에 매우 조심해야 한다. 자료를 "공정하게 반영"하는 것이 통계를 사용하려는 유일한 이유는 아니다. 다른 하나는 계획을 세우고 결정하는 것이다. 식당 대신에 병원이 있고, 연봉 대신에 수술비 자료가 있다고 생각해 보자. 다음은 빌 게이츠 대신 수술 후 합병증을 앓고 있는 환자들의 수술비 자료이다. 수술비가 $250,000에 이른다.

환자	수술비용
1	$85,000
2	$50,000
3	$45,000
4	$40,000
5	$35,000
6	$30,000
7	$30,000
8	$250,000

이 자료의 평균은 $70,000 이상이고, 중앙값은 빌 게이츠의 예제처럼 동일하며 $42,500이다. 병원 관리자라면 어떤 숫자가 가장 중요할까? $42,500는 환자의 일반적인 치료비용에 대한 "공정한 반영"일 수도 있지만, 환자 당 $42,500의 비용을 가정해서 내년 예산을 쓰면 부족할 것으로 예상된다. 평균과 중앙값에 대해 생각하는 것은 건강보험에 가입하는 이유이기도 하고 자동차 여행 당 부상자의 중앙값은 0명 임에도 불구하고 안전벨트를 착용하는 이유이기도 하다.

다음에 당신이 식당에 있는데 아직 빌 게이츠가 나타나지 않아서 지루해 할 때, 당신의 냅킨에 낙서할만한 작은 규칙을 알려주겠다. 통계는 때때로 맞기도 하고 틀리기도 하며, 모든 것은 당신이 그것들을 어디에 사용하기를 원하는가에 달려 있다.

•정리•

1. 대부분의 사람들이 "평균"이라고 부르는 것은 통계학자들이 평균이라고 말하는 것이다. 평균을 계산하려면 자료를 숫자 목록으로 생각하고, 모든 숫자를 합한 다음, 목록의 항목 수로 나누어라.
2. 중앙값은 숫자 목록의 중간 위치에 있는 값이다. 표본의 절반은 중앙값보다 큰 값을 가지고 있고, 절반은 중앙값보다 작은 값을 가지고 있다.
3. 관측값이 자료의 전체적인 패턴을 따르지 않을 때 그 관측값을 이상치라 한다.
4. 이상치가 존재할 때 중앙값이 평균보다 더 공정하게 자료를 반영한다.
5. 일반적으로, 계획과 의사결정을 위해서는 평균이 중앙값보다 낫다.

•토론•

1. "자료의 절반은 중앙값보다 큰 값을 가지고 있고 절반은 중앙값보다 작은 값을 가지고 있다."고 말했다. 항상 맞을까?
2. 여기 주사위 게임이 있다. 주사위를 굴려서 1에서 5 사이의 눈이 나오면 나는 당신에게 $20를 주고, 6의 눈이 나오면 당신은 나에게 $1000를 준다. 당신은 이 게임을 할까? 당신의 대답을 설명하라.

NOTE. 215쪽의 정답을 보라.

CHAPTER 3

빌 게이츠가 그 식당으로 다시 들어가니….

(표준편차와 사분위수범위)

세계 최고 갑부가 애초에 값싼 식당에 들어가는 걸 실제 볼 수는 없겠지만, 앞 장에서 사용한 예제를 계속 사용하고 싶으니, 다음 상황을 생각해 보겠다. 빌은 윈도우 디자인 결함에 대한 농담을 나누었으며, 다음날에는 할 일이 별로 없었다. 또한 그 식당은 엄청 붐볐으며, 아침에 총 80명의 손님이 왔다고 상상해보자. 손님들의 연봉 히스토그램이 다음에 제시되어 있다.

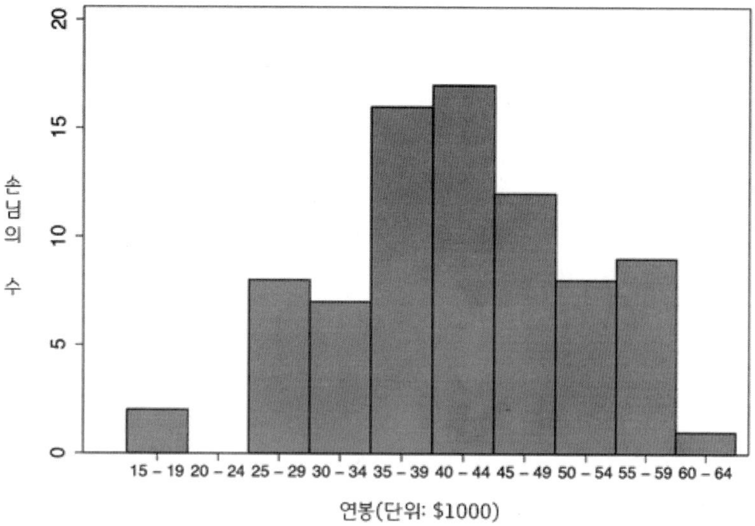

x축은 서로 다른 그룹에 분포된 서로 다른 연봉의 정도를 보여준다. y축은 각 연봉의 정도에 따른 인원수를 나타낸다. 예를 들어, 히스토그램은 식당의 손님 중 연봉이 $35,000에서 $39,000 사이에 있는 사람이 16명이라는 것을 보여준다.

이 히스토그램으로는 평균을 정확하게 구할 수 없어, 평균 연봉이 $42,360 라는 것을 계산하기 위해서 원자료(raw data)를 사용했다. 그래서 모든 자료를 하나의 숫자로 나타내었다. 오래된 농담이 있는데, 통계학자가 머리는 뜨거운 오븐에, 발은 차가운 냉장고에 넣었다. 그에게 심경을 묻자 "평균적으로는 꽤 좋다."고 말했다. 이것으로부터 두 가지를 알 수 있다. (a) 통계학자들은 나쁜 농담을 한다. 그리고 (b) 한 개의 숫자로는 종종 자료 전체를 잘 나타내지 못한다. 따라서 일반적으로 통계학자들이 자료의 중심 경향이라고 부르는 평균이나 중앙값 뿐만 아니라, 자료가 얼마나 퍼져 있는지, 즉 통계학자들이 산포의 측정이라고 부르는 것까지 보고하는 것이 좋다.

자료가 얼마나 퍼져 있는지 설명하는 산포의 일반적인 측도는 표준편차이다. 표준편차는, 여기에는 제시되지 않은 공식을 사용하여 자료로부터 계산된다. 대략적으로, 각 값과 평균의 차이를 계산하고, 그 차이를 제곱하고, 모든 제곱한 값들의 평균을 취한 후, 그 값의 제곱근을 구한다. 여기서 기억해야할 것은, 이 자료의 표준편차가 작다면 식당 내 손님들의 연봉이 비슷한 수준일 것이고, 표준편차가 크다면 손님들의 연봉이 굉장히 다르다는 것을 의미한다.

자료가 얼마나 퍼져 있는지 알아내기 위해서, 몇 가지 간단한 경험적 규칙을 사용할 수 있다. 그 중 가장 잘 알려진 사실은 "관측값들의 95%가 평균에서 표준편차의 약 2배 범위 내에 있다."는 것이다. 이는 식당 내 손님의 5%만이 평균에서 표준편차의 약 2배 이상 떨어진 연봉을 받는다는 것을 의미한다. 히스토그램을 그릴 때 사용한 원자료를 이용하여 표준편차 $9,616을 계산했다. 이제 손님 중 5%의 연봉이 $61,592(평균($42,360)+2×표준편차($9,616) = $61,592)보다 높거나, $23,128(평균($42,360)−2×표준편차($9,616) = $23,128)보다 낮을 것으로 예상할 수 있다. 이와 같은 상황에서, 히스토그램에서 볼 수 있듯이, 연봉이 $61,592를 초과하는 손님이 한 명, $23,128 이하인 손님이 두 명이다. 이것은 80명 중 3명(3.75%)으로 경험적 규칙에서 말한 5%에 가깝다.

또한 관측값들의 약 2/3가 (평균 ± 표준편차) 범위 안에 있고, 관측값들의 약 절반이 (평균 ± 2/3×표준편차) 범위 안에 있는 것도 사실이다. 히스토그램을 사용하여 이러한 경험적 규칙을 테스트해 볼 수 있다. 예시로, 손님의 약 2/3가 약 $33,000 ($42,360 - $9,616)와 $52,000 ($42,360 + $9,616) 사이의 연봉을 받는 것으로 보인다.

그것은 물론 빌 게이츠가 식당 안으로 들어가기 전까지의 일이다. 빌 게이츠가 식당에 들어온 후, 손님들의 평균 연봉은 약 $12,000,000이고 표준편차는 $100,000,000이 되었다. 분명히, 더 이상 관측값의 3분의 2가 (평균±표준편차) 범위 안에 있는 것은 아니다. 왜냐하면 빌을 제외하고 식당 손님 중 어느 누구도 $112,000,000에 가까운 연봉을 받고 있지 않으며, 아무도 -$88,000,000의 연봉을 받을 수 없기 때문이다. 그래서 일반적으로, 자료가 통계학자들이 정규분포라고 부르는 종 모양의 곡선(참조: 7장. 주사위 보드 게임과 헤모글로빈 수치 (정규분포))에서 벗어나 한쪽으로 치우쳐져 있을 때에 경험적 규칙은 잘 맞지 않는다. 다음 그림은 빌 게이츠가 없는 자료에 정규 곡선을 겹쳐 그린 것이다. 보다시피, 이것은 정규분포에서 그렇게 벗어나지 않기 때문에, 경험적 규칙이 맞는 것으로 볼 수 있다.

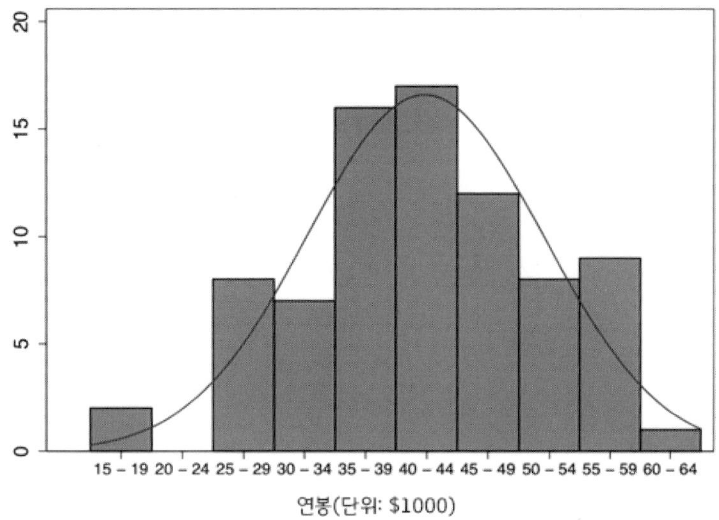

하지만 빌 게이츠가 들어오면, "한쪽으로 치우친" 자료가 된다. 그것은 정규분포에 전혀 맞지 않다. 만약 정규분포에 맞지 않는다면, 표준편차를 어떻게 해야 할까? 빌 게이츠가 식당에 처음 들어왔을 때, 중심 측도로 평균 대신 중앙값을 사용할 수 있다고 말한 것을 기억하라. 중앙값과 함께 사용할 산포의 측도는, 표준편차가 아니라, 사분위수범위라고 하는 것이다. 사분위수들은 중앙값(혹은 제2사분위수), 제1사분위수, 제3사분위수이다. 자료를 순서대로 정렬하면, 중앙값은 자료의 "중간" 위치에 있는 수이고, 제1사분위수는 자료의 4분의1 위치에 있는 수, 제3사분위수는 자료의 4분의3 위치에 있는 수이다. 히스토그램의 자료를 사용하여 중앙값 소득은 $41,900, 제1사분위수는 $36,000, 제3사분위수는 $49,300라는 것을 알았다. 이 세 개의 숫자들은 많은 것들을 알게 해준다. 예를 들면 다음과 같다.

손님의 50%가 $41,900 이상의 연봉을 받고 있으며, 50%는 $41,900 이하의 연봉을 받음

손님의 25%가 $49,300 이상의 연봉을 받음

손님의 25%는 $36,000 이하의 연봉을 받음

손님의 50%가 $36,000에서 $49,300 사이의 연봉을 받음

손님의 25%가 $36,000에서 $41,900 사이의 연봉을 받음

손님의 25%가 $41,900에서 $49,300 사이의 연봉을 받음

빌 게이츠의 연봉이 평균과 표준편차를 굉장히 이상하게 만들었지만 중앙값을 포함한 사분위수들은 상당히 일정하다(예: 제 3사분위수는 $49,300에서 $49,500로 변함). 이것이 지난번에, 자료가 매우 치우쳐 있다면, 평균(표준편차와 함께)보다 중앙값(사분위수범위와 함께)을 사용한다면 자료를 더 잘 반영한다고 말한 한 가지 이유가 된다.

중앙값과 사분위수범위를 사용하는 또 다른 이유가 있다. 나는 암 연구에 관한 자료를 분석하는데, 과학 논문에서 가장 먼저 언급하는 것 중 하나는 환자의 일반적인 특성에 관한 것들이다. 환자들의 나이는? 남성 대 여성의 비율은? 초기 암 환자는 몇 명이고 전이된 환자는 몇 명? 이런 것들이다. 이 연구에서 환자들의 나이가 정규분포를 따르고 있다고 가정해보자. 독자들이 연령 분포에 대해 원하는 것을 알아 낼 수 있다고 생각해서 평균과 표준편차를 보고할 수 있다. 그러나 요점은 독자들이 연령 분포에 대하여 쉽게 알지는 못한다는 것이다. "그래, 평균 64.3, 표준편차 9.8, 음, 환자의 절반이 '(평균±2/3준편×표준편차) 이내', 즉, 64.3±9.8×0.667, 1분만 기다려봐. 계산해 볼 테니…. 계산기는 어디에 있지?" 이런 식으로 말하는 의사를 본 적은 거의 없을 것이다. 중앙값과 사분위수범위만 얼핏 봐도, 자료를 한눈에 파악하고, 좋은 정보를 얻을 수 있다.

다시 말해, 중앙값과 사분위수범위는 자료를 기술하는 데 매우 유용하다. 이것이 바로 우리가 원하는 것이다. 여기에서 언급한 모든 것, 즉, 평균, 표준편차, 중앙값, 사분위수범위 등을 기술 통계량이라고 한다.

•정리•

1. 평균과 중앙값은 자료 집합을 기술하는 데 유용하다. 평균 및 중앙값은 일종의 평균, 즉 중심 위치의 측도이다.
2. 일반적으로, 자료의 평균뿐만 아니라 자료가 평균 주위에 얼마나 퍼져있는지 (산포의 측도) 알아야 한다.
3. 일반적으로, 평균과 함께 보고되는 산포의 측도는 표준편차이다.
4. 일반적으로, 중앙값과 함께 보고되는 산포의 측도는 사분위수범위이다.
5. 자료가 정규분포에 가까운 경우, 평균 및 표준편차를 사용하여 자료에 대한 모든 종류의 작업을 수행할 수 있지만, 계산을 좀 더 필요로 한다.
6. 중앙값과 사분위수범위는 별 계산 없이 자료에 대한 빠른 정보를 제공한다.
7. 중앙값과 사분위수범위는 치우친 자료를 설명하는 데에도 유용하다.
8. 자료를 설명하는 데 사용되는 통계량, 여기서 설명된 평균 및 중앙값, 표준편차 및 사분위수범위 등을 기술 통계량이라고 한다.

•토론•

1. 제3사분위수는 75 백분위수, 제1사분위수는 25 백분위 수 (또는 퍼센트)라고 표현하기도 한다. 이것을 설명하라.
2. 사분위수범위에 관해, 식당 손님의 25%가 "$49,300 이상"의 연봉을 받고 있다고 말했다. 표준편차에 대해 이야기할 때, 5% 손님은 $61,592 이상 또는 $23,128 이하의 연봉을 받았다. 왜 어떤 경우는 "x 이상 (x or more)"이라고 또 어떤 경우는 "x보다 큰 (higher than x)"이라고 말할까?
3. 완벽히 정규분포를 따르는 경우에는, 관측값들의 95%가 평균에서 표준편차의 2배 범위 내에 있다는 것이 사실인가?

NOTE. 216쪽의 정답을 보라.

CHAPTER 4

빗나간 슛, 편파 판정

내 인생의 모든 멋진 순간들처럼, 나는 그 순간을 마치 어제 일처럼 생생하게 기억하고 있다. 유럽축구 선수권 대회에서 영국과 스페인이 시합하고 있었다. 스페인 선수의 슛이 빗나갔고, 그 공은 팀 동료에게 넘어갔다. 팀 동료가 슛을 했는데, 영국 골키퍼를 지나쳐 골이 되었다. 그러나 심판은 오프사이드라며 그 골을 인정하지 않았다. 다시보기를 보면 그 슛은 골로 인정받아야 함에도 불구하고...

나는 믿을 수 없었다. 축구장에서 잘못된 결정이 내려졌다. 결과론적으로 영국 팬으로서는 힘들진 않았지만... 영국은 페널티킥을 성공시켰고 다음날 영국 언론들은 "우리의 용감한 젊은이들에 대한 찬사로 가득 찼다. 스페인 언론은 명백한 편파 판정에 격분했다. 내가 보기에 스페인 선수가 애초에 슛을 빗나가게 쏘지만 않았다면 우리는 심판 이야기는 하지도 않았을 것이다. 하지만 다시 말하지만, 그렇다고 내가 편견이 없다고 말하기는 어려울 것 같다.

치우침(skew)은 "한쪽에서 벗어남(off to one side)"을 의미한다. 통계는 두 가지 이유로 인해 "한쪽으로" 치우칠 수 있다. 첫째로, 자료가 원래부터 그런 경우가 가끔 있다. 한쪽에 다른 쪽보다 더 많은 관측값이 있는 경우이다. 다음 그래프는 미국 성인을 대상으로 한 연구에서 나온 것으로 체질량지수(body mass index, 킬로그램 단위의 몸무게를 미터 단위의 제곱으로 나눈 값)를 제공한다.

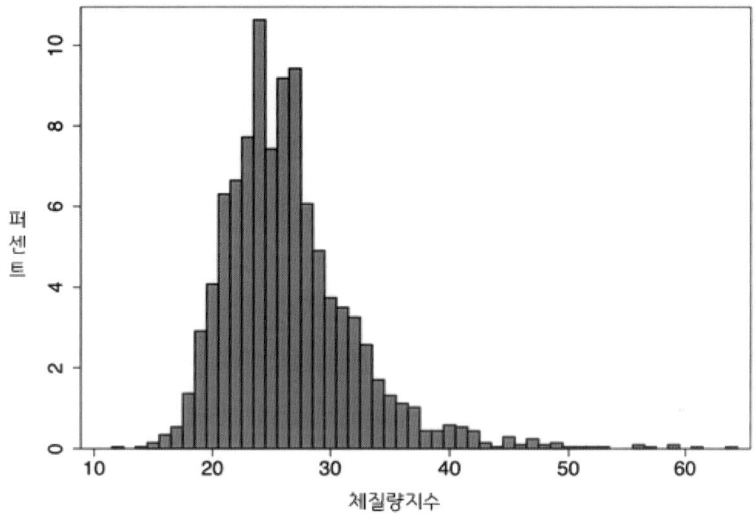

이 자료는 오른쪽으로 꼬리가 길다(skewed to the right). 약간 저체중인 미국인들도 있긴 하겠지만, 체중이 많은 미국인들 중 몇몇은 매우 무겁기 때문이다. 이 자료는 중앙값보다 큰 관측값이 중앙값보다 작은 관측값보다 중앙값에서 더 멀리 떨어져 있기 때문에 오른쪽으로 꼬리가 길다. 그 결과 평균(26.5)은 중앙값(25.7)보다 높다.

왼쪽으로 꼬리가 긴(skewed to the left) 자료는 평균이 중앙값보다 작다. 다음은 왼쪽으로 꼬리가 긴 자료 중 흥미로운 예제로, 임신기간에 관한 자료이다.

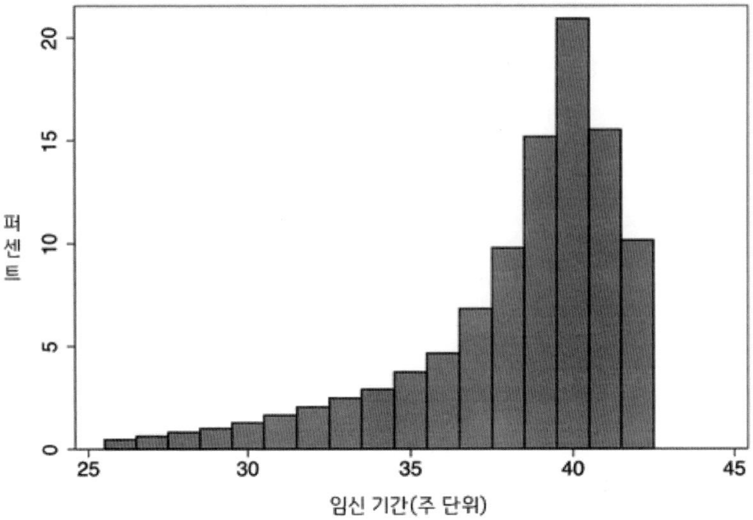

왼쪽은 미숙아들에 해당하는 임신 기간이, 오른쪽은 예정일보다 늦게 태어난 아기들의 임신 기간에 해당한다. 굉장히 빨리 태어난 미숙아들이 있기 때문에 보통 임신 기간보다 임신 기간이 굉장히 짧아 왼쪽으로 꼬리가 길게 된다. 출산 예정일보다 늦게 태어난 아기들의 임신 기간은 그렇게 길지 않아, 오른편으로 꼬리가 길지 않다. 왜냐하면 예정일보다 많이 늦은 출산은 산모와 태아에게 위험할 수 있어, 의사들은 출산일을 예정일보다 2주 이상 넘기지 않도록 한다. 그 결과 평균은 중앙값보다 낮다.

치우침의 또 다른 의미는 "진실로부터 벗어났다"이다. 여론 조사를 엉터리로 조사한 유명한 예가 있다. 미국 대통령 프랭클린 루즈벨트(FDR)는 1936년에 재선에 출마했다. 리터러리 다이제스트는 선거 결과를 예측하기 위해 여론 조사를 실시했다. 두 가지 문제가 있었다. 첫 번째 문제는, 그들은 표본의 상당 부분을 전화번호부에서 선택했다. 대공황기간 동안 전화기를 가지고 있을 정도로 부자인 사람들은 비교적 적었고 부유한 사람들은 FDR과 그의 "뉴딜" 정책을 좋아하지 않는 경향이 있었다. 두 번째 문제는, 여론 조사에 응한 사람들의 약 20-25%만이 우편 투표에 응답하여 응답률이 매우 낮다는 것이다. FDR을 좋아하지 않는 유권자들은 특히 리터러리 다이제스트에 자신들의 의견을 전하려는 의욕이 강했던 것 같다. 당신은 아마 다음과 같은 말을 하고 싶을 것이다. "리터러리 다이제스는 유권자에 관한 왜곡된 표본을 사용했다." 통계학자들은 한쪽으로 치우친 자료를 묘사하기 위해 "치우침"라는 단어를 사용한다. 사실, 평균과 표준편차를 알아낼 수 있는 것처럼 공식을 사용하여 자료의 "왜도(skewness)"를 알아낼 수 있다. 잘못된 추정치를 초래하는 실험 방법이나 통계 분석의 오류를 기술하기 위해 통계학자들은 편향(bias)이라는 단어를 사용한다.

리터러리 다이제스트 여론 조사에 응답한 사람들은 미국 유권자들을 잘 대표하는 표본이 아니라 한쪽으로 치우친 표본이었다. 의학 연구 또한 이러한 종류, 선택 편향(selection bias)에 의해 한 쪽으로 치우칠 수 있다. 예를 들어, 심장마비 환자의 생존율을 조사하여 심장 수술을 받은 환자와 수술 안 받은 환자의 생존율을 비교할 수 있다. 이 연구는 일부 환자들이 너무 아파서 수술을 받을 수 없고, 오직 상태가 좋은 환자들만 수술을 받게 되기 때문에 편향되었을 수도 있다. 따라서 수술의 효과가 없더라도, 수술 받은 환자들에게서 생존율이 더 높을 것으로 예상할 수 있기 때문이다.

표본을 신중하고 공정하게 선택한다고 해도 편향이 있을 수 있다. 예를 들어, 연구의 일부로서 사람들에게 질문을 한다면, 질문하는 방법은 편견을 만들어 낼 수 있다. 명백한 예가 하나 있는데, 정치권이 가짜 여론조사를 하는 "밀어내기 여론조사(pushing poll)"가 대표적인 예다. "만약 주지사 후보인 브라운이 혼외 네 명의 자녀를 낳았고 뇌물 수수 혐의를 피하기 위해 판사에게 돈을 지불했다는 것을 알게 된다면, 그에게 투표할 가능성이 더 많아질까? 적어질까?" 이런 편파적인 질문 중 내가 가장 좋아하는 사례는, 불륜 경험률이 예전에 생각했던 15-20% 보다 훨씬 낮은 2-3%에 불과하다는 연구결과였다. 연구진이 결혼한 부부들을 그들 집에서 같이 인터뷰하였다. 이런 인터뷰 방법은, 거의 모든 사람들이 무엇이 잘못된 것인지 알기 때문에, 진실을 솔직하게 밝히기 어려운 은밀한 질문을 한다면, 대부분의 사람들은 배우자 옆에서 솔직하게 대답하지 못할 것이다.

그 밖에도 수많은 종류의 편향이 있는데, 각각 다른 이름을 가지고 있다. 특히 통계학자들도 무엇이라고 부를 것인가에 대해 의견이 다르기 때문에, 그것들을 전부 기억할 필요는 없을 것이다. 오히려 당신이 기억해야 할 것은, 세상의 일부로서 치우침이 있다는 것이다(스페인 선수는 빗나간 슛을 날렸다). 편향은 우리가 세상을 연구할 때 때때로 소개할 수는 있지만, 그 편파 판정처럼, 우리가 피해야 할 것이다.

•정리•

1. 왜도는 자료의 분포를 기술한다.
2. 평균보다 작은 관측값이 많거나, 반대로 평균보다 큰 관측값이 많으면 자료가 한쪽으로 치우쳐진다.
3. 평균보다 크거나 혹은 작은 관측값들의 비율이 크면 클수록 왜도는 더 커진다.
4. 편향은 연구의 설계, 수행 또는 분석과 관련된 문제를 설명한다.
5. 방법이나 통계 분석이 추정치를 너무 높거나 낮게 만들면 연구는 편향된다.
6. 내 기쁨은 오래가지 못했다. 잉글랜드는 이겼어야 할 다음 경기에서 졌다.

★ 참고: 정규분포가 너무 정상적이라면, 내 자료는 왜 정상이 아니지?

•토론•

1. 어떻게 수술 연구에서 선택 편향을 피할 수 있나?
2. "대학에서의 부정행위"에 대한 연구를 하고 있다고 상상해 보자. 여기에 불륜 연구처럼 부정행위에 대한 질문이 있다. 어떻게 진실하게 답변하도록 할 수 있을까?

NOTE. 217쪽의 정답을 보라.

CHAPTER 5

2.6명의 자녀?

(자료의 다양한 유형)

나의 어머니는 통계적인 통찰력을 가지고 계신다.

어릴 때, 어머니는 나에게 "통계학자들은 틀렸어. 어떻게 2.6명의 자녀를 가지냐?"라고 말하곤 했다. 아마추어 심리학자들이 "어머니를 짜증나게 했던 그런 통계학자가 되었구나."라고 나를 놀리기 전에, 이것들은 분명히 하기로 하자. (a) 어머니는 완벽히 정확하게 옳았고, (b) 어머니는 아주 심오한 문제를 지적하셨다. 영국 여성의 평균 자녀의 수가 2.6명이라는 조사 결과를 보고 어머니가 그렇게 말씀하신 것이다. 이 "평균"은 통계학자들이 평균이라고 부르는 그것이 맞다. 평균은, 모든 관측값을 합산하고 관측횟수로 나눈 수이다. 예를 들어, 100만 명의 여성과 총 260만 명의 아이들이 있다면 평균 2.6을 얻게 될 것이다.

통계학자들이 가장 많이 사용하는 다른 유형의 평균은 중앙값이며, 중앙값은 관측값의 절반보다 큰 수이다. 내가 추측하기에는 이 조사에서 여성 1명당 출산한 자녀의 수의 중앙값은 2명일 것이다. 즉, 여성의 50%는 0명에서 2명의 자녀를 두고 있으며, 50%는 2명 이상의 자녀를 두고 있다.

어머니의 관점에서 보면, 평균과 중앙값의 큰 차이는, 하나는 수학적으로 계산하여 나온 값이며, 다른 하나는 실제로 볼 수 있는 값이라는 것이다. 일반적으로 자료 세트의 누군가는 중앙값인 자녀 2명을 갖는다. 이는 보통 평균에 해당되지 않는다. 2.6명의 자녀를 가질 수 없으니. 일반적으로 평균(표준편차) 및 중앙값(사분위수범위)와 함께 보고되는 산포 측정도 마찬가지다.

왜 중앙값을 고수하지 않는가?

그렇다면 왜 평균이나 표준편차와 같은 "인위적" 숫자를 사용해서 어머니를 불평하게 하는가? 간단히 답하면, 수많은 질문에 답하기 위해서다. 실 자료(real data)를 사용하려면 매번 그것을 찾아봐야 한다. 우리가 10살 소년들의 표본으로부터 키 자료를 가지고 있다고 생각해 보자. 잘 알려진 경험적 법칙은 "관측값의 95%가 평균에서 표준편차의 2배 범위 안(평균±2×표준편차)에 있다."는 것이다. 그리고 관측값의 약 3분의 2가 평균에서 표준편차 범위(평균±표준편차)안에 있다는 것을 계산할 수 있으며, 관측값의 90%가 (평균-1.28×표준편차)의 값보다 크다는 것을 알 수 있다. 알고 싶은 것 대부분을 답할 수 있다. 또한, 예를 들면, 관측값의 86.4%가 (평균+1.1×표준편차)의 값보다 작다는 것도 사실이다. 그러니까 평균과 표준편차를 알면 즉시 다음과 같은 질문에 대답할 수 있다. 남자 아이들의 키의 상위 5%는 어느 정도일까? 키가 5피트 이상인 남자 아이들의 비율은 어느 정도일까? 이 아이들의 키 50%는 어느 구간에 놓일까? 굳이 자료 세트로 돌아가서 찾아볼 필요가 없다.

가설검정도 할 수 있다. 만약 채식주의자로 길러진 소년들과 대조군 소년들의 평균과 표준편차가 있다면, 동물성 식품을 피하는 것이 소년들의 성장에 영향을 미치는지의 여부를 알아낼 수 있다.

2.6의 사용법

어머니들은 대체로 옳다. 이 특정한 경우에서는 나의 어머니가 확실히 옳았다. 여성 한 명당 평균 자녀의 수 2.6명을 인용하는 것은 좀 어리석다. 추정을 하거나 검정하기 위해 통계치를 사용한다. 예를 들어, 10살 소년의 키 자료를 보자. 평균키(예: 평균)와 변동 정도(예: 표준편차)에 대한 추정치는 자료를 기술하는데 적합하다. 우리는 이 통계치들을 보고 10살 남자 아이들의 키가 평균보다 6인치 더 크거나 작은 것이 얼마나 흔한지에 대해 훌륭한 아이디어를 얻을 수 있고, 경기장을 디자인하거나 비옷의 크기의 범위를 정하는 경우 등에 이 통계치들을 사용할 수 있을 것이다.

가설검정에 실제 적용된 사례도 있다. 채식주의 식이요법과 일반 식이요법으로 길러진 소년들의 키를 비교하기 위해 통계적 가설검정을 실시하고, 채식주의 식이요법이 성장을 억제하는 것처럼 보인다는 결론을 내린다고 하자. 그러면 아이를 양육할 때 어떤 식이요법으로 양육해야 할 것인지에 대한 조언이 가능하다.

가설검정에 "평균 자녀의 수 2.6명"을 어떻게 사용할 수 있을지는 명확하지 않다. 예를 들어, 여성들 자료를 가지고 있다고 생각해 보자. 출산한 자녀 수와 주소 정보가 있다. "농촌 지역의 여성들이 도시에 사는 여성들보다 더 많은 아이를 출산한다."와 같은 가설을 검정하기 위해 평균 자녀의 수를 사용할 수 없다. 평균을 사용하는 통계적 검정은, 이 자료가 많은 다른 값을 취할 수 있다는 것을 가정하기 때문이다. 즉, 통계학자들이 연속형(또는 양적) 변수라고 부르는 것이다. 키는 연속형 변수의 좋은 예다. 10살 소년의 키가 134cm 또는 157.48cm 또는 139.7cm 또는 그 사이의 어떤 값도 가능하다. 가족의 크기는 범주형 변수라고 불리는 것에 더 가깝다. 왜냐하면, 적어도 선진국에서는, 거의 모든 가정이 0, 1, 2, 3, 4명의 자녀라는 제한된 숫자의 범위에 포함된다. 통계학자들은 가족 크기와 같은 범주형 변수에 연속형 변수를 위한 통계적 검정을 사용하는 것을 좋아하지 않는다.

게다가 "평균 자녀의 수 2.6명"은 여성들이 보통 얼마나 많은 자녀를 출산하는지 명확하게 알려주지 못한다. 대부분의 여성들이 2명 혹은 3명의 자녀를 출산하는 것처럼 들리지만, 전혀 그렇지 않을 수도 있다. 대부분의 여성들은 1명 혹은 2명의 자녀를 출산하고, 몇몇 여성들만 아주 많은 자녀를 출산한다. 이것은 자료를 기술하는 데 단 하나의 숫자만으로는 힘들며, 더 구체적으로 말하면, 평균 추정치와 함께 산포 추정치를 보고해야 한다는 것을 알려주는 예다. 문제는 평균과 관련된 산포 측도가 표준편차라는 점이며, 자료가 한쪽으로 치우치면 이는 거의 의미가 없다(참조: 3장. 빌 게이츠가 그 식당으로 다시 들어가니…. (표준편차와 사분위수범위)). 예를 들어, 여기 여성 1명당 자녀수의 수에 대한 어떤 자료의 히스토그램이 있다.

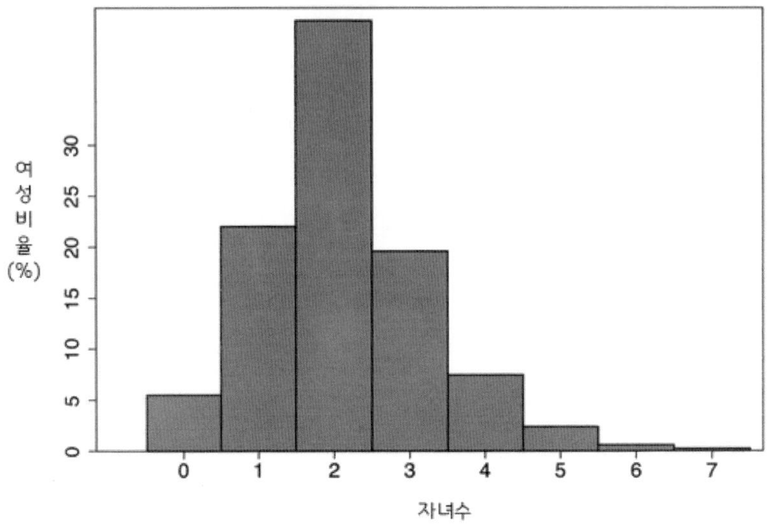

실제로 평균 2.6의 자료를 찾을 수 없었다. 이 자료의 평균은 2.1이고 표준편차는 1.1이다. 자료의 95%가 평균에서 표준편차의 두 배 범위 안에 있다는 규칙을 적용하면, 95%가 −0.1에서 4.3 사이 자녀를 가진 것을 알 수 있는데, 음수의 자녀를 갖는 것은 2.6명의 아이를 갖는 것보다 훨씬 더 말이 안 된다. 그렇다면 2.1이라는 평균 대신 어떤 통계를 사용해야 할까? 중앙값(2)과 사분위수범위(2)는 그다지 도움이 되지 않는다. 예를 들어, 25%의 여성이 1명 이하의 자녀를 가지고 있다는 것을 알고 있지만, (a) 나도 어느 정도 추측했었고 (b) 1%만 또는 24%까지 자녀가 없을 때에도 이것은 사실일 것이다.

평균이나 중앙값 없이, 히스토그램만 있다고 하자. 이 히스토그램은 알고 싶은 것의 거의 대부분을 알려준다. 또는 아래에 있는 표를 통해서도, 많은 정보를 이끌어 낼 수 있다. 예를 들어, 여성의 7.4%가 4명의 자녀가 있고, 96.7%는 4명 이하의 자녀를, 3.3%가 5명 이상의 자녀를 가졌다는 것을 알 수 있다.

자녀수	퍼센트	누적 퍼센트
0	5.5	5.5
1	22	27.5
2	42.2	69.7
3	19.6	89.3
4	7.4	96.7
5	2.4	99.1
6	0.6	99.7
7	0.3	100.0

사실, "평균 자녀의 수 2.6명" 만큼 이상한 표나 그래프는 없다. 그리고 어느 쪽도 우리 어머니를 짜증나게 하지 않을 것 같은데, 나는 이것이 상당한 문제점을 가진 것으로 보고 있다. 하지만, 결국에는, 여러분이 실제로 사용할 수 있는 것이 있다.

•정리•

1. 통계학자들은 자료 세트에서 평균과 표준편차와 같은 숫자들을 계산한다.
2. 이러한 수치는 그 자료 세트에는 없는 값을 취할 수 있다.
3. 통계학자들은 자료를 잘 기술하는 숫자로 중앙값이나 사분위수범위를 선택하기도 한다.
4. 다양한 값을 취할 수 있는 변수들(연속형 혹은 양적 변수)을 설명하기 위해, 평균, 중앙값, 표준편차 및 사분위수범위가 사용된다.
5. 변수들은 범주로 잘 설명될 수도 있다: 통계학자들은 평균과 중앙값은 범주형 변수를 위해서는 사용하지 않고 각 범주의 수와 비율을 제시한다.

★ 참고: CHAPTER 33. 무언가를 의미하는 숫자 : 수학과 과학의 연계

•토론•

1. 중앙값(또는 제3사분위수)은 항상 자료 세트에 있는 숫자 중 하나인가?
2. 연속형 변수를 "많은 값들"을 취할 수 있는 변수로 설명했다. 얼마나 많아야 "많다"고 할 수 있나?
3. 여기 몇 가지 변수가 있다. 이 중 어떤 것이 연속형 변수이고 어떤 것이 범주형 변수인가?
   a. 키
   b. 성별
   c. 교육 기간
   d. 통증 점수
   e. 우울증
   f. 소득
   g. 인종
   h.실업률
4. "평균 자녀수 2.6명은 우스꽝스러운 통계치"라고 말하면서 다른 유형의 자료에 대해 몇 가지 요점을 배울 수 있었다. 그러나 한 여성이 평생 출산한 "평균" 자녀 수는 사실 꽤 유용하다. 이 통계가 어떻게 사용될 수 있다고 생각하는가?

NOTE. 219쪽의 정답을 보라.

CHAPTER 6

고등학교 수학 선생님이 알려준 그래프를 그리는 방법

보통 사람들과 통계학자의 또 다른 차이점은, 보통 사람들은 아마도 "고등학교…, 그 시절이 내 인생에서 가장 행복했던 시절이었다."라고 말하고, 통계학자들은 "나를 가장 행복하게 해준 것은 고등학교 수학이었다."라고 구체적으로 말하는 경향이 있다. 고등학교 때 공부했던 수학의 대부분은 내가 직장에서 보통 쓰는 수학보다 훨씬 더 어려운 수학이었다. 하지만 고등학교 때 그래프를 그리는 법을 정말 잘 배웠다. 그래프에 대해 배운 것은 x축과 y축이 있고 선을 그리기 위해 x를 이용하여 y값을 표시한다는 것이었다. 예를 들면, $y = 5x - 4$와 같은 것이다. 또한

x에 다른 차수도 넣을 수 있다고 배웠다. 예를 들면, $y = 1.4x^2 - 5x - 4$. 그렇게 하면 직선이 아닌 곡선을 그릴 수 있다. 이를 "비선형" 관계라고 부른다. 이 곡선이 방향을 바꿀 수 있는 횟수는 다른 x항들의 수와 관련이 있다. 왼쪽부터 오른쪽으로 순서대로 그래프는 $y = 5x - 4$, $y = 1.4x^2 - 5x - 4$, $y = 0.5x^3 + 1.4x^2 - 5x + 4$ 이다.

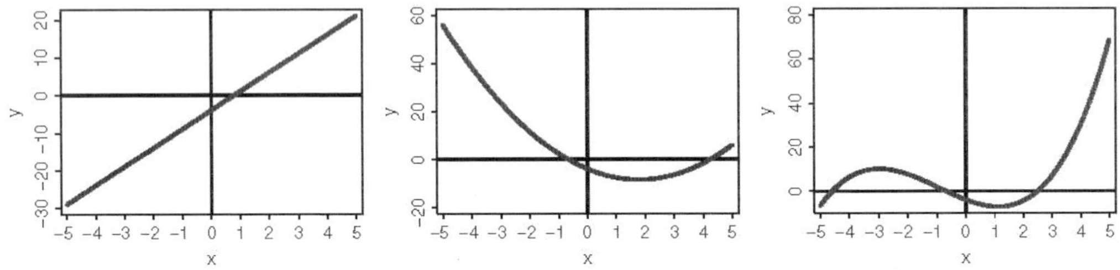

또 학교에서 배운 것은, x축과 y축이 무엇인지, 예를 들어, 신발 크기와 키의 값을 나타내도록 하고, 적절한 좌표에 각 관측값 표시를 하는 것이다. 신발 크기가 10½이고 키가 5피트 11½인치인 사람(나일 수도 있고 아닐 수도 있음)은 좌표평면에 x가 10½인 가상의 직선과 y가 5피트 11½인치 가상의 직선이 만나는 지점에 한 점이 된다. 그리고 나면, 모든 사람의 키와 신발 크기를 표시한 점들과 가장 가까운 선을 그리려고 한다.

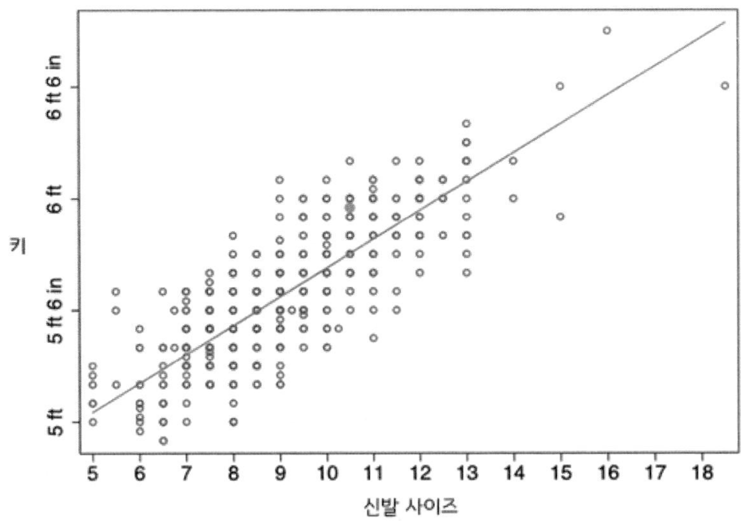

대부분의 그래프를 그리기 위해서 알아야 할 것은 이것들뿐이다. 그런데, 좋은 그래프가 과학 문헌에서 왜 그렇게 찾기 힘든지 의문이 든다.

다음은 보고서나 논문에서 흔히 볼 수 있는 전형적인 그래프이다.

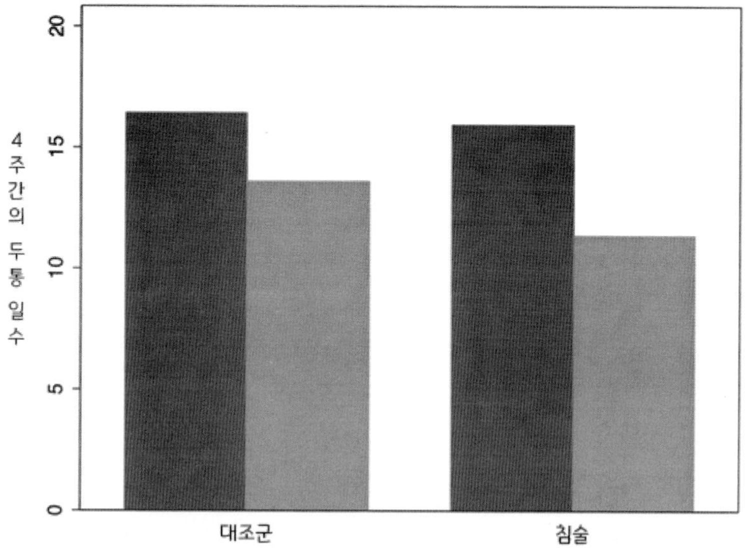

이 그래프는 두통치료를 위한 침술의 임상시험 결과를 보여준다. 막대는 치료 전(어두운 회색)과 치료 후(연회색)의 한 달 동안 두통이 있는 일수가 표시된다. 아니면 주 발행 복권(state lottery)에 대한 설문조사를 보면 어떨까?

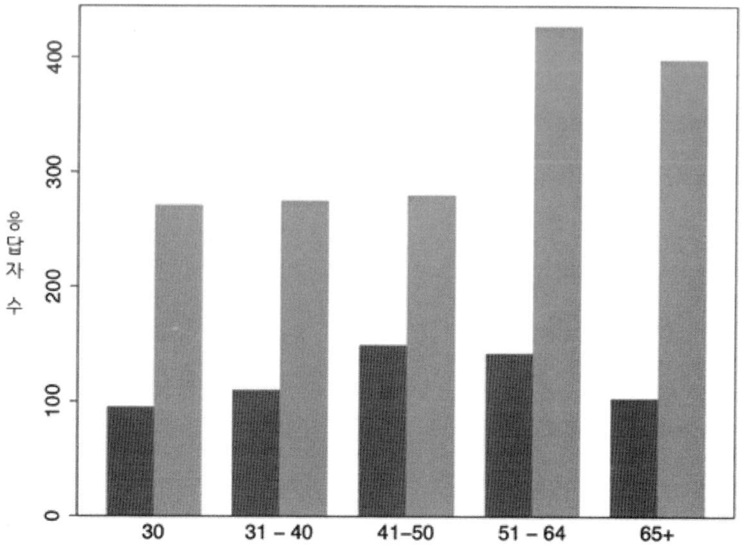

이 그래프는 지난 12개월 동안 복권을 산 응답자(진회색 막대)와 사지 않은 응답자(연회색 막대)의 수를 각각 연령에 따라 다르게 보여준다.

자, 아직 안 졸고 있는 사람들을 위하여, 이 그래프들이 왜 그렇게 나쁜지에 대해 짧게 말하겠다. (a) 보기에 지루하고, (b) 결과에 대한 즉각적인 시각적 효과를 주지 않으며, (c) 아무도 실제로 사용할 수 있는 정보를 제공하지 않는다.

자, 고등학교 때로 돌아가자. 그 결과를 x와 y그래프로 나타내보자. 침술 실험 결과는 다음과 같다.

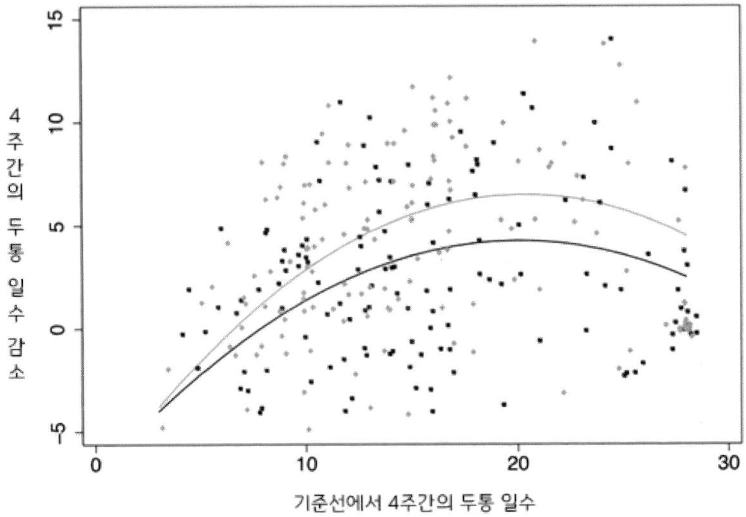

x축은 임상시험을 할 때 환자의 두통 수준을 보여주고, y축은 환자의 상태가 호전되었는지 여부를 나타낸다. 예를 들어, "+5"는 임상시험 종료 시 환자가 처음보다 두통을 겪은 날이 5일 적음을 의미한다. 회색 마름모는 침술 그룹에 있는 각 환자의 결과를 보여주고, 검은 사각형은 대조군에 있는 환자의 결과를 보여준다. 일반적으로, 기본 두통 수준에 상관없이, 회색 점들이 더 높은 것처럼 보인다. 이것은 침술 집단의 두통이 더 감소했음을 시사한다. 또한 모든 회색 마름모에 가장 가깝게 그려진 회색 곡선과 모든 검정 사각형에 가까운 검은 곡선을 보여주고 있다. 이러한 곡선들은 환자가 병원에 가서 "한 달에 20일 정도 머리가 아프다."고 말했을 때 예상되는 치료 결과를 제공한다. 의사는 "지금으로부터 1년 후에는 한 달에 3일 정도 단축될 것으로 예상할 수 있을 것이다. 만약 침술 치료를 받으면, 한 달에 5일 정도 줄어들 것으로 예상한다." 이 그래프의 또 다른 좋은 점은 임상시험에 참가한 각 환자의 실제 결과를 나타낸다는 것이다.

이것이 그래프가 하는 것, 자료를 보여주는 것이다.

복권조사 결과는 다음과 같다.

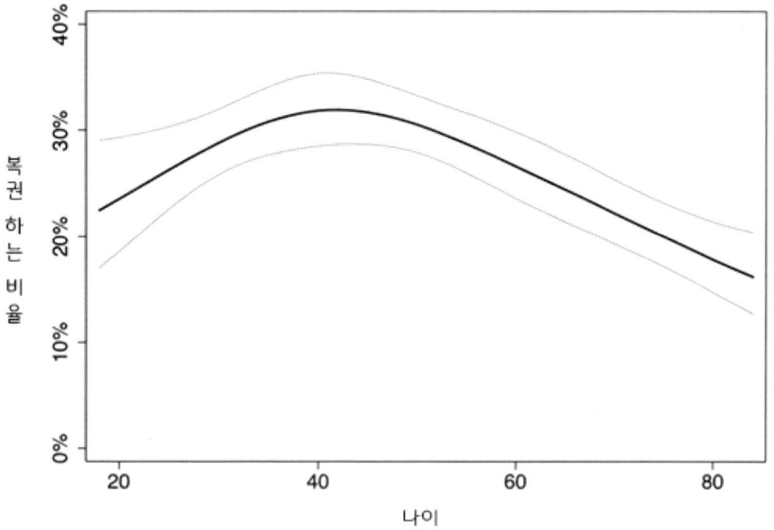

검정색 곡선은 조사 참가자가 연령대별로 복권을 하는 비율을 보여준다. 옅은 회색 선은 95% 신뢰구간이라고 알려진 것인데, 이는 연령과 복권 하는 비율 사이의 관계에 대한 그럴듯한 범위를 반영한다(참조: 11장. 비 오는 날 결혼식을 피하는 방법 (변동과 신뢰구간)). 42세 전후가 절정에 달하고 중년에 비해 젊은 사람들과 노인들이 복권을 적게 하는 것을 한눈에 알 수 있다. 이 그래프의 좋은 점은 자료에 대한 즉각적인 시각적 정보를 준다는 것이다. 예를 들어, 이 그래프는 도박 중독을 이해하려는 심리학자에게 흥미로울 수 있다.

요점 정리: 침술 그래프의 맨 왼쪽을 보라. 침술은 실제로 두통이 많지 않은 환자들에게 상황을 더 악화시키는 것처럼 보인다. 그렇지만 다시 한 번 보면, 당신은 이것이 단지 몇몇 환자에 근거한다는 것을 알게 될 것이다. 이것은 우리가 평균적인 통계 결과를 극단의 환자에게 적용하는 것에 주의해야 한다는 것을 상기시킨다. 한편, 적어도 당신은 지루한 회색 막대그래프 말고 다른 것도 적용할 그래프가 있다.

•정리•

1. 연구에서는 흔히 한 가지(예: 복권 등)를 다른 것(예: 연령 등)의 관점에서 이해하고자 한다.
2. 우리가 이해하고 싶은 것을 y라고 한다.
3. 우리가 y를 이해하는 데 사용하는 것을 x라고 한다. 그럼 복권 구매 건수나 나이가 될 수 있다.
4. 고등학교 때 그렸던 것처럼 y와 x의 그래프를 그리는 것은 그들 사이의 관계를 이해하는 좋은 방법이다.
5. 각 관측값 (x, y)에 점으로 표시하며 이를 산점도라고 한다.
6. 각 점에 가장 가까운 직선이나 곡선을 그릴 수도 있다.
7. 점과 선에 다른 색상을 사용하여 다른 카테고리(침술을 했거나 받지 않은 환자의 경우 등)를 나타낼 수 있다.

•토론•

1. 항상 선을 그릴 수 있는가?

NOTE. 223쪽의 정답을 보라.

자료 분포

CHAPTER 7

주사위 보드 게임과 헤모글로빈 수치

(정규분포)

부모의 가장 큰 도전 중 하나는, 아이와 함께 하는 게임에서 어떻게 하면 자연스럽게 지는 것이다. 어떻게 하면 부정행위 없이 아들이 주사위 보드 게임에서 이기게 할 수 있을까? 물론, 나는 할 수 없지만, “한 게임만 더”는 적어도 통계적 분포의 특성을 되돌아볼 수 있다.

주사위 보드 게임에서 이길 확률은 정확히 50:50라는 점에서 동전 던지기와 같다. 그래서 만약 당신이 몇 게임을 할 것이라고 알려 준다면, 나는 각각 일어날 수 있는 승패의 조합의 가능성을 말해 줄 수 있다. 쉬운 예로, 만약 나와 내 아들이 주사위 보드 게임을 두 번 한다면, 내가 두 번 모두 질 확률은 25퍼센트, 각자 한 번씩 이길 확률은 50퍼센트, 내 아들이 모두 져서 화를 낼 확률은 25%이다. 이걸 막대그래프로 보여줄 수 있다. x축에 표시된 값은 내가 이긴 게임 수이며 y축은 내가 이길 확률을 제공한다.

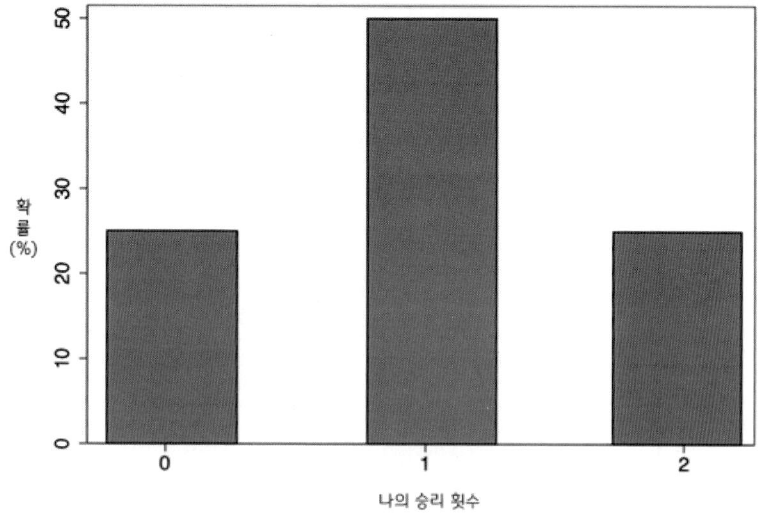

네 번 게임을 하게 되면 계산은 좀 더 복잡하지만, 두 명이 각각 두 번씩 이길 확률이 37.5%이고, 네 번 모두 질 확률은 6.25%이다.

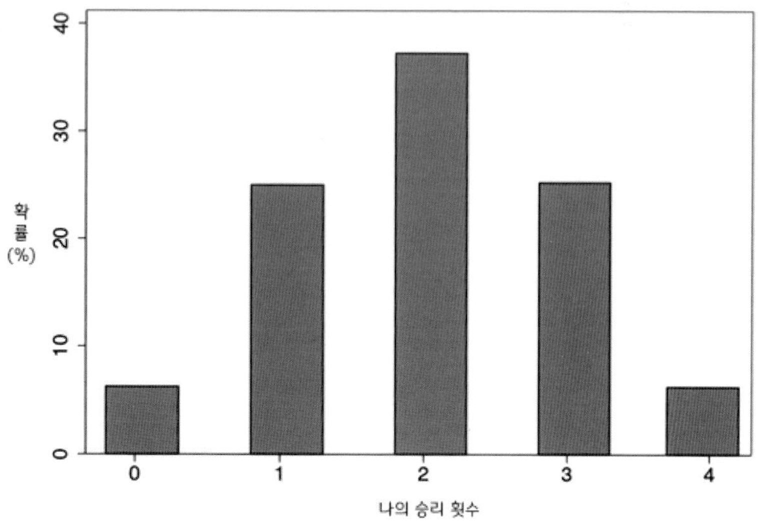

여기서 당신이 알아차릴 수 있는 것은 이 두 번째 그래프가 정규분포의 종 모양의 곡선을 약간 닮기 시작했다는 것이다. 이제 정말 비가 많이 오는 주말에 주사위 보드게임을 백 번 한다고 가정해보자.

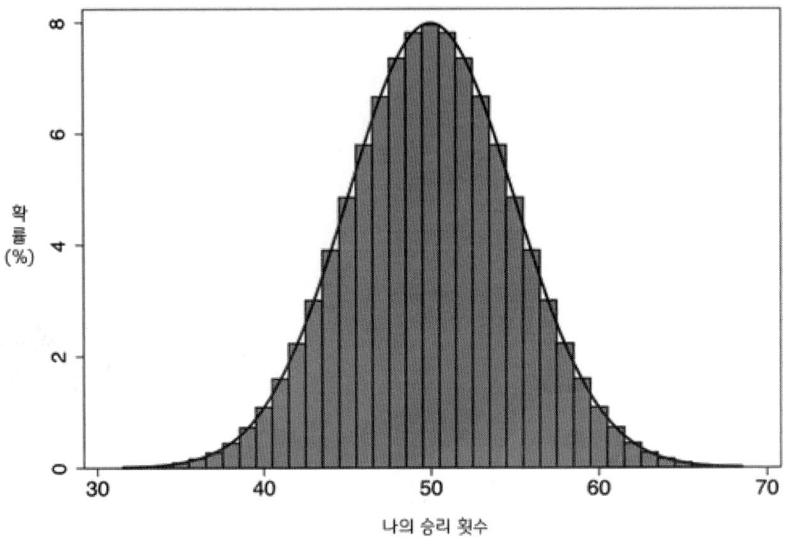

이 그래프는 이제 정말로 정규분포에 매우 가까운 것을 알 수 있다. 정규분포곡선을 히스토그램 위에 그려보면, 얼마나 가까운지를 알 수 있다. 또한 자연적인 생물학적 현상에서도 매우 유사한 것들이 많이 있다. 예를 들어, 다음 그래프는 35-50세의 스웨덴 남성들의 코호트에서 헤모글로빈 수치의 분포를 나타낸 것이다.

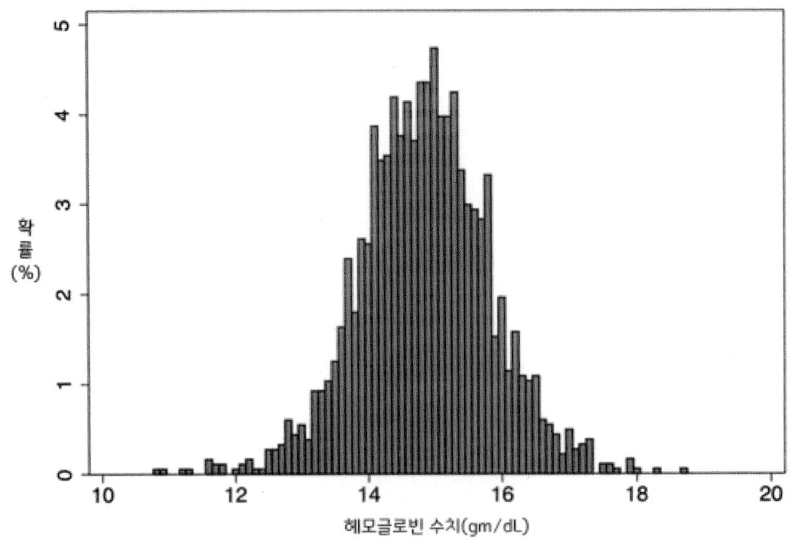

만약 당신이 중년 스웨덴 남성들의 헤모글로빈 수치가 주사위 보드의 게임에 달려있다고 결론을 지으면, 당신은 크게 틀리지 않을 것이다. 주사위 던지기 게임의 결과처럼, 한 남성의 헤모글로빈 수치는 유전자, 환경, 식이요법, 생활습관, 병력 등 수많은 우연한 사건들의 결과물이다. 예를 들어, 헤모글로빈 수치에 영향을 미치는 네 가지 요소를 살펴본다고 가정해보자.

사건	헤모글로빈 수치에 미치는 영향
헤모글로빈을 많이 생산하는 유전자를 가지고 있다.	증가
방금 등산을 다녀왔다.	증가
최근 열악한 식이요법 경험이 있다.	감소
최근 질병 경험이 있다.	감소

만약 논쟁을 위해서, 모든 사람들이 각 사건에서 헤모글로빈이 거의 같은 양의 증가 또는 감소될 확률이 50%라고 가정한다면, 헤모글로빈 수치 히스토그램은 주사위 보드의 게임 네 번 결과를 보여주는 히스토그램과 매우 유사할 것이다. 헤모글로빈 수치에는 이 네 가지뿐 아니라 우리가 주사위 보드 자료에서 보았던 것처럼 수백 가지가 헤모글로빈 수치에 영향을 끼치며, 수많은 우연한 사건들(random events)을 합하면 정규분포를 얻을 수 있다. 통계학자에게 정규분포의 확률밀도함수는 e, μ, π, σ를 포함한 복잡한 공식이다. 그러나 정규분포는 우연히 일어나는 수많은 사건을 합산할 때 얻어지는 것을 수학적으로 설명하는 방법일 뿐이다.

우연한 사건들은 특히 통계학자들이 관심 있어 하는 데, 그 중 하나가 실험의 결과이다. 예를 들어, 아프리카계 미국인들의 IQ 테스트 점수에 영향을 미치는 심리를 조사하기 위해 실험을 한다. 이 실험에서, 아프리카계 미국 학생들 두 그룹은 똑같은 IQ 테스트를 받는다. 한 그룹에는 “선천적인 지능” 검사를 한다고 말하고, 다른 그룹에는 IQ에 대해 전혀 언급하지 않고, 단지 “문제해결” 방식의 차이를 평가하기 위한 실험에 참여하고 있다는 것만 알려줬다. 연구가 끝났을 때, “선천적인 지능” 그룹에서는 50명 중 15명(30%)이, “문제해결” 그룹에서는 50명 중 25명(50%)이 미국인 평균 이상의 점수를 받았다. 20%의 차이를 보였다. 이 발견은 특정 인종 집단에서 IQ 점수가 명백히 낮은 것이 시험과 관련된 불안에서 비롯된다는 증거로 받아들여질 수 있다.

이 실험을 반복한다면, 우리는 정확히 같은 결과를 얻을 것이라고 기대하지 않을 것이다. 약간의 우연한 변화가 있을 것 같다. 예를 들어, 만약 두 번째 실험에서, 평균 이상의 IQ점수를 갖는 비율이 각각 32%와 48%였다면, 꽤 비슷한 결과를 얻었다고 생각할 것이다. 다음 그래프는 이 실험을 10만 번 반복했다면, 그리고 학생들이 시험에 대해 무엇을 들었는 지에 따라 정말로 점수 차이가 있는 지 없는지 보여준다.

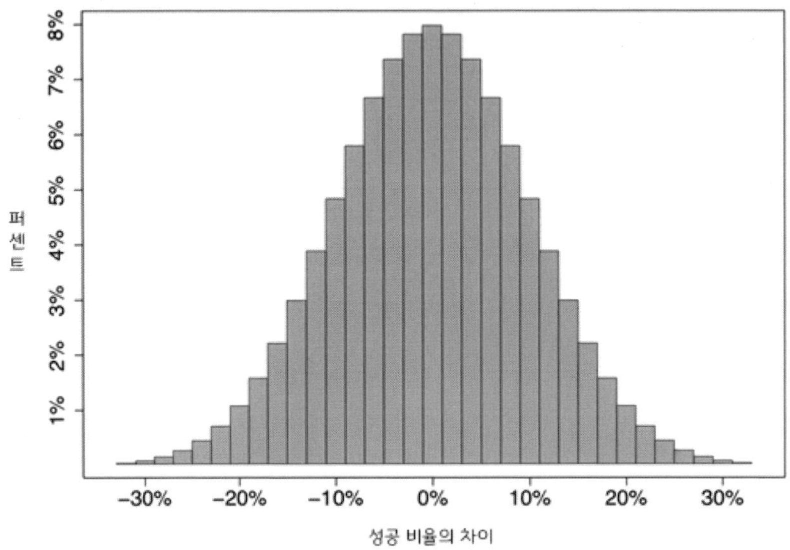

우리는 많은 우연한 사건들의 결과를 합산하고 있기 때문에 IQ 실험의 결과에 대한 정규분포를 얻을 수 있다. 이 연구의 모든 학생들은 그들이 주사위 보드 게임에서 이길 가능성이 있는 것처럼 IQ 테스트에서 평균 이상의 점수를 받을 가능성이 있다. 내가 주사위 보드 게임에서 이긴 횟수와 마찬가지로, 평균 이상의 점수를 받은 사람 수는 정규분포를 따른다.

IQ 테스트에 대해 학생들에게 다르게 말하는 것이 테스트 점수에 효과가 없는 경우에 얻을 수 있는 결과의 종류를 보여주기 위해 마지막 그래프를 그렸다. 당신이 예상했듯이, 가장 흔한 결과는 그룹 간의 차이가 없다는 것이다. 하지만 이 그래프는 가끔 “문제해결” 그룹에서 평균 이하의 점수를 받는 사람들이 더 많다는 것을 보여준다. 마치 내 아들이 주사위 보드 게임에서 나보다 더 많이 승리하는 것처럼 말이다. 이 그래프의 모양은 헤모글로빈 수치의 그래프와 상당히 가깝다. 헤모글로빈 수치 그리고 많은 주사위 보드의 게임 결과와 같이 우리가 관측한 것은, 많은 수의 우연한 사건의 총합이기 때문이다. 같은 이유로, 파티에서 남자들의 평균 머리카락 길이를 계산하는 여러 연구 결과를 그려보면 정규분포를 볼 수 있다(참조: 10장. 중년남성의 머리카락 길이 (표준오차)).

따라서 많은 우연한 사건들의 합인 정규분포는 흔히 세상에서 관찰하는 자연적 변동뿐만 아니라 연구 결과의 가설적 변동을 설명하는데도 사용될 수 있다. 게다가, 정규분포는 다른 유형의 IQ 테스트를 받은 사람들 사이의 테스트 점수 예시처럼 결과 상 차이가 있는지 확인하는 경우나, 남성의 평균 머리 길이 추정치를 만드는 경우에도 적용된다. 이것은 자료를 기술하기 위해서, 혹은 실험 결과가 의미가 있는 것인지 알아내기 위해서 정규분포 공식을 사용할 수 있다는 것을 의미한다. 그래프에서 볼 수 있듯이 만약 학생들의 IQ 테스트 결과가, IQ 테스트에 참여한다고 들었는지, 문제해결 실험에 참여한다고 들었는 지의 영향을 받지 않는다면, 그룹 간 20%의 차이는 흔하지 않을 것이다. 따라서 IQ 테스트가 어떻게 제시되는지가 아프리카계 미국 학생들의 시험 점수에 실제로 영향을 미친다고 상당히 확신할 수 있다.

•정리•

1. 정규분포는 굉장히 많은 우연한 사건들을 합하면 얻는 것이다.
2. 정규분포는 헤모글로빈 수치와 같은 많은 자연 현상의 변동을 설명한다.
3. 정규분포는 또한 여러 번 연구를 반복했다면, 그 연구 결과의 변동을 설명한다.

★ 참고: CHAPTER 10. 중년남성의 머리카락 길이 (표준오차)
CHAPTER 14. 바싹 마른 칫솔, 양치했을까? (p-값의 정의)

•토론•

1. 주사위 보드 게임과 같이 운에 달려있는 게임의 결과는 정말 정규분포인가?
2. 스웨덴 남성의 헤모글로빈 수치 그래프가 왜 완전히 부드러운 곡선을 따르지 않나?

NOTE. 224쪽의 정답을 보라.

CHAPTER 8
정규분포가 정상적이라는데, 내 자료는 왜 정상이 아니지?

내가 통계를 처음 배울 때 본 자료 중 하나에는 결측치가 많았다. 이런 상황이 완전히 정상이라고 들었다. 또한 이 자료가 종 모양의 곡선을 가진 정규분포를 따른다는 것을 알았다. 내가 들은 바로는, 이것은 전혀 정상이 아니었다. 교수님 한 분은 "그런 일은 절대 일어나지 않는다고 하지만, 보세요, 여기 예가 있습니다,"라고 말하며 다소 흥분했다. "그냥 정규곡선을 얻을 수 있다는 것을 보여주는 겁니다." 내 생각에 강의자들이 나에게 말하려고 했던 것은 정규분포를 따르는 자료를 얻는 것이 정상이 아니라는 것이었다. 실제로 비정규성(non-normality) 자료가 정상인 것 같았다. 그러나 확신할 수 없었다.

정규분포가 비정상이라는 교수님의 발언의 배후는, 교수님이 의학 자료를 연구하는 생물 통계학자이여서이다. 정규분포는 자연에서는 꽤 흔하지만 의학 연구에서는 그리 많지 않다. 여기 내가 최근에 살펴본 몇 가지 자료가 있다. 다음 그래프는 전립선암 수술을 받는 남성의 전립선 특이 항원(prostate specific antigen, PSA) 수치를 보여준다. 간단히 말해서, PSA 수치는 암세포의 수와 관련이 있다. 따라서 PSA 수치가 높을수록 암이 더 많이 발생한다. PSA의 증가는 암 이외의 질병에 의해서도 발생할 수 있기 때문에 두 변수간의 상관관계는 대략적이다.

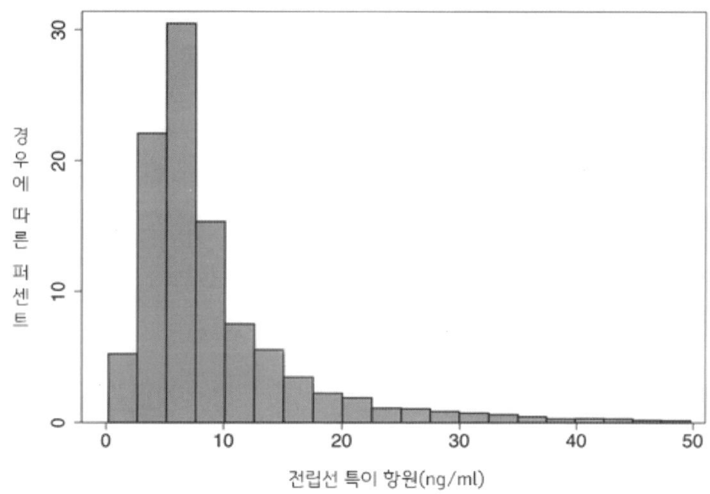

그리고 여기 완전히 다른 영역의 의학에서 나온 자료가 있다. 편두통 환자의 통증 수치는 다음과 같다.

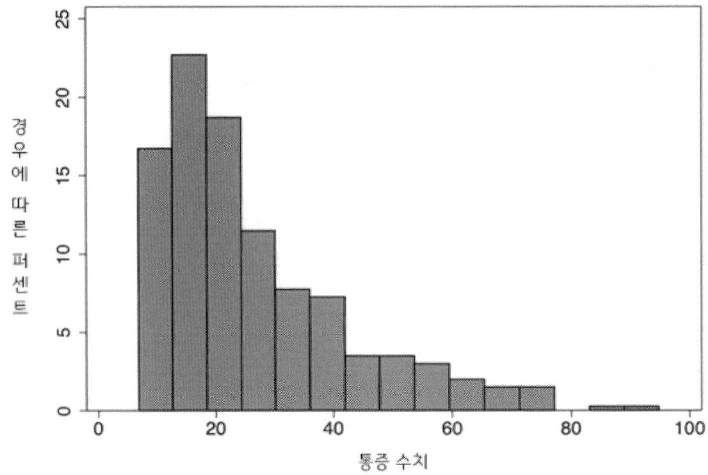

두 그래프는 서로 상당히 비슷해 보이며 정규분포와는 상당히 다르다. 간단히 설명하자면, 의학 연구는 전형적으로 어떤 종류의 질병을 가진 환자들을 연구하는 것이다. 이 개체군들은 정상적이지 않다. 그들의 몸에 뭔가 문제가 있기 때문에 그들은 치료를 받아야 한다. 아마도 이것이 의학에서 정규분포의 희귀성에 대한 교수님의 발언의 배후에 있는 것일 것이다. 의학에서는 정규분포를 거의 볼 수 없다. 왜냐하면 "정상적인" 인구 전체를 거의 연구하지 않고 단지 특정 부분만 연구하기 때문이다.

이것을 좀 더 수학적으로 말하면, 보통 정규 과정(normal process)에는 합산(addition)이 수반되는 반면(참조: 7장. 주사위 보드 게임과 헤모글로빈 수치 (정규분포)), 질병 과정(disease process)은 종종 승산(multiplication)을 수반한다. 암은 좋은 사례이다. 암세포는 분열되고 자라고 종양은 몇 달마다 크기가 두 배가 된다. 두통의 경우, 일련의 심한 두통은 불안과 근육의 긴장 증가, 또는 진통제의 과다 사용과 같은 여러 가지 변화를 초래하여 이후의 두통의 위험과 심각성을 증가시킨다. 예를 들어, 나는 가벼운 두통을 앓고, 당신은 심한 두통을 앓은 후, 후에 또 다른 가벼운 두통을 앓는다면 당신의 두통은 나보다 기하급수적으로 더 심할 것이다.

곱셈을 덧셈으로 변환하려면 로그를 사용하면 된다. $10 \times 100 = 1000$, $\log(10) = 1$, $\log(100) = 2$, $\log(1000) = 3$ 이므로 $\log(10) + \log(100) = \log(1000)$이다.

두통과 PSA 자료를 log를 취해 계산하고 무슨 결과를 얻을지 보자. 통계학자들이 보통 하는 일을 할 것인데, 각 사람들의 두통 수치나 PSA 수치에 대해 e로 알려진 상수를 사용하여 "자연"로그를 취하는 것이다. 각 그래프에 정규분포에 대한 곡선을 표시하여, 데이터가 정규분포에 가까운 지 여부를 알 수 있다.

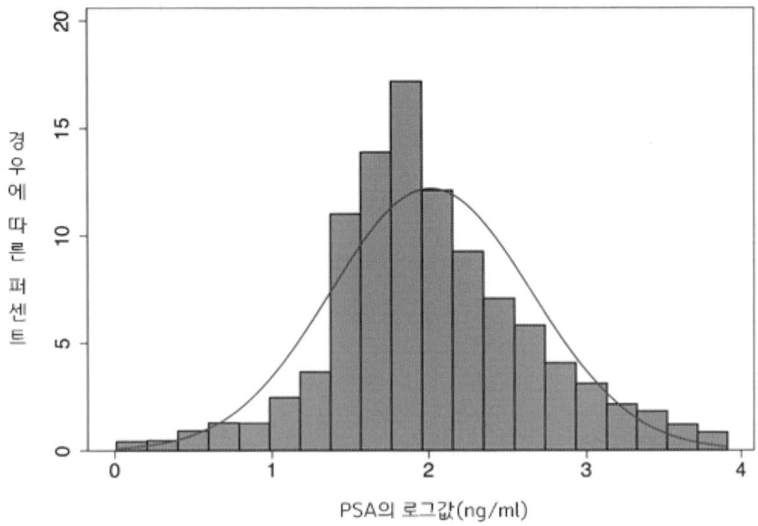

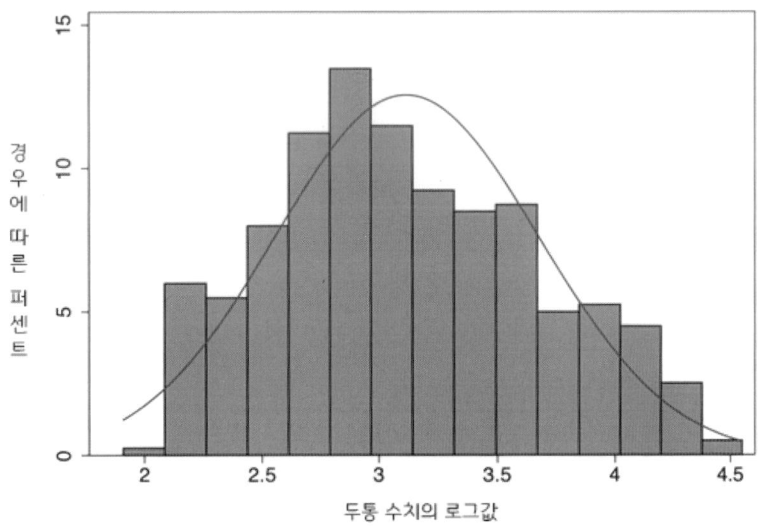

이 자료들은 정규분포에 꽤 근접한 것으로 보인다. 이것으로부터 수술 받은 환자들의 암 성장률의 로그값이 정규분포를 따르고 있고, 두통이 있는 환자들의 두통 수치의 로그값도 정규분포를 따르는 경향이 있다고 결론짓고 싶다.

이것은 통계의 핵심 측면을 보여준다. 즉, 통계는 수학과 과학을 연결하는 것이다. 의학 연구에 참여하는 생물통계학자라서, 내가 하는 일은 수학을 생물학과 의학에 연결하는 것이다. 경제 분석은 수학을 인간의 경제 행동과 연결시키는 것이다. 심리학에서 통계를 잘 사용하는 건 수학을 인간의 심리와 연결시킨다. 당신은 로그 변환의 목적이 "높은 값을 내리거나", "모수적 통계학(parametric statistics) 사용을 허용하기 위한 것"이라는 말을 들을 수 있을 것이다. 그러나 로그 변환하는 것은 단지 다른 숫자만을 참조하여 숫자를 보는 것이다. 우리는 기저에 있는 과정이 승산을 포함한다고 믿을 때 로그 변환을 사용한다. 즉, 암 성장이 그런 분명한 예가 될 수 있다.

•정리•

1. "정상"이라고 불렸음에도 불구하고 일부 통계학 영역에서는 정규분포를 거의 볼 수 없다.
2. 자료가 전체 모집단에서 추출된 것이 아니라 의료 환자 등 특정 표본에서 나오는 경우는 거의 정규분포를 따르지 않는다.
3. 정규분포는 수많은 우연한 사건들을 합함으로 발생한다.
4. 많은 현상들이 우연한 사건들의 곱셈에서 발생한다.
5. 로그는 곱셈을 덧셈으로 바꾼다.
6. 자료의 로그 변환은 가끔 비정규적인 자료를 정규적인 자료로 변환시킬 수 있다.

★ 참고 : CHAPTER 7. 주사위 보드 게임 및 혈청 헤모글로빈 수치 : 정규분포에 대한 생각
CHAPTER 33. 무언가를 의미하는 숫자 (수학과 과학의 연결)

•토론•

1. 로그 변환을 통해 모든 치우친 분포를 정규분포로 변환할 수 있는가?
2. 심화 활동: 어느 시점에 $\log(10)=1$ 말했다가, 나중에 e도 언급했다. PSA 수치 그래프를 보면, PSA 수치의 값 10이 가장 흔한 PSA 수치에 근접해 있음을 알 수 있다. 그 다음에 로그 변환된 PSA 수치의 값의 그래프를 보면 가장 흔한 값이 2 부근임을 알 수 있다. 즉, 나의 로그 변환은 10을 1로 변환하는 것이 아니라, 2를 조금 넘는 숫자로 변환하였다. 왜 그럴까?

NOTE. 225쪽의 정답을 보라.

CHAPTER 9

나는 그 스웨터가 좋아. 어디까지가 "충분히 좋은" 핏 일까?

매년 가을에는, 지하실에서 겨울옷을 꺼내 아이들을 입혀 본 후, "너무 작은", "맞는", "아직도 너무 큰", 이렇게 세 더미로 옷을 나눈다. 우리는 맞다고 생각하는데, 아이들은 맞지 않다고 생각하는 옷들("저 보기 싫은 장갑은 너무 작아"라고 말하는 딸), 또는 너무 작아 겨우 들어가는데도 아이들이 원하는 옷들("그래도 난, 이 스웨터가 너무 좋아."라고 말하는 아들), 이런 옷더미들이 남겨지게 된다. 확실하게 맞는 것이 아니라면, 이런 모습은 어떤 옷이 맞는지 맞지 않는지는 개인의 취향임을 보여준다.

통계에 관해 가장 먼저 배우는 것 중 하나는, 데이터가 정규분포를 따르는지 여부에 따라 평균 또는 중앙값의 선택이 바뀔 수 있다는 것이다(참고: 2장. 빌 게이츠가 식당으로 들어가니…. (평균과 중앙값)). 그가 식당에 들어가면 평균 연봉이 어떻게 되는지 생각해 보라. 뒤에서 가설검정을 다룰 때(참고: 13장. 자전거를 타고 어느 길로 집에 갈까? (p-값의 필요성)), *t* 검정이나 윌콕슨 검정과 같은 서로 다른 검정 중에서 어떤 것을 선택할지도 데이터가 어떻게 분포되어 있는가에 달려 있음을 알게 된다. 교과서에서는 통계분석을 일종의 2단계 과정으로 기술하는 경우가 많다. 즉, 데이터를 보고, 어떤 특정한 통계분포(예를 들어, 정규분포)에 적합한지를 결정한 다음에, 어떻게 분석할지를 결정한다. 예를 들면, 정규분포의 경우는 *t* 검정을 사용하고, 그렇지 않으면 윌콕슨 검정을 사용한다. 그러나 통계학자들이 시행한 분석에서는 이런 종류의 분석을 좀처럼 볼 수 없다.

통계학자들은 통계가 미식축구가 아니라는 것을 알고 있고, 규칙을 어기다가 들키더라도 아무도 깃발을 던져 10야드나 되돌려 보내지 않을 것을 알고 있다. 그래서 일반적으로 데이터가 정규분포에 근접해 있는지 여부에 관해 크게 걱정하지 않는 것 같다. 사실, 많은 "규칙"이 있는 것은 아니다.

정규분포에 완벽하게 맞지 않는 몇 가지 데이터를 소개한다. 이러한 데이터는 지식에 관한 테스트(예를 들어, 컴퓨터 실험) 또는 물리적 능력 테스트(예를 들어, 1마일을 달리는 데 걸리는 시간)처럼 0-100 척도로 변환된 경우에 전형적으로 생성된다. 어떤 사람들은 컴퓨터에 관해 전혀 알지 못하거나(예를 들어, 컴퓨터를 사용한 적이 없다), 그들이 실행을 완료하지 못하도록 하는 일종의 장애를 가지기 때문에 0이라는 점수를 가질 수 있다. 그리고 어떤 사람들은 그들의 타고난 능력이나 지식을 발전시켜 가면서 영문학을 공부하거나 운동선수로 훈련하는 것을 선택하기 때문에, 당신이 예상했던 것보다 더 높은 점수를 보여줄 수도 있다. 그래서 아래 그림에서 보듯 오른쪽으로 꼬리가 길다. 이런 데이터는 정규분포를 따르지 않기 때문에, 정규분포를 가정하는 어떤 통계량도 사용할 수 없다. 그렇지 않은가?

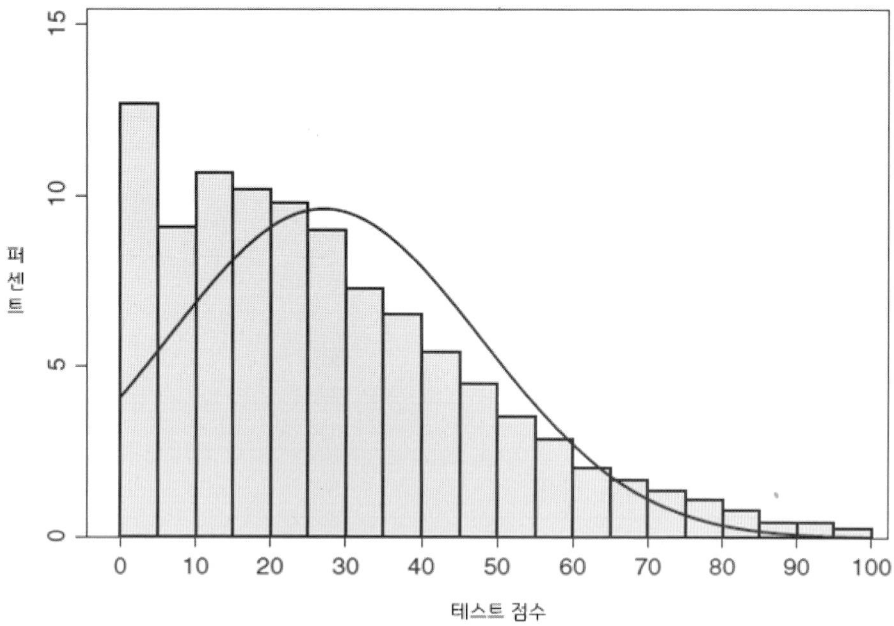

다음 표는 평균(27)과 표준편차(20.7)를 사용하여 계산한 추정값을 데이터 집합에서 관측된 추정값과 비교한 것이다. 예를 들어, 정규분포에서 중앙값과 평균은 같으므로, 중앙값은 27이 될 것으로 예상한다. 그러나 중앙값이 23이 되면(23이 그렇게 멀리 떨어진 값은 아니지만), 상황이 달라진다. 일부의 추정값은 선명하게 눈에 띄지만 다른 많은 대부분의 추정값은 매우 근접해있다. 실제로 관찰값의 95%는 평균을 기준으로 1.96×표준편차 범위 내에 있다. 극단값이 있는 경우에는 평균과 표준편차를 사용하지 않는 것이 좋다. 제시된 히스토그램을 통해 0점 미만의 점수를 받을 수 없으며 기대했던 것보다 더 많은 실력자들이 있음을 알 수 있다.

추정	정규분포 가정에서 기댓값	데이터 세트에서 관측된 값
중앙값	27	23
사분위수범위	13에서 41	11에서 39
(평균±.96×표준편차)의 비율	95%	95%
(평균±×표준편차)의 비율	68%	67%
(평균± $\frac{2}{3}$ ×표준편차)의 비율	50%	46%
(평균+2.33×표준편차)보다 큰 비율	1%	3%
(평균-1.64×표준편차)보다 작은 비율	5%	0%

분명한 것은, 가끔 데이터가 정규분포로부터 너무 벗어나 정규 근사를 사용하는 것이 정말로 타당하지 않을 때가 있다. 예를 들어, 빌 게이츠가 식당에 들어갔을 때, 평균 급여는 125 백만 달러가 되었다. 그리고 중앙값 23점 대신 평균 27점을 사용하는 것이 "충분히 좋다"는 것에 모두가 동의하는 것은 아니다. 만약 25점이 합격점수라면 더욱 그럴 것이다. 따라서 그 데이터가 분포에 맞는지 안 맞는지를 결정하는 것은 아마도 작년 겨울 재킷이 자라나는 아이에게 맞는지를 결정하는 것만큼이나 상당한 개인의 판단일 것이다.

•정리•

1. 많은 통계적 절차는 데이터가 정규분포를 따른다는 가정에 기초하고 있다.
2. 이러한 절차에는 데이터 세트를 기술하기 위한 평균의 사용과 t 검정과 같은 가설검정을 포함하지만, 그 외에도 많은 것이 있다.
3. 정규성을 가정하는 통계적 절차를 사용하는 것이 합당할 수 있도록 데이터 집합이 정규분포에 충분히 가까운지 여부를 결정하는 명확한 규칙은 없다. 궁극적으로, 그것은 그 방법이 "충분히 좋은" 근사치를 제공하는지에 대한 개인적인 판단이다.

★ 참고: CHAPTER 8. 정규분포가 정상적이라는데, 내 자료는 왜 정상이 아니지?

•토론•

1. 통계는 매우 정확해야 하는 게 아닌가? 우리는 “약 3분의 1”보다 “28.29%”를 더 선호하지 않는가?
2. 시험 점수를 나타내는 히스토그램은 오른쪽으로 꼬리가 길다. 왜 그럴까?
3. 일반적으로 “관측값의 95%가 평균을 기준으로 표준편차의 2배 이내의 범위에 있다.” 고 한다. 관측값의 95%가 표에서 어느 위치에 있는지를 계산하기 위해 표준편차에 2가 아닌 1.96을 곱했다. 아니 왜?

NOTE. 228쪽의 정답을 보라.

연구 결과의 변동 : 신뢰구간

CHAPTER 10

중년남성의 머리카락 길이

(표준오차)

어떤 표본은 실제 모집단 평균과는 거리가 먼 평균을 제공할 수 있다.

내 머리카락은 동료 통계학자들보다 길다. 내가 중년의 위기를 겪고 있는 것처럼 보인다고 누군가가 조언하고 스포츠카를 언제 살 것인지 물어보기 전까지 내 머리 길이는 내게 큰 문제가 되지 않았다. 그래서 나는 잠시 생각해 보았고 문제는 내가 아니라 다른 통계학자들에게 있다는 생각을 하게 되었다. 내 머리카락은 평균 길이였고, 짧은 것은 그들의 머리였다. 이 순간의 영감이 떠올랐을 때, 마침 나는 파티에 있었고,

즉각적으로 데이터를 수집해야겠다고 생각했다. 부엌에서 가위를 발견한 지 20분 후에 주인이 나에게 떠나라고 했지만, 그동안 나는 46명의 남자에게서 받은 머리카락 샘플을 가지고 있었다. 다음 히스토그램에서 그 결과를 볼 수 있다. 머리카락 길이는 가장 가까운 센티미터로 나타내었는데, 예를 들어, 파티에 참석한 9명의 남자는 2cm 미만의 머리카락을 가지고 있었다.

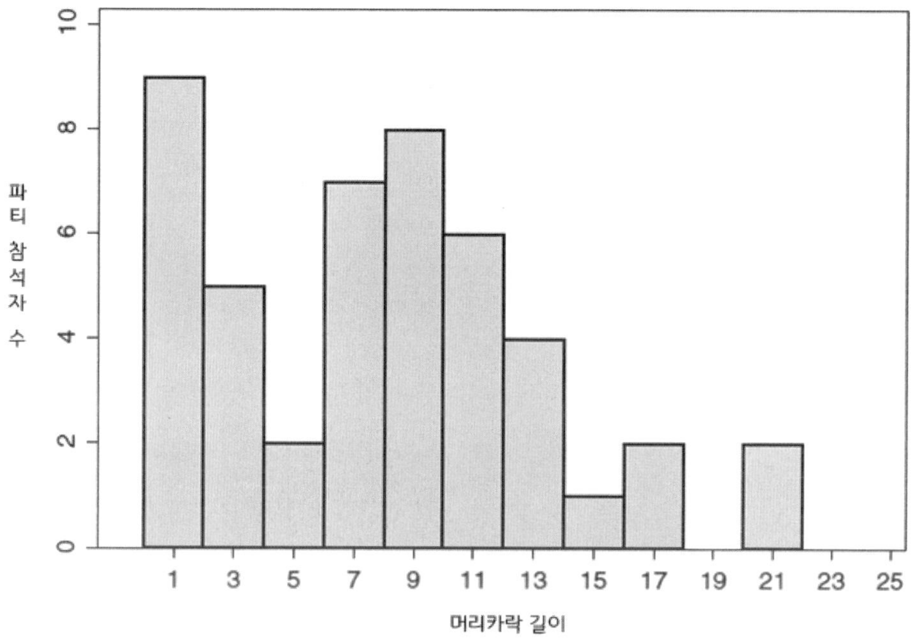

이 데이터 세트의 평균은 7.5cm이고 표준편차 5.34cm이다. 연방개인정보보호규정 때문에 이 히스토그램에서 나 자신을 확인시켜줄 수 없지만, 내 머리카락의 길이가 파티의 다른 대부분 남자보다 길다고 말할 수 있다. 운이 나빴을 수도 있다고 판단하고 가위와 줄자 없이는 절대로 집을 떠나지 않겠다고 결심했다. 그다음 파티에서 데이터를 수집했을 때, 평균이 9.1이라는 것을 알게 되었는데, 첫 번째 파티에서의 평균보다 약간 높은 값이었다. 이것은 드문 일이 아니다. 즉, 실험할 때마다 정확히 같은 결과를 얻을 것이라고 기대하지 않는다.

다음 5개 파티에서 얻은 결과가 표에 제시되어 있다. 각 관측값이 사람에 해당하는 대신 연구에 해당한다는 점을 제외하고는 이를 새로운 데이터 세트로 생각할 수 있다.

파티	파티에 참가한 남성의 수	남성 머리카락 길이의 평균(cm)	표준편차
1	50	9.1	6,85
2	59	8.5	6.78
3	68	7.0	5.81
4	35	8.9	7.97
5	46	7.8	6.53

위의 히스토그램은 5개 파티에서 구한 평균들의 히스토그램이다. 가운데 히스토그램은 50개 파티에서 기록된 평균 머리카락 길이를 나타내고, 오른쪽 히스토그램은 500개 파티에서 힘들게 얻은 결과를 보여준다(사실 500개 파티에 간 건 아니고, 컴퓨터로 시뮬레이션 한 것이다).

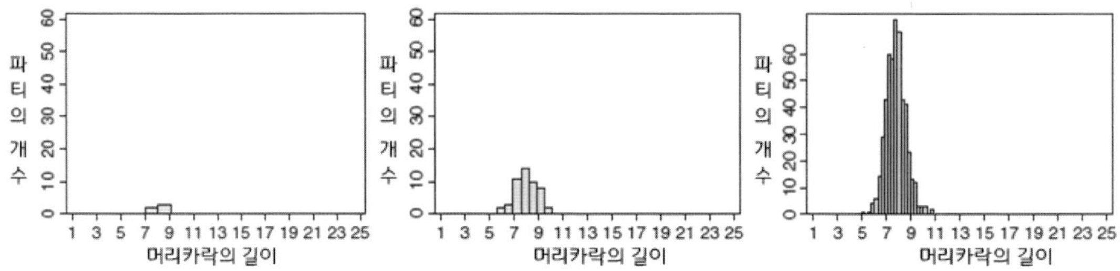

실험을 여러 번 반복하더라도, 항상 정확히 같은 결과를 얻을 수 없다. 결과는 대체로 정규분포에 상당히 가까운 분포를 따라가면서 변화된다(참고: 7장. 주사위 보드 게임과 헤모글로빈 수치 (정규분포)). 여러 실험에서 얻은 평균 머리카락 길이 분포에 관한 평균 및 표준편차를 계산할 수 있다. 표의 결과에서 평균(7.8cm)은 상당히 일반적이지만, 표준편차(0.82cm)는 상당히 작다. 앞 페이지의 그림과 위의 오른쪽 상단의 그림을 비교해 보면 이것을 알 수 있다. 이것은 타당하다. 당신은 파티에서 반삭머리(buzz cut)나 말총머리(pony tail)를 한 남자를 발견할 수도 있지만, 만약 당신이 뉴욕에서 열리는 파티에 가서 모든 사람이 대머리라는 것을 알게 되거나, 또는 그 대신에 모든 사람이 1970년대의 록스타처럼 보인다면 이상할 것이다(이 말의 의미를 모르겠으면 구글에서

"Frampton comes alive."를 검색해보라).

위의 히스토그램은 변동을 나타내지만, 매우 다른 두 가지 유형의 변동을 나타낸다. 하나는 실제로 볼 수 있는 자연적 변동이다. 파티에 가면 모든 사람의 머리카락 길이를 직접 관측할 수 있다. 최신 유행 스타일의 안경을 쓴 남자는 좀 짧은 머리를 좋아하고, 운동선수는 머리가 너무 짧아 빛이 났으며, 바이커들은 분명히 머리를 손질하였을 것이다. 다른 하나는 어떤 하나의 연구를 많은 횟수를 반복하여 실시하였을 때 알 수 있는 이론적인 변동에 관한 연구이다. 물론, 이것은 꽤 어리석은 일일 것이다. 나는 현재 2만 2천 명이 넘는 남성들에 관해 약 30년 동안 추적 암 연구를 하고 있는데, 단지 무슨 일이 일어나는지 보기 위해 그 연구를 여러 번 수행하지는 않을 것이다.

이론적 변동에 대한 요점은 통계학자가 개발한 공식을 사용하여 계산할 수 있다는 것이다. 이 변동을 설명하는 데 사용되는 통계 개념은 표준오차다. 평균의 표준오차에 대한 공식은 표준편차를 표본 크기의 제곱근으로 나눈 것이다. 첫 번째 파티에서 머리카락 길이의 표준편차는 5.34cm이다. 이것을 파티의 남자 수(46)의 제곱근으로 나누면 0.79cm가 된다. 이것은 위에서 보고된 반복된 실험에서 구해진 평균들의 표준편차(0.82cm)에 관한 것이다. 따라서 표준오차는 반복된 실험의 결과(예를 들어, 평균)의 표준편차와 같다.

비율과 같은 다른 통계의 표준오차에 대한 공식도 있다. 예를 들어, 만약 파티에서 46명의 사람에게 그들이 지난 6주 동안 머리를 잘랐는지 물었고 23명이 잘랐다고 말했다면, 46의 50%에 대한 표준오차를 0.074로 계산할 수 있다. 500개의 파티를 시뮬레이션 했을 때, 표준편차가 0.070인 수치를 구하였다. 그것은 우리가 예상하는 것과 꽤 비슷하였다.

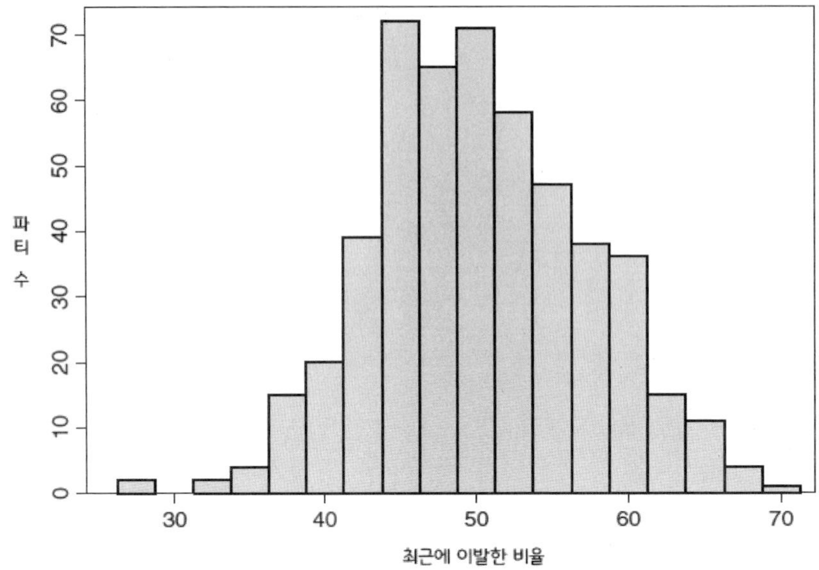

위의 히스토그램은 실제적으로 통계에 기초해서 만든 것은 아니다. 각각의 실험에서 나온 데이터가 정규분포를 따르지 않는다는 점을 기억해라.

매끄러운 곡선 대신, 0인 그룹(최근에 머리를 자르지 않음)과 1인 그룹(최근에 머리를 자름)을 나타내면 다음의 그림과 같다. 그러나 여러 번 반복된 실험의 결과에 대한 그림은 정규분포(상단의 그림)를 제공한다.

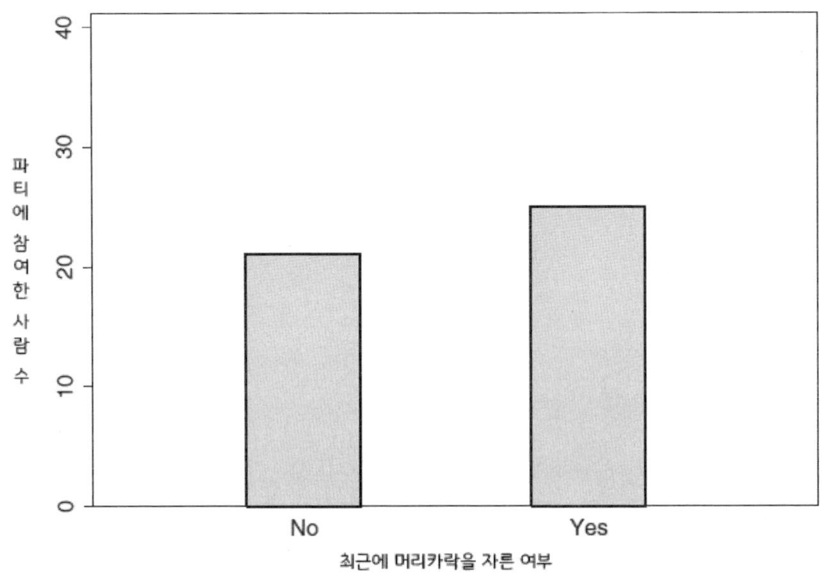

이것은 머리카락 길이 예시에도 해당된다. 남자 개개인의 머리카락 길이에 대한 히스토그램은 몇몇 남자들이 평균보다 훨씬 긴 머리카락을 가지기 때문에 한쪽으로 치우쳐진 모양이지만, 반복된 실험에 의한 평균 머리카락 길이의 히스토그램은 정규분포의 모양과 거의 유사하다. 결과적으로, 우리는 종종 정규분포를 사용하여 데이터가 정규분포를 따르지 않더라도 통계를 계산할 수 있다.

•정리•

1. 두 가지 종류의 변동이 있다.
   a. 하나는 관찰할 수 있는 자연적 변동(예: 머리카락 길이)이다.
   b. 다른 하나는 실험이 반복될 때(자주 하지 않는) 나타나는 실험 결과의 변동이다.
2. 표준편차는 측정할 수 있는 것의 자연적인 변동을 설명하기 위해 사용된다.
3. 연구를 여러 번 반복했다고 가정했을 때, 표준오차는 연구 결과의 변동, 즉, 연구 자료로부터 계산된 평균 또는 비율과 같은 통계량의 변동을 설명하는 데 사용된다.
4. 개별 실험의 데이터가 정규분포가 아닌 경우도 실험 결과에 대한 변동은 자주 정규분포를 따른다.
5. 파티에서 한잔했을 때는, 운전하지 마라.

★ 참고: CHAPTER 11. 비 오는 날 결혼식을 피하는 방법 (변동과 신뢰구간)

•토론•

1. “실험”이라고 여기서 기술한 것은 내가 파티에 가서 모든 남자의 머리카락 길이를 재는 것을 의미한다. 이 연구의 목적은 미국 남성의 일반적인 머리카락 길이를 추정하는 것이다. 연구 목적의 수행을 위해 데이터(파티에서 수집한 머리카락 길이)를 분석하기 위해서는 무엇을 가정해야 하는가?
2. 통계와 파티는 무슨 관계가 있는가?

NOTE. 230쪽의 정답을 보라.

CHAPTER 11

비 오는 날 결혼식을 피하는 방법
(변동과 신뢰구간)

산타모니카에 비가 오니?

캘리포니아주 산타모니카의 8월 날씨는 거의 변화가 없다. 항상 따뜻하고 햇살이 좋으며 비는 거의 오지 않는다. 내가 자랐던 런던의 8월 날씨는 매우 변덕스럽고 한 번에 며칠 동안 비가 오기도 한다. 산타모니카에서 결혼했을 때, 나는 비를 피하려고 텐트를 칠까 말까 걱정하였지만, 내 아내는 아무 걱정도 하지 않았던 이유였다. 자신감은, 변동의 반대인 것 같다. 무언가가 더 변할수록, 우리는 그것이 무엇이 될 것인지에 관해 자신감이 낮아진다.

여기 또 다른 예가 있다. 내 친구 제니퍼는 늘 기분이 좋다. 그래서 나한테 "제니퍼는 어때?"라고 묻는다면 나는 자신 있게 그녀가 잘 지낸다고 말할 것이다. 또 다른 내 친구(이름은 밝힐 수 없는 친구)는 엄청 재밌지만, 매우 변덕스럽다. 나에게 "(이름을 밝힐 수 없는) 친구는 어때?"라고 물으면 가장 합리적인 대답은 "나는 전혀 몰라."이다. 다시 말해서, 더 많은 변동은 더 낮은 자신감을 의미한다.

개인에 관한 추측 만들기

통계 강사가 나타나지 않아 할 일이 없을 때, 할 수 있는 게임 하나를 소개하겠다. 저 문을 열고 들어올 다음 학생이 과체중일지 아닐지 추측해보라. 간단히 말해서, 우리는 그 학생이 남자라는 것을 알고 있지만, 운동선수가 아니라는 것을 안다고 가정할 것이다. 따라서 300파운드의 공격적인 미식축구의 라인맨은 제외한다. 또 우리의 과제가 체중(kg)을 키의 제곱(m²)으로 나눈 값인 체질량지수(BMI)를 추측하는 것으로 생각해 보자.

여기에 추측을 도울만한 약간의 통계 정보들이 있다. 당신이 다니는 대학에서 운동선수를 제외한 약 100명의 남학생 평균 BMI는 26.0이고 표준편차는 3.9이다. 그래서 문 밖에 있는 사람의 BMI를 추측해야 한다면, "최고의 추측"은 26.0이 될 것이다. 사실, 이것은 "평균"의 정의와 거의 같다. 만약 여러분이 추측해야 한다면 말이다. 하지만 만약 내가 당신에게 그들이 정확히 26.0의 BMI를 가지고 있다고 얼마나 확신하는지 물어본다면? 당신의 대답은 "그닥"일 것이라고 확신한다. 실제로 BMI가 소수점 이하 첫째 자리로 반올림된다고 가정하면, 남학생의 약 1%만이 정확히 26.0의 BMI를 가지고 있다고 계산할 수 있다.

26.0을 추측하는 것에 대한 대안은 "그의 BMI가 22에서 30 사이인 것 같다."와 같이 말하는 것이다. 이 대답에 관해서 얼마나 확신해야 하는가? 음, 22와 30은 평균에서 표준편차 범위 이내이고 데이터 집합의 2/3가 평균의 표준편차 내에 있다는 것을 알기 때문에, 대략 2/3 정도의 경우에 맞는 것으로 말할 수 있을 것이다. 평균에서 두 표준편차 내인 "18과 34 사이"를 추측했다면, 당신의 추측은 약 95% 정도의 확률로 맞을 것이다.

실험 결과에 관한 추측 만들기

실험의 결과들로 같은 시도를 해보자. 통계학 강사가 늦는 이유는 그가 100명의 남성을 대상으로 BMI 분석을 마무리하고 있기 때문이다. 평균으로 무엇을 발표할까? 다시 한번, 최고의 추측은 26이지만, 실험의 결과는 다양할 수 있다는 것을 알고 있다. 또 변동이 존재하면 답에 대한 확신을 감소시킨다. 그래서 다시 돌아가면, 범위를 주는 것이 좋다. 하지만 이번에는 BMI가 개인마다 어떻게 달라지는지에 관심을 두지 않고, 실험 간의 평균 BMI가 어떻게 달라지는지에 관심을 둔다. 따라서 우리는 표준편차보다는 표준오차에 관해 생각해 보고자 한다(참고: 10장. 중년남성의 머리카락 길이 (표준오차)). 본 실험의 표준오차는 표본 크기의 제곱근으로 나눈 표준편차로서 0.39이다. 경험적 규칙은 실험 결과(예: 평균)의 95%가 평균의 두 표준오차 범위 내에 있을 것이기 때문에, 강사의 실험 결과가 25.2에서 26.8 사이일 것으로 추측한다면 옳을 가능성이 매우 크다.

신뢰구간 및 참고범위

다소 모호한 이유로, 개인의 값에 관해 제공하는 범위를 참고범위라고 한다. 실험 결과에 관해 제공하는 범위를 신뢰구간이라고 한다. 참고범위는 의사들이 종종 사용한다. 예를 들어, 백혈구 수치와 같이 혈액에서 측정하는 것의 수치가 참고범위를 벗어나는 경우, 의사는 환자의 백혈구 수치가 비정상적이며 무엇이 잘못되었는지 알아보기 위해 몇 가지 추가 검사를 고려할 것이라고 결론짓는다.

신뢰구간은 실험 결과를 해석하는 데 유용하다. 예를 들어, "멘토링" 프로그램이 SAT 점수에 영향을 미쳤는지에 대한 연구를 검토하고 있다고 상상해 보라. 멘토링은 SAT 점수가 4점 정도 증가하는 것과 관련이 있으며 95% 신뢰구간이 (-2, 10)이라는 것을 알게 되었다. 참고로, 95% 신뢰구간을 대체로 사용한다. 분명한 점은 멘토링이 실제로 상황을 악화시킬 수 있는 가능성도 가지고 있다. SAT 점수가 -2가 된다는 것은 점수가 2점 감소한다는 의미한다. 그래서 학교가 멘토링 프로그램을 시행하는 것에 관해 추천하지 않을 것이다. 또 이 특정 멘토링 접근방식에 관해 더 이상 연구가 수행되어서는 안 됨을 권고할 수도 있다. 이 신뢰구간은 멘토링으로 SAT 점수가 10점 이상 향상될 가능성이 없다는 것을 말해준다. 10점은 1600점 만점의 점수를 받는 시험에서는 작은 향상일 뿐이다. 이 멘토링 프로그램을 적용한 새로운 학교 프로그램을 시작하기에도 적당하지 않음을 말해준다. 반면에, 만약 신뢰구간이 54까지라면, 우리는 비록 멘토링이 효과적이라는 것에 대한 명백한 증거를 가지고 있지 않지만, 효과적일 것이라고 또 추가적인 연구를 고려해야 함을 결론 내릴 수도 있다.

신뢰구간이 그렇게 대단한데도, 왜 (가끔은) 그것을 무시하는가?

내가 가르친 한 학생이 내 수업에서 무언가를 배웠다면 그것은 신뢰구간의 중요성에 관한 것이라고 말했다. 일부 과학 논문에서 보는 신뢰구간의 많은 부분이 잘못되었다. 예를 들어, 전립선암 수술을 받는 남성에 관한 연구 논문을 읽은 적이 있다. 이 연구의 요점은 외과 의사가 환자의 복부를 크게 절개하는 일반적인 수술인 “개방형” 수술과 “키홀 수술” 사이에 합병증 비율이 어떤 차이를 보이는지를 알아내는 것이었다. 키홀 수술은 외과의사가 환자의 몸에 있는 작은 구멍을 통해 삽입하는 특수 튜브를 사용하여 수술하는 복강경 수술을 말한다. 논문의 저자들은 개방형 수술을 받은 집단의 평균 나이가 61세라고 보고했는데, 이것은 유용한 정보이다. 그러나 그들은 95% 신뢰구간으로서 이 추정값이 60에서 62 사이의 값을 가진다고 보고했다. 간단히 말해서, 이것은 전립선암 수술을 받는 환자들의 실제 평균 연령은 정확히 61세가 아닐 수도 있지만, 나이가 많은 쪽이든 적은 쪽이든 1년을 초과하지는 않을 것 같다는 것을 의미한다.

그러나 나는 수술을 받으러 가는 전립선암 환자들의 실제 평균 나이를 알아내기 위해 이 논문을 읽고 있던 건 아니었다. 내가 알고 싶었던 것은 상대적인 합병증 비율이었다. 저자들은 복강경 수술을 받은 환자의 3%, 개방형 수술을 받은 환자의 2%가 특정 합병증을 경험했다고 보고했다. 이는 1%의 차이였다. 그들은 또한 95% 신뢰구간이 −2%에서 4%라고 보고했다. 내가 내릴 수 있는 결론은 그 합병증이 드물고, 서로 다른 수술 사이에서 별로 차이가 없다는 것이다. 외과의사들은 3 또는 4%를 중요한 차이점으로 생각하지 않을 것이다. 다른 합병증의 경우, 비율은 각 그룹에서 30% 정도였다. 이때는 차이가 0%였고, 95% 신뢰구간이 −9%에서 9%라고 보고했다. 이제 외과의사는 10%에 가까운 합병증 비율의 차이가 큰 문제일 것이라고 말할 수 있을 것이다. 이 경우에는 개방형 수술과 복강경 수술이 이 합병증의 비율에서 중요한 차이를 가질 수 있다는 점을 배제할 수 없다.

반면에, 만약 8월에 산타모니카에 비가 올 확률이 2%라고 들었다면, 나는 산타모니카와 런던 사이의 날씨 차이를 둘러싼 신뢰구간보다는 그 주변 지역의 신뢰구간에 더 관심이 갈 것이다. 이것은 내가 이미 산타모니카에서 결혼식을 치르기로 선택했기 때문이며, 내가 잘못 결정을 내렸을 가능성이 아니라, 비 오는 날에 결혼식을 치를 가능성을 알고 싶었기 때문이다.

이것은 우리에게 매우 쉬운 법칙을 알려준다. 당신이 연구를 통해 무엇을 탐구하고 싶은지 알아낸 다음, 그것에 관한 신뢰구간을 계산하라. 일부 과학 논문에서 신뢰구간을 무분별하게 사용하는 것은 연구자들이 탐구하고자 하는 것이 무엇인지 확실히 알지 못하기 때문이라고 말할 수도 있다. 그리고 당신의 말이 맞을지도 모른다.

•정리•

1. 표본을 채취하면 95%는 (평균±2×표준편차) 범위 안에 값을 가질 것이다. 이것을 참고범위라고 한다.
2. 실험을 많이 반복하는 경우, 학생의 평균 BMI 또는 두 수술 유형 간의 비율 차이에 관한 추정값의 95%는 실제 평균의 표준오차 범위 내에 있을 수 있다. 이를 신뢰구간이라고 한다.
3. 95% 신뢰구간들의 95%는 추정값의 참값을 포함할 것이다. 추정값의 참값을 모수라고 한다.
4. 참고범위는 질병을 암시하는 혈액을 가진 환자를 식별하는 것과 같이 매우 특정한 목적으로만 사용된다. 이처럼 참고범위는 과학 논문에서는 보통 보고되지 않는다.
5. 신뢰구간은 당신이 그것을 반복했다면, 연구의 결과가 그럴듯하게 어떻게 될 수 있는지를 생각하는 유용한 방법이다.
6. 내 결혼식 때는 비가 오지 않았다.

★ 참조: CHAPTER 12. 통계적으로 같다고 해서 아무거나 하나를 선택하면 안 되는 이유 (신뢰구간)

•토론•

1. 학생들의 체질량지수를 추측할 때, 나는 개별 관측치의 95%가 약 (평균±2×표준편차) 범위 안에 있을 것이라고 말했다. 나는 "정리"에서 참고범위에 관해 비슷한 말을 했다. 여기서 나의 추측은 무엇인가?
2. 강사의 체질량지수 연구 결과에 관해 이야기할 때, 나는 "연구 결과의 95%는 (평균±2×표준오차) 범위 안에 있을 것이다."라고 말했다. 여기서 평균은 무엇인가? 표준오차는?

NOTE. 231쪽의 정답을 보라.

CHAPTER 12

통계적으로 같다고 해서 아무거나 하나를 선택하면 안 되는 이유(신뢰구간)

만약 내가 "통계학자"라는 단어 다음에 "같은 것"이라는 단어를 말한다면, 당신은 아마 갈색과 나일론으로 된 어떤 것을 생각할 것이다. 아니면 회색일 수도 있다. 어느 쪽이든, 이것은 아마도 여론조사원들이 당신에게 두 명의 정치 후보가 "통계적으로 같음"이라고 말할 때와 같은 의도된 의미는 아닐 것이다. 그럼에도 불구하고, "통계적으로 같음"이라는 개념은 신뢰구간을 보는 흥미로운 방법이다.

더 이상의 좋은 방법은 없다는 판단이 서서, 작년 가을 어느 아침에 나는 거리에 나가서 이번 상원의원 선거에서 누구에게 투표할 것인지를 1000명에게 물었다. 483명의 응답자가 공화당 후보를 선호했고 516명이 민주당 후보를 선호했다. 한 남자는 머그 행성에서 온 작고 초록색인 외계인을 위해 투표를 할 것이라고 말했다. 이빨의 금속 충전물을 통해 얻은 은하 간의 메시지를 근거로 말이다. 내가 점심을 먹으러 갔다가 오후에

1000명을 더 조사했다고 하자. 이제 우리는 정확히 같은 결과를 얻기를 기대하지 않을 것이다. 실제로, 만약 오후에 뽑은 1000명 중 정확히 483명이 공화당 후보에게 투표했다면 깜짝 놀랄 것이다. 반대로 결과가 매우 다르다면 그 또한 많이 놀랄 것이다. 만약 오후 여론조사에서 두 주요 정당 후보 각각에 관해 10%의 지지를 나타내고, 외계인에게 80%의 지지를 나타낸다면, 나는 뉴스에서 뭔가를 놓쳤다고 결론지을 것이다. 아니면, 새로운 치과의사가 필요했거나.

대부분 사람은 오후 여론조사에서 무엇이 놀라운 결과로 간주될 것인지에 관해 매우 잘 알고 있다. 예를 들어, 52%의 민주당 지지는 타당해 보이고 40%는 그렇지 않아 보인다. 신뢰구간을 계산하면 "놀라운" 결과를 정량화할 수 있다.

예를 들어, 공화당과 민주당의 정확한 지지율이 각각 50%로 같다면, 나의 여론조사 결과를 시뮬레이션 하기 위해 컴퓨터를 사용하였다. 제3의 정당은 여기서 제외한다. 다음 히스토그램은 10만 번의 시뮬레이션 결과를 보여준다. 즉, 여론조사를 10만 번 실시했을 때, 얻을 수 있는 결과이다.

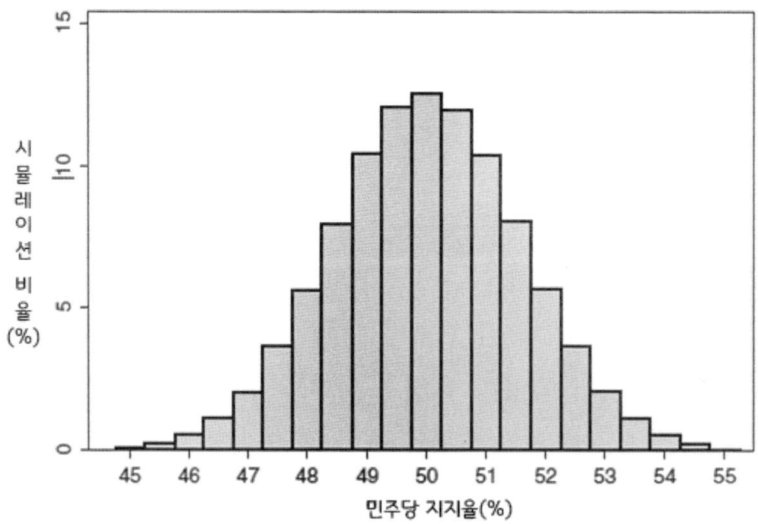

이 그래프를 볼 때, 만약 두 정당의 지지도가 실제로 50 대 50의 동률이라면, 내가 수집했던 데이터(민주당에 투표할 의사를 가진 사람이 51.6 퍼센트이다)를 얻는 것은 별로 드문 일이 아니라는 것을 알 수 있다. 여론조사기관들은 이번 조사 결과가 '통계

적으로 같음'이라고 밝힌 바 있다. 만약 실제 결과가 같다고 하더라도 그 결과가 이상하지 않을 것이다.

여기에 여론조사원이 말하는 다른 내용이 있다. 그들은 "1000명을 대상으로 조사한 결과의 오차범위가 ±3% 포인트이다."라고 말한다. 그래프를 보면, 10만 번의 시뮬레이션 중에서 민주당을 지지하는 사람들의 비율이 47% 이하이거나 53% 이상의 경우는 매우 작음을 알 수 있다. 실제로 시뮬레이션의 95%는 민주당 지지율이 47%에서 53% 사이이다. 여론조사원이 오차범위라고 부르는 것은 통계학자가 말하는 신뢰구간과 비슷하다.

다시 처음에 제기한 50대 50의 동률을 살펴보자. 민주당에 투표하는 유권자의 실제 비율이 정확히 51.6%라고 가정하자. 민주당이 승리할 것이고, 승리의 발판을 마련했다고 말한 것은 정확하게 옳았다고 할 수 있다. 그러나 여론조사원은 그 결과가 같은 것이라고 발표했다. 무슨 일이 일어나고 있는지를 생각하기 위해, 51.6%의 지지율을 가진 민주당에 관해 10만 번의 시뮬레이션을 하였고 그 결과 히스토그램은 다음과 같다.

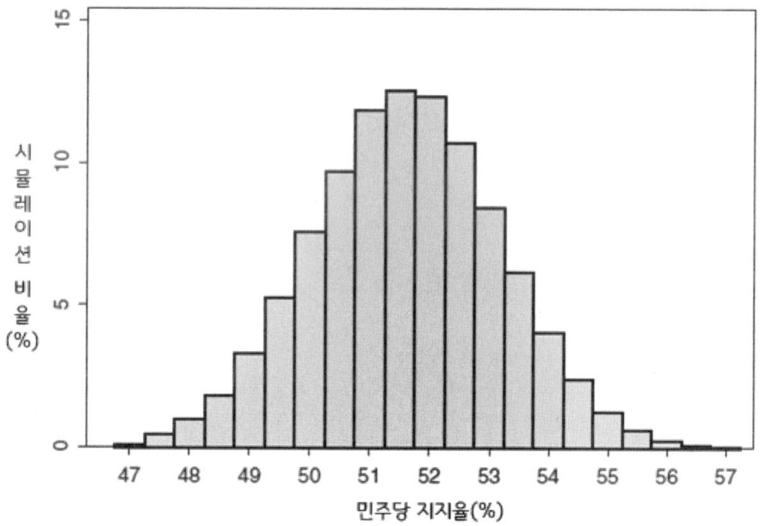

문제의 일부는 "3%의 오차 한계"가 일반적으로 "참값이 추정값에서 ±3% 사이에 있지만, 어디에 있는지 알 수 없다."는 의미로 해석된다. 그러나 그래프에서 볼 수 있듯이 참값(51.6%)에 가까운 결과들이 3%나 높은 결과보다는 더 흔하게 나타낸다. 통계학자는 "참값"을 모수라고 부른다. 다시 말해, 모수에 가까운 추정값이 더 먼 추정값보다 더 흔하다.

민주당 지지율이 50% 미만인 결과는 드물지 않지만, 대부분 결과에서는 민주당 지지율이 50%를 넘는다. 선거 결과에 관해 내기한다면, 민주당에 걸어야 한다. 신뢰구간은 당신이 원하는 만큼 확신하지는 않지만 같음이 아니라는 것은 확실히 말해준다. 만약 당신이 선거에서 돈을 걸어야 한다면, 민주당을 지지해야 한다. 신뢰구간은 아마도 당신이 원하는 만큼의 확실한 내기는 아니지만, 같음이 아니라는 것은 확실히 말해준다.

•정리•

1. 오차범위 측면에서 기술되는 여론조사 결과는 수긍할 수 있다. 이것은 신뢰구간과 비슷한 개념이다.
2. 오차범위에 관한 아이디어는 신뢰구간 내 어느 곳에나 참값이 있을 수 있음을 의미한다. 사실, 어느 한쪽의 극단보다 신뢰구간의 중간에 (실제의 결과가) 더 가까울 가능성이 크다.
3. "통계적 같음"은 차이에 대한 신뢰구간이 차이가 없음, 즉 0을 포함한다는 의미이다.
4. 위의 2와 3을 합치면, 당신은 "통계적 같음"이 "나는 전혀 모르겠다, 동전을 던지는 것이 좋겠다."라는 것을 의미하지 않는다는 것을 알게 된다.
5. 나는 갈색 또는 회색 넥타이를 가지고 있지 않다는 기록을 남기고 싶다.

★ 참고: CHAPTER 21. 세일, 믿을 수 있어? (통계적 의사결정)

•토론•

1. 나는 여론조사에 관한 신뢰구간에 공화당이 승리할 가능성이 포함되었음에도, 만약 선거 결과에 관해 내기한다면 민주당에 돈을 걸어야 함을 주장했다. 이것은 그때 신뢰구간을 버리고 가장 좋아 보이는 것을 따라가야 한다는 것을 의미하는가?
2. 선거 전의 여론조사에서는 전형적으로 약 1000명을 조사하지만, 조사원들이 아침부터 밖에 나가서 조사하지 않고, 그저 처음 만나는 1000명에게 물어본다면, 그들은 무엇을 하고 있는가?

NOTE. 233쪽의 정답을 보라.

가설검정

CHAPTER 13
자전거를 타고 어느 길로 집에 갈까?
(p-값의 필요성)

아마 p-값에 관해 들어 보았을 것이다. 실제로 통계의 전체 관점은 p-값을 생성하는 것이다. 0.05 미만의 p-값은 "통계적으로 유의한" 것이고 모든 사람을 매우 행복하게 하는 좋은 것이다. 반면 0.05 이상의 "유의하지 않은" p-값은 좋지 않고 부끄러움의 근원이 된다. 이것은 p-값이 실제로 어떤 용도로 사용되어야 하는지에 대한 의문을 제기한다.

매일 저녁에 집으로 갈 때, 나는 자전거를 타고 혼잡한 길을 내려가는 것과 브라운스톤 브루클린의 아름다운 뒷골목을 구불구불 돌아가는 것 중 하나를 선택할 수 있다. 온종일 추론과 추정 외에는 아무것도 생각하지 않는 통계학자로서, 다양한 경우에서 각 경로에서 걸리는 시간을 기록하였다. 그리고 기록된 데이터를 바탕으로 평균과 표준편차를 계산하였다. 어느 날, 약속이 있어 되도록 빨리 집에 도착해야만 하는 경우를 가정해보자. 더 빠른 경로를 선택하기 위해, 걸리는 시간 데이터를 통계적으로 분석해보니 혼잡한 도로가 더 빠르긴 하지만, 걸리는 시간의 차이는 통계적으로 유의하지 않은 것으로 나타났다(p=0.4). 그런데도, 집으로 가는 더 빠른 길을 택하는 것이 현명한 것처럼 보일 것이다. 비록 그 경로가 더 빠를 것이라는 확신을 보여주지는 못했지만 말이다.

이제 이 일을 계기로 열의에 타올랐고 2년 동안 무작위로 집으로 가는 경로를 선택하고 시간을 기록한다고 상상해보자. 마침내 데이터를 분석했을 때 혼잡한 도로를 통해 집으로 돌아가는 것이 더 빠르다는 강력한 증거를 발견하였지만(p=0.001), 그렇게 매우 빠르지는 않았고, 평균적으로 57초 절약되었다. 그래서 정말로 내가 바쁜 상황이 아니라면, 뒷골목을 따라가는 것이 더 즐겁고 시간이 더 걸려도 충분히 가치가 있기에, 구불구불한 뒷골목을 따라 자전거를 타고 갈 것이다.

우리는 p-값이 우리의 행동을 결정한다고 생각하는 경향이 있다. 예를 들어, 제약회사가 신약의 임상실험을 실시하는 경우, 우리는 “p<0.05는 신약을 사용하는 것을 의미하고, p≥0.05는 신약을 사용하지 않는 것을 의미한다.”라고 말하는 경향이 있다. 하지만 자전거 예시는 그 반대를 보여준다. 나는 p-값이 0.001이었을 때가 아닌 p-값이 0.4였을 때의 혼잡한 도로를 선택했다. 이것은 p-값이 우리에게 무엇을 말해주고 우리가 그것들을 어떻게 사용해야 하는지 조금 더 생각할 필요가 있다는 것을 암시한다.

p-값에 관해 기억해야 할 가장 중요한 것은 p-값은 가설을 검정하는 데 사용된다는 점이다. 이것은 명백하지만, 반대로 너무 쉽게 잊혀지곤 한다. 여기에 좋은 두 가지 사례가 있다. 첫 번째 사례는 100개가 넘는 p-값을 나열한 과학 논문이다. 연구자들이 정말로 그만큼 많은 가설을 검정하기를 원했던 것은 아닐 것이다. 그들은 단지 연구에 몰두했고 습관적으로 통계 소프트웨어를 돌려서 많은 p-값을 얻어냈을 것이다.

두 번째 사례는 임상실험으로 거슬러 올라간다. 신약 임상실험에서, 환자가 신약을 받는지 위약을 받는지의 여부는 무작위로 결정되는데, 이것은 동전을 던지는 것과 같다. 이것을 무작위 시행이라고 한다. 이 아이디어는 신약을 복용하는 환자와 위약을 복용하는 환자가 비슷한 상태에서 시작되기 때문에, 실험이 끝날 때 나타나는 모든 차이점은 약의 차이에 기인할 수 있다는 것이다. 동전을 던져 누가 신약을 받고 누가 위약을 받는지 결정하는 것은 각 그룹에서 나이 든 사람과 여자를 같은 숫자만큼 얻을 가능성을 크게 만든다. 그러나 그것은 어떤 보장도 제공하지 않기 때문에, 많은 연구자가 하는 일은, 그룹들 사이의 평균 연령의 차이에 관한 p-값을 계산함으로써 모든 것이 균형을 이루는지 확인하는 것이다. 이것은 타당한 말 같지만, 실제로는 전혀 말이 안 된다. 여기서 실험되는 가설은 연령의 명백한 차이가 단순히 우연에 의한 것인지 아니면 실제로 한 집단이 다른 집단에 비해 정말로 나이가 많은 것인지 이다. 하지만 이건 무작위적인 실험이고, 누가 어느 그룹에 속할지를 결정하기 위해 동전을 던지는 것이다. 그래서 나이 차이가 나는 것은 우연 때문이라는 것을 알게 되었다. 무작위 임상실험에서 그룹 간의 기준치 차이에 관한 p-값을 보고하고 나이 또는 성별과 같은 것에 관해 "중대한" 차이가 있었거나 없었음을 결론짓는 사람은, 우리가 p-값을 사용하는 것이 가설을 검정하는 것이라는 사실을 분명히 잊고 있었다.

p-값은 가설검정에 관한 것임을 기억해야 한다. 서둘러 집에 가야 할 때, 어느 길이 더 빠른지 "확실하게 아는 것"에 관심이 없었고, 단지 어느 길로 가는 게 정해진 시간에 집에 도착할 것 같은지 알아내는 게 필요했다. 게다가 가설을 검정하고 싶을 때조차, 우리의 결론은 필요하긴 하지만 충분한 실천 지침은 아니다. 나는 결국 혼잡한 도로를 이용하는 것이 가장 빠르다는 강력한 증거를 제공했지만, 가설검정에 포함되지 않은 삶의 즐거움과 삶의 질을 고려하여 다른 경로를 선택하기로 했다.

•정리•

1. p-값은 가설을 검정한다.
2. 이 장은 여기까지다.

★ 참고: CHAPTER 14. 바싹 마른 칫솔, 양치했을까? (p-값의 정의)

•토론•

1. 나는 "혼잡한 도로를 이용하는 것이 더 빠르다."는 강력한 증거를 제공했다고 말했다. 왜 나는 그것을 증명했다고 말하지 않았을까?
2. 우리는 보통 "집단 간의 큰 차이"는 "작은 p-값"을 의미한다고 생각한다. 그러나 두 개의 서로 다른 경로 간의 이동 시간의 차이가 크지 않음에도 불구하고, 매우 작은 p-값 ($p = 0.001$)을 구했다. 어째서?
3. 만약 통계가 단지 가설을 검정하는 것에 관한 것이 아니라면, 통계를 사용할 수 있는 다른 것은 무엇인가?

NOTE. 235쪽의 정답을 보라.

CHAPTER 14

바싹 마른 칫솔, 양치했을까?

(p-값의 정의)

나는 모임에 가면 친구를 괴롭히는 질문인 파티 트릭을 가지고 있다. 내가 하는 일을 누군가에게 말할 때, 그들이 "통계학자?"라고 물으면, "어, 나도 대학에서 통계를 듣기는 했어."라고 말한다. 나는 그들에게 p-값의 정의를 물어본다. 나는 당신이 무슨 생각을 하는지를 안다. 나는 다른 일을 하고 있을 뿐이다. 중요한 것은 아직 정답, 아니 비슷한 답조차 하는 사람을 만나지 못한 것이다. p-값은 통계학에서 매우 중요한 개념임에도 불구하고, 이상하게도 사람들은 그 개념을 잘 이해하지 못하는 것 같다. 문학 전공자가 셰익스피어가 희곡을 썼는지 소설을 썼는지, 혹은 경제학 강의를 들은 사람이 수요와 공급의 관계를 제대로 설명하지 못했다고 생각해보

라. 따라서 다른 것을 하지 않을 거면 다음 문장을 기억해라. p-값은 귀무가설이 참일 경우, 관측되는 데이터가 매우 극단적으로 나타나는 확률이다.

나에게는 3명의 어린 자녀가 있다. 침대에서 취침 시간 이야기를 하기 전에, 아이들을 설득해서 씻고, 화장실을 가게 하고, 양치하고, 잠옷으로 갈아입고, 다음날을 위해 옷을 준비하고, 그다음에 실제로 침대에 들어가게 한다. 다섯 살짜리 아이는 종종 침대에 앉아서 파자마도 안 입고 "내 이는 깨끗해요."라고 주장한다. 바싹 마른 칫솔을 보여주면서 아이는 양치질을 했다고 말하지만, 나는 아이에게 그럴 수 없었다고 말한다.

여기서 나의 추론은 다음과 같다. 칫솔은 말라 있다. 아들이 양치했다면 칫솔이 말라 있지 않을 것이다. 따라서 양치를 하지 않았다. 또는 통계학자의 말을 사용한다. 여기 데이터(말라 있는 칫솔)가 있다. 다음에 가설을 설정한다(내 아들은 양치했다). 만약 그 가설이 사실이라면 그 데이터는 이례적일 것이다. 따라서 우리는 그 가설을 기각해야 한다.

데이터의 통계적 분석은 매우 비슷한 원칙을 따른다. 귀무가설이 사실이라면 데이터의 확률을 알고자 하는 것이다. 예를 들어, 몇 년 전에, 법을 어긴 청소년들에게 감옥을 둘러보게 해서 그들이 올바로 행동하지 않으면 얼마나 끔찍할지를 보여주어야 한다는 제안이 있었다. 즉, 그들은 곧장 공포에 사로잡힐 것이다. 일부 사회과학 연구자들이 어린 범죄자들을 곧장 겁먹게 하거나(실험군) 또는 형사사법제도에서 평상시처럼 취급하도록 하는 것(대조군), 무작위로 두 가지 방법의 하나로 그들을 할당해서 실험하기로 했다. 여기에 이러한 실험 중 하나로부터 나온 데이터가 있다. 실험군 집단 28명 중 12명(43%)이 새로운 범죄를 저질렀고, 대조군 집단은 30명 중 5명(17%)이 새로운 범죄를 저질렀다.

비록 이 연구 결과가 불운한 것이 될 수도 있지만, 십대들을 겁주려고 하는 것이 상황을 더 악화시키는 것처럼 보인다. 통계적으로 분석하기 위해서, 우리는 먼저 귀무가설(좀 거칠게 말하면, 흥미로운 일이 전혀 진행되지 않는다는 것)을 설정한다. 따라서 우리의 귀무가설은 "첫 번째 체포 후 다시 범죄를 저지를 확률은 일반적인 형사사법절차를 거치는 청소년들과 곧바로 무서움을 겪는 청소년들이 동일하다."가 될 것이다. 다음으로 통계 검정을 시행하고 0.043의 p-값을 얻었다. p-값이 5% 미만이기 때문에 결과를 통계적으로 유의하다고 부르고, 귀무가설을 기각하고 학생들을 곧바로 겁먹게 만드는 것이 그들을 더 나쁘게 만든다고 결론짓는다.

여기서 0.043의 p-값은, 학생들에게 곧바로 무서움을 주는 것이 아무런 효과가 없다면, 실험군 그룹에서 28명 중 12명이 새로운 범죄를 저지르고 대조군 그룹에서 30명 중 5명이 새로운 범죄를 저지르는 것을 확인할 수 있는 사건의 확률은 아니다. 왜냐하면, 우리는 결과가 역전될 수 있거나(말하자면, 대조군에서 더 많은 범죄가 일어나는 것), 집단들 간에 훨씬 더 큰 차이(예를 들어, 실험군 100% 범죄율과 대조군 0% 범죄율)를 보일 수 있는 가능성을 고려하기를 원하기 때문이다. 이 두 경우 모두 우리는 귀무가설을 기각했을 것이다.

p-값을 얻기 위해 필수적으로 우리가 하는 일은 연구의 가능한 모든 결과를 기록하는 것이다(실험군 28명 중 14명이 범죄를 저지르고 대조군 30명 중 15명이 범죄를 저지르는 것, 실험군 28명 중 1명, 대조군 30명 중 29명, 실험군 28명 중 24명, 대조군 30명 중 6명 등). 그런 다음 귀무가설이 참인지 확인하기 위해 각 결과의 확률을 계산한다. 만약 각 그룹에서 재범률이 정말로 동일하다면, 실험군 28명 중 1명, 대조군 30명 중 29명이 범죄를 다시 저지를 가능성은 매우 낮을 것이다. 마지막으로, 실제적인 p-값을 구하기 위해서, 적어도 우리가 얻을 가능성이 없어 보이는 모든 결과의 확률을 합산해야 한다.

또 이것을 히스토그램으로 보여줄 수도 있다. x축은 대조군과 실험군(곧바로 겁먹은 집단 사이)의 재범률의 차이를 나타내고, y축은 귀무가설이 참일 경우 가능한 각 결과의 확률을 나타낸다.

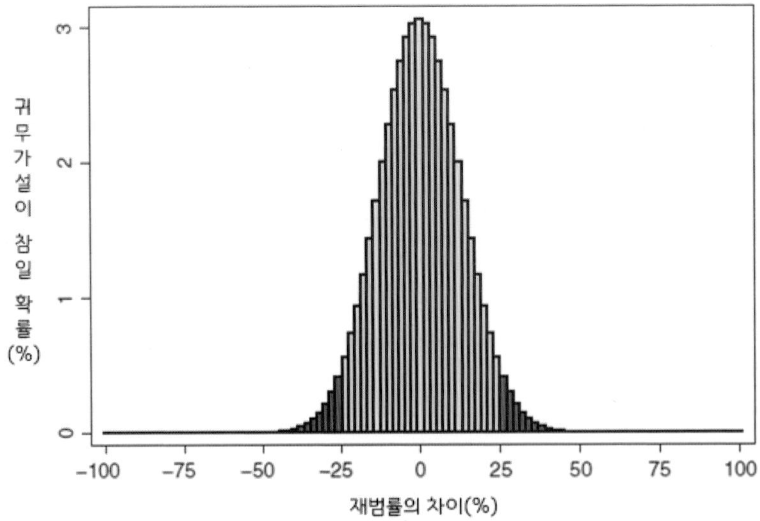

당신이 예상하듯, 귀무가설(집단 간에 차이가 없다)이 참이라면, 집단 간의 작은 차이가 나는 것은 매우 흔한 일이지만, 집단 간의 차이가 매우 큰 경우는 아주 드물 것이다. 대조군에 있는 모든 학생이 범죄를 저지르고 실험군(바로 겁먹은 그룹)에서는 한 명도 범죄를 저지르지 않는, 즉 100% 차이를 가질 확률은, 귀무가설이 사실이라면 $1/10^{16}$보다 작다. 이것은 세계의 모든 해변으로부터 무작위로 선택된 모래 알갱이를 정확하게 식별할 수 있는 우연과 비슷하다. 연구에서 관찰된 차이는 26%였고 위의 그림에서 음영 처리된 영역은 적어도 이것만큼 극단적인 결과를 보여준다. 음영 처리된 영역을 모두 합하면, 귀무가설이 사실일 경우 26% 이상의 차이를 얻을 확률을 구할 수 있다. 이 값은 0.043이며, 이것이 p-값이다.

그래서 여기에 우리 각자가 술집에 갔을 때 마주쳤던 앵무새에게 한 말이 있다. 그리고 나는 여전히 새로운 파티 트릭을 만들지 못했다. "p-값은 귀무가설이 참일 경우, 관측되는 데이터가 매우 극단적으로 나타나는 확률이다." 아이와의 이야기 상황으로 다시 돌아오면, 나는 아이에게 칫솔(네가 방금 양치했다면 칫솔이 마를 확률)에 관한 설명을 하고 있다.

•정리•

1. 추론 통계는 가설, 특히 귀무가설의 검정을 포함한다.
2. 귀무가설이란 흥미로운 일이 진행되고 있지 않음을 암시하는 진술인데, 예를 들어 관찰된 데이터와 예상된 데이터 사이에 차이가 없거나 두 그룹 사이에 차이가 없음을 시사하는 문장이다.
3. p-값은 귀무가설이 참일 경우, 관측되는 데이터가 매우 극단적으로 나타나는 확률이다.
4. 만약 귀무가설이 사실이라고 가정할 때, 데이터가 나타날 가능성이 낮다면, 우리는 귀무가설이 사실이 아니라고 결론짓는다.
5. 내 아들은 이제 내 수법을 알아내고 잠자리에 들기 전에 몇 초 동안 칫솔을 수돗물로 적셨다.

★ 참고: CHAPTER 13. 자전거를 타고 어느 길로 집에 갈까? (p-값의 필요성)

•토론•

1. 왜 우리는 귀무가설 하에서 데이터의 확률을 말하는가? 데이터에서 주어진 가설이 나타날 확률을 아는 것이 더 흥미롭지 않을까?
2. 여기 몇 가지 연구 질문이 있다. 이들 각각에 대한 귀무가설의 예를 제시해보자.
   a. 의무적인 재교육이 장기 실업에 영향을 미치는가?
   b. 뉴욕에서 택시를 잡을 때, 흑인 남성이 백인 남성보다 더 어려움을 겪고 있는가?
   c. 전국적으로, 전체 출생아 중 약 28%가 제왕절개 수술을 통해 태어난다. 뉴욕주의 병원들의 제왕절개 비율이 평균보다 높은가?
   d. 방과 후 프로그램은 예술, 음악, 드라마 또는 댄스 활동에 학생들의 참여를 증가시키는가?
   e. 새로운 유형의 독성이 낮은 화학요법을 처방받은 환자들은 적어도 표준적인 (그리고 불쾌한) 화학요법의 약만큼 반응률이 좋은가?

NOTE. 237쪽의 정답을 보라.

CHAPTER 15

마이클 조던은 귀무가설을 채택하지 않을 것 같은데…. (p-값의 해석)

그래서 마침내, 오랜 시간 동안 짐을 싸고 차에 싣고 나면, 가방들은 차에 실려 있고, 아이들은 어린이용 보조의자에 있고, 과자 가방은 손이 닿기 쉬운 곳에 있고, 모든 사람은 안전벨트를 하고 있고, 그리고 나의 손은 시동을 걸기 위한 차 키 위에 있다. 그때 아내가 묻는다, "내 카메라가 어디 있지?" 통계학자로서 나는 이 질문을 즉시 두 가지 가설로 전환한다. "카메라는 차에 있어." 그리고

"카메라는 여전히 집에 있어." 차에서 짐을 내리는 것보다 집안으로 다시 돌아가는 것이 더 쉽다는 것을 감안해 나는 두 번째 가설을 검정해 보기로 한다. 몇 분 후, 나는 집 안의 모든 평범한 곳을 찾아봤지만, 카메라를 찾을 수 없었다고 아내에게 말한다. 우리는 "차 안 어딘가에 있을 거야."라고 결론을 내리고 여행을 떠났다.

이 이야기의 후반부에는 약간 이상한 점이 있다. 우리는 한 가지 결론(카메라는 차 안에 있다)을 내렸다. 왜냐하면, 우리는 다른 것(카메라는 집에 있다)을 뒷받침할 증거를 찾을 수 없었기 때문이다. 그런데 공교롭게도 이것이 바로 우리가 통계적 검정을 할 때 하는 일이다. 먼저, 대충 말해서, 흥미로운 일은 일어나지 않는다는 귀무가설을 제안한다(참고: 14장. 바싹 마른 칫솔, 양치했을까? (p-값의 정의)). 그런 다음 p-값을 구하기 위해 통계 분석을 실행한다. p-값은 귀무가설이 참일 경우, 관측되는 데이터가 매우 극단적으로 나타나는 확률이다. 따라서 p-값이 낮을 때(예를 들어, 0.05 미만), "귀무가설이 참이라면 그것을 입증할 데이터가 나타날 가능성이 작으므로, 아마도 참이 아닐 것이다." 그 결과, 우리의 결과를 "통계적으로 유의하다."고 선언하고, 귀무가설을 기각하며, 우리가 정말로 흥미로운 현상을 가지고 있다고 결론짓는다.

간단한 예로, 우리는 여학생과 남학생이 같은 비율로 글씨를 배운다는 귀무가설과, 성별에 따라 나눠진 받아쓰기 시험 점수의 데이터 세트를 가질 수 있다. 통계적으로 유의한 p-값은 우리가 이 귀무가설을 기각하고 어린 시절에는 글씨를 배우는 것에서 남녀 간에 차이가 있다는 결론을 내리게 할 것이다.

p-값이 0.05보다 크면 우리가 하는 일은 조금 더 복잡해진다. 며칠 전에 나는 마이클 조던과 함께 농구를 했다. 나는 통계학자이고 절대 지어내지 않는다는 것을 기억해라. 그는 7번 연속 자유투를 날렸고, 나는 3번 명중했고 4번을 놓쳤다. 그 다음에 통계학자가 되어 사이드라인으로 달려가서 내 노트북을 열고, 나도 마이클 조던처럼 농구를 잘한다는 귀무가설에 관해 0.07의 p-값을 계산했다. 내 농구 실력과 마이클 조던의 실력에 차이가 없다는 것을 제안하는 이 p-값을 당신은 받아들이지 않을 것이다. 당신은 아마도 우리의 실험이 실력 차이를 증명하지 못하였다고 말할 것이다.

그러나 그렇지 않으면 상당수의 똑똑한 사람들이 통계적 검정의 결과를 해석할 때 정반대의 결론에 도달한다. 내가 이 책을 쓰기 시작하기 직전에, 저지방 식단 처방을 지킨 여성들의 유방암 발병률이 약 10% 낮다는 연구 결과가 발표되었다. 만약 이것이 진정한 차이라면, 저지방 식단은 매년 수만 명의 여성의 유방암 발병률을 줄일 수 있다.

지방 식품을 줄이는 것만큼 간단하고 저렴한 것에 대한 놀라운 건강상의 이점을 주면서 말이다. 암 발생률의 차이에 대한 p-값은 0.07이었고, 여기서 중요한 점은 다음과 같다. 이것은 저지방 식단이 효과가 없는 것으로 광범위하게 잘못 해석되었다. 예를 들어, 뉴욕타임스의 사설란에서는 "저지방 식단이 시험을 망친다."고 선전했고, 이 연구는 "모든 지방과의 전쟁이 대부분 허사라는 강력한 증거를 제공했다."고 주장했다. 그러나 치료가 효과적이라는 것을 증명하지 못하는 것은 효과가 없다는 것을 증명하는 것과 같지 않다. 이것이 통계학자들이 "귀무가설 수용"이라고 부르는 것이고, 당신이 영국 태생의 통계학자가 마이클 조던과 게임을 했다는 것을 받아들이지 않는다면, 귀무가설 수용은 당신이 피하고 싶은 것이 될 것이다.

•정리•

1. 가설을 검정하는 것("추론" 통계)는 다음 단계로 구성된다.
   a. 귀무가설을 설정한다.
   b. p-값을 구하기 위해 데이터에 통계적 검정을 적용한다.
   c. p-값이 0.05(통계적으로 유의한) 미만일 경우 귀무가설을 기각한다.
   d. p-값이 0.05 이상일 경우 귀무가설을 기각하지 못한다.
2. 귀무가설을 채택하지 마라. 만약 p-값이 0.05 이상이라면 너는 다음 예시와 같이 말할 수 없다.
   a. 여자아이와 남자아이의 글씨 배우기에는 차이가 없다.
   b. 직업훈련은 생산성을 향상하지 않는다.
   c. 시카고 불스는 애듀류 빅커스(Andrew Vickers) 때문에 6번의 NBA 타이틀을 차지할 수 있었다.

•토론•

1. 통계적 유의성을 논할 때, 나는 0.05보다 작은 p-값을 "통계적으로 유의함"으로, 0.05 이상의 p-값을 "통계적으로 유의하지 않음"이라고 반복적으로 기술했다. 0.049999의 p-값은 항상 통계적으로 유의하며, 0.050001의 p-값은 통계적으로 절대 유의하지 않은 것이 사실인가?
2. 왜 마이클 조던과 같이 한 나의 실험 결과에서 유의하지 않은 p-값이 나왔다고 생각하는가?
3. 저지방 식단이 유방암에 미치는 영향에 관해 어떤 결론을 내려야 할까?
4. 형사재판과 p-값의 연관성은 무엇인가?

NOTE. 239쪽의 정답을 보라.

CHAPTER 16

스포츠와 비즈니스의 차이점 (t 검정과 윌콕슨 검정)

윌콕슨 검정과 t 검정과의 관계는 스포츠와 사업과의 관계와 같다. 스포츠를 달리 말하면 사업(아니면 그 반대일 수도 있고)이라고 말해줄 수 있는 어떤 포스트-해체론자를 만날 수 있다고 나는 확신한다. 그러나 내가 그것을 바라보는 시각은 조금 다르다. 스포츠에서는 순위 문제, 사업에서는 총금액의 문제가 중요하다. 스포츠에서는 최고가 되고 싶고, 사업에서는 많은 돈을 벌고 싶어 한다. 메츠팀은 단지 5할 이상의 승률로 단지 몇 개의 게임을 끝내고 시즌을 마무리할 수도 있다. 하지만 그 팀이 자신이 속한 그룹에서 최고가 된다면, 시즌 끝에서 플레이오프에 진출할 것이다. 맥알리스터 예인-운송회사 소유주들은 그들이 뉴욕 지역에서 가장 수익성이 좋은 예인선 기업인지에 관해서는 별로 신경 쓰지 않는다. 그들은 단지 이익을 얻기를 원하고, 그것은 심지어 바로 직전의 이익보다 몇 달러 정도는 더 많기를 바란다.

통계의 측면에서 윌콕슨 검정은 스포츠와 같고, t 검정은 사업과 같다. 다음은 윌콕슨 검정이 어떻게 작용하는지 보여주는 사례이다. 어떤 두 그룹 중에서 어떤 그룹이 더 순위가 높은지를 비교하려고 한다. t 검정 방법은 다음과 같다. 한 그룹의 평균이 다른 그룹의 평균보다 높은지 아닌지를 비교한다.

스포츠 실험의 분석

투르 드 프랑스(프랑스와 주변국을 주파하는 장거리 자전거 경주)에서, 각 팀은 "힐러" 즉, "선수를 보좌하는 사람"을 동반한다. 그들의 일은 매일의 경기에서 자전거 선수들의 회복을 돕기 위해 마사지를 하는 것이다. 당신이 컬럼비아 대학 사이클팀의 코치라고 생각하고 당신의 팀이 지역 마사지 학교에서 자원봉사자를 구했다고 상상하자. 처음에는 이것이 좋은 생각처럼 보였다. 하지만 지금은 신비한 에너지 흐름을 토론한다고 훈련을 방해하는 그 지원자에게 다소 지쳤고, 마사지가 실제로 도움이 되는지를 확실히 알고 싶어서 다음과 같은 실험을 한다. 어느 일요일에 당신의 팀은 어떤 50마일 경주에 참가한다. 그 날 오후에 당신은 무작위로 팀원 중 절반을 마사지 받게 한다. 월요일에 당신은 모든 선수를 타임 트라이얼(time trial: 일정한 거리를 개별적으로 달려 걸린 시간으로 승부를 겨루는 시합)에 보낸다. 그런 다음에 마사지를 받은 선수들이 마사지를 받지 않은 선수들보다 빠르지 않다는 귀무가설을 다루기 위해 타임 트라이얼 데이터를 살펴본다.

분과 초로 주어진 시간의 결과를 아래에 제시한다.

실험군 (마사지 받은 그룹)	대조군 (마사지 받지 않은 그룹)
51:55.1	48:49.9
53:39.7	53:17.4
58:29.8	59:33.6
59:22.8	60:49.4
59:24.1	61:12.7
59:57.2	62:33.6
60:32.1	63:18.7
61:43.3	63:19.2
63:13.4	65:15.5
63:40.3	65:25.4

이 데이터를 사용하여 t 검정을 수행하려면 각 그룹의 평균 및 표준편차를 계산해야 한다. 마사지 그룹에서는 평균이 59.20분(표준편차 3.788), 대조군에서는 평균이 60.36(표준편차 5.337)분이다. 이 숫자들을 적절한 공식에 연결하면 1.16분이라는 그룹 사이의 차이를 얻는다. 이것은 마사지를 받은 자전거 선수들이 대조군의 선수들보다 평균 약 1분 10초 더 빨리 타임 트라이얼을 완료했음을 의미한다. 이 차이의 표준오차는 2.07이다. 만약 귀무가설이 참이라면, 그룹 간의 시간 차이에 대한 95% 신뢰구간이 0부터 표준오차의 두 배까지의 길이보다 길지 않을 것을 안다. 이 실험의 경우, 차이가 0부터 표준오차의 절반 정도까지의 길이 안에 있으므로, 우리는 유의하지 않은 결과(실제로 p=0.6)를 가짐을 알고 있으며, 집단 간 차이가 없다는 귀무가설을 기각할 수 없다.

윌콕슨 검정을 하려면, 누가 1등이고, 누가 2등인지와 같은 순위를 파악해야 한다. 가장 먼저 들어 온 선수는 49분에 가까운 기록을 가지고 있으며 대조군에 속해 있다. 그리고 이 선수가 1위를 차지했다. 그다음으로 제일 빠른 선수는 3분 후에 들어왔으며 마사지 그룹에 속해 있다. 그는 2위를 하였다. 타임 트라이얼에서 각 자전거 선수들이 들어오는 순서에 따라 계속 순위를 매긴다면, 괄호 안에 표시된 순위와 함께 다음과 같은 결과를 얻을 수 있다.

실험군 (마사지 받은 그룹)	대조군 (마사지 받지 않은 그룹)
51:55.1 (2)	48:49.9 (1)
53:39.7 (4)	53:17.4 (3)
58:29.8 (5)	59:33.6 (8)
59:22.8 (6)	60:49.4 (11)
59:24.1 (7)	61:12.7 (12)
59:57.2 (9)	62:33.6 (14)
60:32.1 (10)	63:18.7 (16)
61:43.3 (13)	63:19.2 (17)
63:13.4 (15)	65:15.5 (19)
63:40.3 (18)	65:25.4 (20)

각 그룹의 순위를 합하면 마사지 그룹에서 89, 대조군에서 121를 구할 수 있고, 평균은 각각 8.9, 12.1이다. 그래서 마사지를 받은 선수의 평균 순위는 9위였다. 마사지를 받지 않은 선수의 평균 순위는 12위이다. 수많은 자전거 선수들이 타임 트라이얼에서 한꺼번에 9위를 하는 것은 실제로 불가능하다. 지금 우리의 질문은 평균 순위 8.9와 12.1의 차이가 통계적으로 중요한가 하는 것이다. p-값을 구하기 위해, 우리는 귀무가설이 사실이라면 관측 데이터나 더 극단적인 것의 확률 측면에서 p-값의 정의를 다시 생각해 볼 수 있다. 만약 그 귀무가설이 참일 때, 우리가 예상할 수 있는 것은 두 집단 사이에 순위의 차이가 없다는 것이다. 그러나 가끔 순위에 작은 차이가 있어도 놀라지 않을 것이고, 경우에 따라서 우연히 큰 차이를 볼 것이라고 기대할 것이다. 다음 그림은 만약 귀무가설이 참일 때 순위의 차이와 마사지가 자전거 시합에 어떠한 영향도 미치지 않았다는 것을 보여준다.

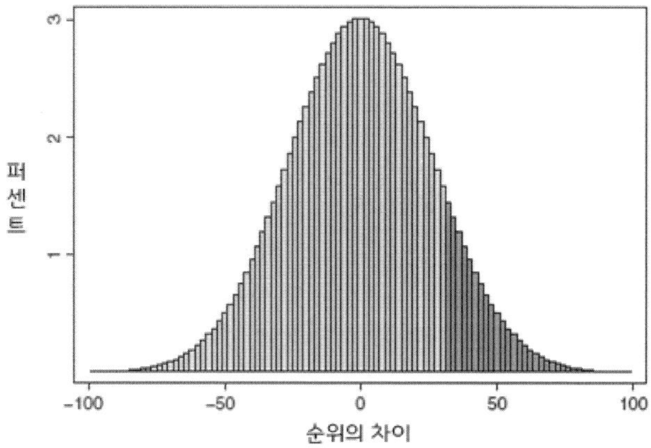

위의 그림에서 보는 것처럼, 정규분포를 구할 수 있다. 연구에서 우리가 보았던 것(순위 합의 차이는 32)보다 크거나 같은 순위의 차이에 해당하는 모든 막대를 음영 처리했다. 당신은 순위에서 그렇게 큰 차이를 얻는 것이 특별히 특이한 것은 아니라는 것을 알 수 있고, 그래서 우리는 통계적으로 유의미한 차이가 없다고 추측할 것이다. 음영 처리된 막대(p-값은 관측된 데이터의 확률 또는 더 극단적인 것으로, 순위 차이가 더 크다는 것을 의미함)의 높이를 더하면 0.113이 나온다. 그러나 기억해야 할 것은 우리가 대조군에서 더 나은 결과를 얻을 가능성이 있다는 것을 고려해야 하고, 그렇게 된다면 귀무가설을 기각할 수도 있다. -32보다 작거나 같은 순위의 차이에 해당하는 막대의 높이를 더하면 0.113이 된다. 0.113과 0.113을 더하면 확률의 합이 0.226이 된다. 따라서 만약 귀무가설이 사실이라면, 즉, 자전거 시합 과정에서 마사지의 효과가 없는 경우, 순위가 32등급 이상의 차이를 보일 확률이 22.6%라고 말할 수 있다. 이것은 이 데이터에 관해 윌콕슨 검정을 실행할 때 얻을 수 있는 p-값이다.

그래서 당신은 그 자원봉사자를 해고해야 해, 그렇지?

이 질문에 대한 대답은 아마도 차크라(chakra, 신체에서 기가 모이는 부위) 에너지에 대한 자원봉사자의 모든 이야기가 당신을 얼마나 짜증나게 했는가에 달려 있을 것이다. 통계적 관점에서 중요한 것은 유의하지 않은 p-값이 나온다고 해서 우리가 그 귀무가설을 채택하는 것을 의미하지는 않는다. 귀무가설이 참이라면 데이터가 상당히 그럴듯하다는 사실이 귀무가설이 참이라는 것을 의미하지는 않는다. 결국, 마사지가 사이클링 시간을 개선한다는 가설에 따라 데이터가 상당히 그럴듯하지만, 겨우 15초 차이밖에 나지 않는다.

지금 기억해야 할 중요한 것은 사이클링 실험이 *t* 검정과 윌콕슨 검정의 차이를 설명하는 데 도움이 된다는 점이다. *t* 검정을 위해, 먼저 우리의 연구 문제를 다루는 추정값을 계산했다. 우리는 마사지가 사이클링 시간을 단축하는지 알고 싶었고, 그래서 우리는 평균적으로 마사지를 받는 선수들이 대조군의 선수들보다 1분 조금 더 빠르다는 것을 계산했다. 그 다음에 이 추정값에 대한 표준오차를 계산하고 p-값을 계산하기 위해 추정값에 표준오차를 나누었다. 윌콕슨 검정의 경우, 모든 결과를 순위로 변환하고, 그룹 간의 순위 차이를 계산하고, 귀무가설이 참인 경우(즉, 순위에 차이가 없다), 예상되는 것에 관해 순위의 차이를 비교했다.

그래서 윌콕슨 검정과 *t* 검정 중에 무엇이 더 좋은가?

t 검정 결과의 가장 좋은 점은 마사지가 자전거 경기에 미치는 영향에 대한 추정값을 구할 수 있다는 것이다. 마사지는 타임 트라이얼의 시간을 평균적으로 1분 10초 정도 단축하였다. 우리는 또한 95% 신뢰구간을 계산할 수 있는데, 이것은 평균에 표준오차의 두 배 정도를 더하거나 빼는 것이다. 표준오차는 약 2분 10초 정도여서 −3분 10초에서 5분 30초의 신뢰구간을 구하였다. 가장 좋은 추측은 마사지가 1분 정도 시간을 줄여주지만, 실제로는 3분 정도 속도를 늦출 수도 있고, 경주시간을 극적으로 5분 정도 더 단축할 수도 있다는 것이다. 이 모든 것은 훌륭하고 멋진 정보지만, 그것이 정확한 경우에만 그렇다. 빌 게이츠가 식당 안으로 걸어 들어갔을 때 알게 된 것처럼(참고: 2장. 빌 게이츠가 식당으로 들어가니…. (평균과 중앙값)), 무언가의 평균을 계산하는 것은 특정한 상황에서만 타당하다. 당신은 Dizzy's 식당(빌이 계란 오믈렛 3개를 먹고 있는 곳)과 Little Purity 식당(억만장자가 방문하지 않는 곳) 사이의 급여 차이를 비교하는 *t* 검정을 별로 원하지 않을 것이다. 왜냐하면, 평균 125백만 달러에서, 95%의 신뢰구간으로 -125백만 달러에서 375백만 달러 사이에서 평균 급여의 차이를 계산할 것이기 때문이다. 이 예에서 알 수 있듯이 데이터가 매우 치우쳤을 때는 *t* 검정에서 구한 p-값이 별로 신뢰성이 없다. 간단히 말하면, 그룹 간에 정말로 차이가 있다 할지라도, 큰 p-값을 가질 수 있다는 것이다.

게다가, 비록 추정값을 구하는 것이 좋은 것(일반적으로 그렇다)이라고 제안했지만,

추정값이 항상 관심사인 것은 아니다. 만약 생물학자가 유전자의 영향에 관해 복잡한 가설을 세우고, 쥐에 관한 실험을 한다면, 그 추정값은 아마 이렇게 될 것이다. "PMA에서 생산된 IL-2는 CD45RA+CD4+세포를 자극하여 녹아웃 쥐(knockout mice, 특정 유전자가 결여되게 한 쥐)에서 0.002 유닛을 증가시켰다." 이것이 어떤 의미 있는 해석을 가지는가는 불분명하다. 이러한 실험실 실험의 핵심은 가설을 조사하는 것이며, 따라서 관심 있는 것은 p-값일 뿐이다.

다시 말하자면, 모든 것은 주어진 상황 나름이다. 이것은 말이 된다. 왜냐하면 t 검정이 나은지 윌콕슨 검정이 더 나은지 말할 수 있었다면, 좋지 않은 검정은 더는 사용되지 않을 것이고 이것에 대하여 여러 장을 쓸 필요가 없었을 것이기 때문이다.

•정리•

1. 가설검정에 대한 p-값을 생성하기 위해 통계적 검정을 데이터에 적용한다.
2. t 검정과 윌콕슨 검정은 잘 알려진 두 가지 통계적 검정이다.
3. 두 검정은 연속 변수(자전거 경주를 완료하는 시간)에 관하여 두 그룹(예: 소년과 소녀 또는 특별한 것을 다루는 그룹과 대조군)을 비교할 때 사용한다.
4. t 검정에는 표준오차뿐만 아니라 연구의 가설을 다루는 추정값의 계산이 포함된다. p-값은 추정값과 표준오차를 비교하여 계산된다.
5. 윌콕슨 검정을 하려면 먼저 데이터를 순위로 변환해야 한다. p-값은 순위의 차이를 순위의 차이의 예상 분포와 비교하여 계산한다.
6. 데이터가 매우 편향된 경우에는 t 검정을 신뢰할 수 없다.

•토론•

1. 통계 검정은 모수와 비모수라는 두 가지 특성 중 하나로 이루어진다는 것을 들어봤을 것이다. t 검정은 모수 검정이고 윌콕슨 검정은 비모수 검정이다. "모수"는 무엇을 의미하며 왜 윌콕슨 검정은 모수가 아니고 t 검정은 맞을까?
2. 자전거 시합 후의 회복에서 마사지의 가치에 대한 실험을 통해 어떤 결론을 내리겠는가?

NOTE. 242쪽의 정답을 보라.

CHAPTER 17

친구와의 만남

(표본의 크기, 표준오차, 검정력)

친구와의 만남이 왜 이렇게 복잡할까?

네 친구 더그와 놀고 싶으면, 그 친구가 "영화?"라고 말할 때, 당신은 "술?"이라고 말하고 그가 "로키 라운지?"라고 말할 때, "9시?"라고 말하라. 그러면 너는 몇 시간 후에 놀고 있을 것이다. 하지만 다음에 그가 그의 친구인 라나, 톰과 함께 저녁식사를 하자고 제안할 때, 당신은 마리아의 비스트로(아늑하고 작은 식당)에 가고 싶어 하지만, 톰은 멕시코 음식 대신 카페 스타인호프에 가고 싶어 한다. 당신은 슈니첼(독일식 돈까스)을 좋아하지 않기 때문에 그때 당신은 정말 보고 싶은 영화를 기억하고 말하지만, 더그는 이미 그것을 보았기 때문에 톰은 다른 영화를 추천하고, 라나는 딱히 끌리지 않았다. 어쨌든, 그녀는 저녁식사를 원하고 있고, 20분이 지난 후에도 네 사람은 여전히 어디로 가야 할지 의논하고 있고, 커피 마실 장소를 생각하고 있다. 당신이 아마 알고 있듯이, E가 노력이고 m은 친구들의 멍청한 호들갑(혹은 바보짓)이고 c는 군중의 크기인 방정식 $E=mc^2$에 따라, 당신이 조직해야 하는 사람들의 수와 함께 어떤 것을 조직해야 하는 번거로움이 기하급수적으로 증가한다.

통계에서 $E=mc^2$

통계는 비슷한 방식으로는 작용하지만, 반대로 작용한다. 당신이 친구 그룹에 추가하는 각각의 사람은 기하급수적으로 더 많은 복잡한 결과를 가져온다. 다른 사람을 연구 참가자 그룹에 추가하는 것은 기하급수적으로 더 적은 정보를 가져온다. 통계에서 $E=mc^2$ 식은 다음과 같다.

$$\text{표준오차} = \frac{\text{변동}}{\sqrt{\text{표본크기}}}$$

여기서 표준오차는 신뢰구간의 폭으로 생각할 수 있다. 연구를 수행했는데 신뢰구간이 길다면, 연구 결과가 정확하지 않다는 의미이다. 예를 들어, 만약 당신이 20명의 유권자로부터 투표 의향에 대한 정보를 수집하였을 때, 당신은 "55%의 유권자가 공화당을 선호하고 있으며, 95%의 신뢰구간은 32%에서 77%"라고 보고할 수 있는데, 이것은 누가 이길지 전혀 모른다는 것이다.

위 공식에서, 변동은 당신이 공부하고 있는 어떤 분야에서도 일어나는 자연적인 변동을 가리킨다. 연령, 키, 혈압 등과 같은 연속변수를 관찰하는 연구에서 그러한 변동은 표준편차의 관점에서 표현된다. 예를 들어, 나이의 표준편차가 크다는 것은, 당신의 연구에 참여하는 대상자가 어린 사람부터 노인까지 모든 연령대에 있음을 의미한다. 예를 들어, 유권자에 관한 연구가 있다. 표준편차가 작다는 것은 당신의 연구에 참여하는 대부분 사람이 비슷한 나이라는 것을 의미한다. 예를 들어, 프로축구 선수에 관한 연구가 있다. 비율에 관한 연구에서는 비율이 50%에 얼마나 가까운지에 따라 변동이 달라진다. 이렇게 생각해봐라. 만약 당신이 어떤 방에 1000명의 미국 유권자들을 넣고, 현재의 대통령을 뽑을 때 누구에게 투표했는지를 물어본다면, 여러분은 현재의 대통령을 뽑은 많은 사람과 다른 후보자를 뽑은 많은 사람의 경우에서 매우 많은 변동을 발견할 것이다. 얼마나 많은 사람이 스카이다이빙을 해봤는지 물어본다면, 대부분 사람이 비행기 밖으로 몸을 던지는 것을 좋아하지 않기 때문에 큰 변동이 없을 것이다.

요점은 당신이 변동에 관해 많은 것을 할 수 없다는 것이다. 변동은 단지 세상의 자연적인 부분으로서 건드릴 수 없는 부분에 있다. 따라서 더 정확한 결과를 얻으려면 표본 크기를 늘려야 한다. 더 많은 환자를 임상실험에 참여시키고, 투표 의도에 관해 더 많은 유권자를 인터뷰하며, 교육 연구에 더 많은 학교를 포함해야 한다. 그러나 표준오차는 표본크기의 제곱근과 관련이 있으므로 표준오차를 두 배로 줄이려면 표본 크기를 네 배로 늘려야 한다.

간단한 예로, 100명의 학생에 관해 시험 구성 방식의 최근 변화에 대한 그들의 견해를 조사했고 38%가 긍정적인 반응을 보였다고 가정해보자. 신뢰구간은 약 ±10%(즉, 28%~48%)이다. 4배 많은 학생을 대상으로 설문조사를 실시해서 비슷한 결과를 얻었다면 신뢰구간은 절반(±5% 또는 33%~43%)이 된다.

역제곱의 법칙(The inverse square law)과 가설검정

만약 당신이 평가와 관련된 업무를 한다면, 역제곱의 법칙은 당신에게 훌륭한 경험법칙을 준다. 추론에 관해서는 좀 더 복잡한 일들이 있다. "학생의 50%가 그 변화에 찬성한다."는 귀무가설을 검정해 보고 싶다고 가정해보자. 만약 당신이 이 귀무가설을 기각한다면, 예를 들어 당신은 대부분 학생이 그 변화에 반대했다고 말할 수 있고, 행정부에 있던 그대로의 상황으로 바꾸도록 로비를 할 수도 있다.

표본 크기가 가설검정에 미치는 영향을 검토하기 위해, 나는 이전에 했던 것을 할 것이다(참고: 10장. 중년남성의 머리카락 길이 (표준오차)). 그리고 컴퓨터를 사용하여 매우 많은 수의 연구 결과를 시뮬레이션하는데, 각 연구 결과는 100명의 학생과 함께 실시되었으며, 실제로 38%만이 시험 변경에 찬성한다고 가정한다. 앞 장에서는 표준오차와 같은 아이디어를 설명하기 위해 평균이나 비율의 분포를 제시하였다. 여기서 제시하는 것은 95% 신뢰구간의 상한이다.

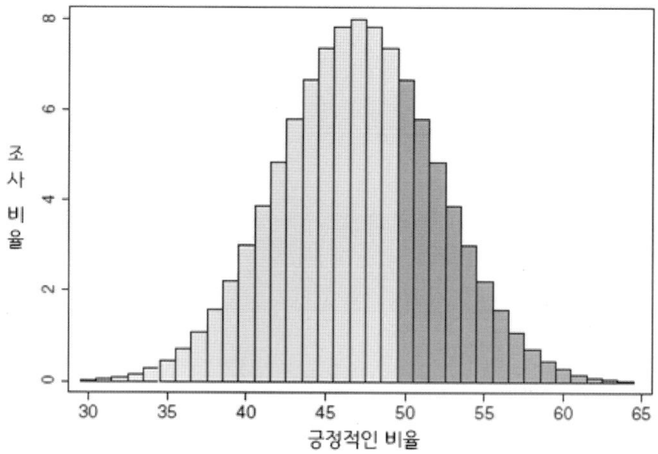

우리가 알고 있는 한 가지는 95% 신뢰구간의 상한이 50%에 미치지 못한다면 "학생의 50%가 그 변화에 찬성한다."는 귀무가설을 기각할 수 있다는 것이다. 이는 상한이 50% 미만이면 하한도 반드시 50% 미만이어야 하며 일반적으로 귀무가설의 모수를 포함하지 않는 신뢰구간은 통계적으로 유의한 결과를 나타내기 때문이다.

그래프에서 볼 수 있는 것은 상한이 50%보다 약 3분의 1(음영 영역)배 정도 높다는 것이다. 귀무가설은 거짓이다. 긍정적인 학생의 비율은 50%가 아니라 38%이지만, 우리는 귀무가설을 꽤 자주 기각하지 못한다. 이 부분에서, 통계적 검정은 항상 정확한 답을 주지 않는다는 점에서 진단 테스트와 유사하다(참고: 20장. 아이가 기침하면 아내는 호들갑을 떨고 나는 무시한다. (특이도 및 민감도)). 당신이 건강할 때 아프다고 하거나 실제로 어떤 종류의 병이 있을 때도 깨끗한 건강증명서를 받는 것처럼, 테스트는 귀무가설이 거짓임에도 0.05 이상의 p-값을 주고, 그것이 참임에도 $p < 0.05$를 줄 수 있다.

의사로부터 패혈성 인두염에 관한 테스트를 받았다고 가정해보자.

		진리 판단	
		패혈성 인두염	패혈성 인두염 아님
의사의 테스트 결과	양성	옳은 양성	잘못된 양성
	음성	잘못된 음성	옳은 음성

이제 우리가 진단 테스트 대신에 통계적 검정을 했다고 상상해 보라. 우리는 귀무가설을 기각하는 것을 “긍정적” 결과라고 부를 것이다. $p<0.05$은 보통 좋은 것으로 보여진다.

		참	
		귀무가설 거짓	귀무가설 참
통계적 검정의 결과	통계적으로 유의함 : 귀무가설을 기각	옳은 기각	잘못된 기각
	통계적으로 유의하지 않음 : 귀무가설을 기각하지 못함	잘못된 채택	옳은 채택

이 표는 통계적 검정을 실행할 때 두 가지 오류 중 하나만 발생시킬 수 있음을 보여준다. 당신은 귀무가설이 참일 때 귀무가설을 기각할 수 있고(잘못된 기각), 귀무가설이 거짓일 때 기각하지 못할 수 있다(잘못된 채택). 통계학자들은 이것을 각각 Ⅰ종 오류, Ⅱ종 오류라고 부른다. 다른 이름은 잘못된 기각의 경우 α(알파) 오류, 잘못된 채택의 경우 β(베타) 오류라고 한다. 나는 마이클 조던을 위한 토론 섹션에서 귀무가설을 받아들이지 않을 것이라고 소개했다. 높은 p-값을 어떻게 해석할 것인가. 일반적으로 p-값이 0.05 미만일 때를 “통계적으로 유의함”이라고 설명하지만, p-값을 비교할 다른 값을 선택할 수 있다. 예를 들어, 0.01 미만의 p-값이 통계적으로 유의한 것으로 간주하고 귀무가설을 기각하도록 데이터를 분석하기 전에 미리 지정할 수 있다. 이것은 “우리의 α 수준은 0.01이다.”라고 말하는 것과 같다.

알파는 귀무가설이 실제로 참일 때 그것을 기각하는 잘못된 기각이다. 베타는 비록 귀무가설이 거짓이더라도 그것을 기각하지 못하는 잘못된 채택이다. 다시 우리 학생 조사로 돌아가자. 우리는 약 3분의 1 정도의 확률로 95% 신뢰구간의 상한이 50%보다 클 것을 알아냈고, 따라서 우리는 부적절하게 귀무가설을 기각하지 않을 것이다. 즉, 이 연구에 대한 우리의 잘못된 채택인 베타는 0.3 정도이다. 통계학자들은 베타보다는 “검정력”을 더 자주 말하는 경향이 있다. 검정력은 $1-\beta$ 또는 옳은 기각의 비율을 의미한다.

검정력과 알파 사이의 큰 차이점은 알파란 당신이 단지 결정하는 것이다(그것은 거의 항상 5%이다). 검정력은 표준오차와 마찬가지로 변동과 표본 크기에 따라 달라진다. 변동은 자연적인 현상이고 당신이 바꿀 수 없지만, 당신의 연구를 위한 표본 크기는 선택할 수 있다. 통계학자는 우리의 학생 연구를 다음과 같이 묘사할 것이다. 우리는 5%의 α를 사용하여 학생들의 50%가 새 시험에 찬성한다는 귀무가설을 검정할 것이다. 실제 비율이 38%라고 가정하면 응답자가 100명인 조사는 약 70%의 검정력을 갖게 된다. 즉, 진정한 비율은 38%이며, 설문조사에 관한 100개의 답을 얻을 수 있다는 가정이 올바르다면, 유의수준 5%에서 귀무가설을 기각할 확률이 70%이다.

그다음 우리는 컴퓨터 시뮬레이션을 사용하여 우리가 400명의 학생과 비슷한 연구를 반복했다고 상상할 수 있다. 다음은 우리가 얻은 것이다.

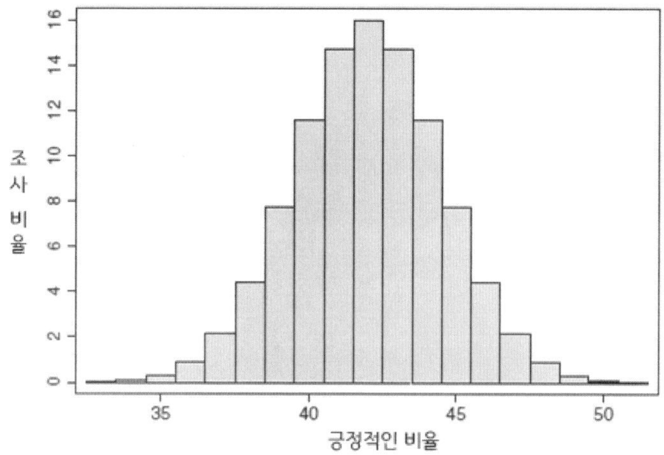

이 경우 50%를 초과하는 신뢰구간에 대한 상한은 거의 보이지 않으므로 거의 항상 귀무가설을 기각한다. 400명의 응답자를 가진 연구의 검정력은 실제로 99%보다 크다. 표본 크기의 변화가 가설검정에 미치는 영향을 계산하기 위해서는 정규분포의 형태를 고려해야 함을 알 수 있다. 실제로 검정력의 공식에는 정규분포를 사용하여 찾아야 하는 숫자가 포함된다.

표본 크기 계산하기

우리는 검정력을 알아내기 위해 단순한 역제곱의 법칙을 사용할 수 없다. 하지만 알려진 바에 의하면, 우리는 전형적으로 검정력을 별로 알려고 하지 않는다. 과학자들이 묻는 전형적인 질문은 “좋아, 여기 100명이 있어. 내가 긍정적인 결과를 얻을 가능성은 얼마나 될까?”가 아니라, “나는 가설을 시험해 보고 싶다. 얼마나 많은 사람이 필요할까?”이다. 이런 종류의 질문은 의학 연구에서 특히 중요하다. 예를 들어 신약 개발에 대한 시도에서 만약 그 약이 효과가 있다고 생각되면, 당신은 통계적으로 중요한 결과가 나오기를 원할 것이다. 왜냐하면, 그것은 아픈 사람을 도울 수 있는 또 다른 좋은 방법이기 때문이다. 하지만 당신은 매우 큰 표본을 얻을 수는 없다. 의학 연구에서 고려되는 전형적인 통계 질문은 다음과 같다. "일반적인 감기 환자의 약 50%는 약 48시간 이내에 완치된다. 새로운 감기 치료법은 완치율을 70%까지 올릴 수 있다고 한다. 우리는 통상적으로 사용하는 5%의 알파 값과 90%의 검정력을 사용할 것이다. 만약 새로운 치료법이 효과가 있다면, 우리는 그것이 실제로 효과가 있다는 것을 보여줄 90%의 가능성을 원한다. 얼마나 많은 환자가 필요한가?"

통계학자는 이 질문에 답하기 위해 정규분포에 있는 수가 포함된 공식을 사용하지만, 일반적인 형태에서는 매우 간단하다. 당신은 "신호 대 잡음비"라는 말을 들어보았을 것이다. 신호보다 소음이 많을수록 듣기 힘들다. "듣기 더 어렵다."는 것은 큰 표본 크기가 필요하다는 것을 의미하고, 당신도 짐작하듯이, 역제곱의 법칙이 적용된다는 것을 제외하고는 의학 연구에서도 정확히 같다.

$$\text{표본의 크기} = \left(\frac{\text{잡음}}{\text{신호}}\right)^2$$

표준오차 대신에 신호가, 변동 대신에 잡음이 있다는 것을 제외하면 이것은 첫 번째 공식과 매우 유사하다. 실제로 잡음은 변동과 같은 개념이고, 신호는 영점과의 차이를 말하는 것으로, 흔히 효과의 크기라고 한다. 신약 임상실험의 사례에서는 신약의 완치율을 50%에서 70%로 증가시키는 것으로 고려되었고, 따라서 효과의 크기는 20%이다. 역제곱의 법칙으로 다시 돌아가 보자. 정확하게 계산해보면 신약 임상시험에 필요한 환자 수가 250명을 조금 넘는 것으로 나타났다. 이제 신약이 48시간 후의 완치율을 50%에서 60%로 높일 수 있는지 알아보자. 여기서 효과의 크기는 10%이고, 위의 공식에 따라 신호를 절반으로 줄이면 표본 크기는 4배로 증가할 수 있다. 알파는 5%, 대조군에서의 기댓값은 50%, 실험군에서의 기댓값은 60%를 고려하는 시행에서 표본의 크기를 계산하면 1000명이 조금 넘는 환자가 필요하다. 역제곱의 법칙이 항상 정확한 것은 아니므로 표본 크기를 정확히 계산하기 위해서는 그에 맞는 적절한 통계 공식을 사용해야 한다. 그러나 역제곱의 법칙은 좋은 경험 법칙이다.

이론과 실제의 차이

이론적으로 표본의 크기, 표준오차, 효과의 크기 및 검정력은 매우 간단하다. 검정력이나 표준오차를 계산하려면 공식을 사용한다. 표준오차와 표본의 크기 사이의 관계, 효과의 크기와 표본의 크기 사이의 관계는 역제곱의 법칙을 따른다. 이론적으로는 그렇다. 하지만 당신도 이론과 실제의 차이점을 안다, 이론적으로는 하나가 아니다.

실제에서 이러한 종류의 계산이 매우 어려운 이유가 바로 통계학의 매우 중요한 원리가 된다. 통계에는 많은 공식이 있지만, 그 공식에 무엇을 넣느냐에 따라서 구하는 것이 달라진다.

나의 일상 중에 전형적인 한 사례를 소개한다. 어떤 의사들은 수술 후의 통증을 줄일 수 있는 신약의 연구 설계를 도와달라고 요청했다. 통증을 나타내는 눈금을 0에서 10으로 볼 때, 기존의 약을 복용하면 눈금이 5 정도인데, 새로운 진통제를 복용하면 4 정도로 감소하기를 원한다고 그들은 말한다. 표준편차는 대략 1 정도 된다고 한다. 이 숫자들을 표본 크기의 공식에 대입하면(전형적으로 사용하는 5%의 알파와 90% 검정력을 사용하여), 표본 크기가 44이다. 이것은 많은 수의 환자가 아니므로 이 시점에서 많은 사람은 흥분한다. 그래서 우리는 크리스마스까지 임상실험을 끝낼 수도 있고 내년 부서별 평가 시간에 맞춰 어떤 중요한 의학 저널에 논문을 게재할 수도 있다. 그러나 한 동료가 이 약이 통증 점수를 반으로 줄인다면, 이 약은 매우 안전하고 저렴하며 보급할 만한 가치가 있다고 주목한다. 게다가, 수술 후 통증에 관한 최근의 과학 논문에서 표준편차가 2로 보고되지 않았는가? 이제 그 숫자들을 조사하여 674개의 표본 크기를 구하였다. 그러나 불행히도 그들의 병원에서 그렇게 큰 표본을 구하는 것은 불가능하므로 그들의 주장에 대한 전망은 다소 침체 되었다. 하지만, 의사 중 한 명은 여전히 희망적이고 한 통계학자가 “표본 크기 삼바”라고 부르는 것을 시작할 수 있을 만큼 충분한 에너지를 가지고 있다. 674명의 환자를 대상으로 실험할 수는 없지만, 잠시만, 여기 표준편차가 실제로 1이라는 논문이 있는데, 그 차이를 나눠서 1.5로 두면 어떨까? 아, 그래도 380명이 필요하고, 아직도 너무 많다. 그룹 간의 차이를 0.75로 바꾸면 어떻게 될까? 이제 표본의 크기를 계산해보면 170명이 나온다. 이것은 거의 가능하므로 그들은 그것에 동의한다.

위의 내용은 표본의 크기 계산에 관해 다소 회의적인 생각을 가지게 할 수 있다. 하지만 당신이 그것을 모두 버리기 전에, 다음에 작은 이야기를 하나 제시하려고 한다.

어떤 외과의사는 특정 수술에 전문화되어 있고, 수술이 꽤 성공적이어서, 수술 환자 중에서 4 또는 5%만이 질병의 재발이 나타났다. 그런데도, 외과의사는 환자의 림프절을 치료하는 방법의 약간의 변동이 결과에 영향을 미칠 수 있다고 생각했다. 병원에서 수술한 1200명의 모든 환자의 기록들을 조사해서 이것이 사실인지 확인하고 싶었다. 가장 좋은 림프절 제거 방법이 10%의 상대적인 재발률 감소로 이어진다면, 이 방법은 분명히 알아야 할 것이다. 그러나 이 정도 규모의 차이를 감지하려면, 적어도 6만 명에 가까운 환자가 필요하며 이것은 이 외과의사가 치료한 환자 수보다 훨씬 더 크다.

간단히 말해서, 공식적인 표본 크기 계산은 연구가 우리에게 말해줄 수 있는 것과 없는 것을 생각하는 것에 도움을 줄 수 있다. 우리가 알고 싶은 것은 많지만, 만약 표본의 크기가 매우 작거나 아주 작은 효과를 찾고 있다면, 확실하게 알기가 어렵다. 명확한 증거가 없는 상황에서 무엇을 해야 할지 생각하는 것 그리고 알아낼 수 있는 것과 없는 것을 생각하는 것은 과학적인 사고 과정에서 매우 중요하다.

•정리•

1. 연구를 계획하는 단계에서 필요한 표본 크기를 계산해야 한다.
2. 만약 연구의 목적이 추정이라면, 필요한 표본 크기는 얼마나 정밀하게 추정하기를 원하는가에 달려있다. 신뢰구간의 폭에 따라 표준오차가 결정된다.
3. 표준오차는 역제곱의 법칙을 따른다. 신뢰구간 폭을 절반으로 줄이려면 표본의 크기를 4배로 늘려야 한다.
4. 만약 연구의 목적이 가설검정이라면, 필요한 표본의 크기는 검정력에 달려있다. 검정력은 주어진 표본에서 어떤 효과가 확실하게 날 때 귀무가설을 기각할 확률을 의미한다.
5. 검정력은 보통 80% 또는 90%로 정한다.
6. 표본의 크기를 정확하게 계산하는 공식들이 있다.
7. 표본의 크기 공식에 입력하는 수들을 주의 깊게 고려해야 그 공식에서 산출되는 수가 의미를 가질 수 있다.

•토론•

1. 가설검정을 사용하여 연구에 필요한 표본의 크기를 계산할 때는 찾고자 하는 귀무가설에서의 모수와의 차이인 효과의 크기를 미리 정해야 한다. 효과의 크기는 어떻게 정하는가?
2. 연구가 귀무가설을 기각하는 데 실패하는 일이 종종 일어난다. 이렇게 되면 연구자들은 대체로 이 "부정적인" 결과에 관해 비난할 누군가를 찾기 시작한다. "어쨌든 그 연구의 검정력은 얼마인가?"는 공통적인 질문이다. 이것은 합리적인 질문인가?
3. 연구를 계획할 때 항상 표본의 크기 계산을 수행해야 하는가?
4. 심화 활동: 조사 연구의 검정력을 살펴볼 때, 나는 95% 신뢰구간의 상한에 대한 분포를 제시하였다. 나는 이 한계가 50% 미만이면(귀무가설에 대한 값), 그 결과는 통계적으로 유의할 것이라고 말했다. 이처럼 나는 이 분포가 통계적으로 유의미한 결과와 동일하다고 주장했다. 이것은 실제로 옳을까?

NOTE. 244쪽의 정답을 보라.

회귀 및 의사 결정

CHAPTER 18

시카고를 방문하기 좋은 시기는?

(선형 및 로지스틱 회귀)

한 번은 어떤 사람이 특정 암 연구에 정확하게 18명의 표본이 필요한 이유를 설명해 달라고 했다. 나는 '간단히 설명하면, 18이 16에 가깝고 16의 제곱근이 4...' 까지만 말을 하고 설명을 그만하였다. 세계 최고의 암 생물학자 중 한 명은, 내 설명이 너무 복잡하다며, 그냥 나를 믿겠다고 했다. 그때 나는 일하면서 다뤄야 할 가장 흔한 유형의 회귀는 선형 회귀나 로지스틱 회귀(둘 다 중요한 통계적 기법)가 아니라 기초로의 퇴화(회귀)라는 것을 깨달았다.

선형 회귀가 유아로의 퇴화(회귀)로 이끄는 이유

여기에 시카고의 평균 온도를 나타내는 표가 있다.

월	평균기온(화씨)
1	21
2	25
3	37
4	49
5	59
6	69
7	73
8	72
9	64
10	53
11	40
12	27

대략적으로 온도가 1월에서 6월까지 약 10°씩 증가하고 8월에서 12월까지 약 10^o씩 떨어지는 것을 볼 수 있다. 그래서 특정 월에 시카고의 평균 기온을 추정하려면, 여름인 6월~8월 기간에서 몇 달이나 떨어져 있는지를 계산하고, 그 값에 10을 곱한 다음 70에서 그 숫자를 빼주면 된다. 예를 들면, 10월의 기온 추정치는 여름의 끝인 8월에서 두 달 떨어져 있으므로 $70-(2\times10)=50^o$이다. 1월의 기온 추정치는 여름의 시작인 6월에서 다섯 달 떨어져 있으므로 $70-(5\times10)=20^o$이다. 10월과 1월의 실제 기온은 53^o와 21^o이므로 앞의 기온 추정치들은 정확하지는 않지만 매우 근접한 값이며, 나름대로의 교훈도 제공한다. 즉 1월에는 시카고 방문을 피하는 것이다.

이러한 접근이 그렇게 나쁘진 않지? 방금 우리가 한 것이 바로 회귀분석이다. 회귀분석은 건장한 성인을 도움의 손길을 바라며 오들오들 떨고 있는 아기의 상태로 퇴화시키는 효과가 있다. 다행히 통계학자들에겐 이 효과가 통하지 않는다. 여러분 눈에는 회귀분석 교과서가 무지막지한 공식으로 가득 찬 종이뭉치로 보이겠지만, 나 같은 통계학자에게 그 교과서는 450쪽짜리 고용보장서와 같은 것이다.

회귀분석 교과서에서 읽을 수 있는 몇 가지 내용은 다음과 같다. "모형제곱합(model sum of squares)을 평균제곱오차(mean square error)로 나눈 값은 F분포를 따른다." 좋은 모델은 "로그 가능도(log likelihood)를 증가시킨다." "잔차"는 회귀식에 커다란 영향을 미치는 관찰값을 식별하는데 사용한다. "이분산성(heteroscedasticity)"을 확인하는 것이 중요하다. 하지만 회귀분석에서 가장 핵심적인 것은 단지 x와 y에 관한 것이다. 위의 표에서 제시한 예제에서 y는 평균온도, x는 여름 기간으로부터 떨어진 개월 수라고 하면, 우리는 $y=70-10x$의 관계식을 가진다.

수학 선생님이 옳았다(다시)

고등학교 수학에서 기억나는 것은 방정식 $y=3x+4$를 작성하여 그래프를 그리기 등일 것이다. $y=2x^2-3x+4$와 같이 좀 더 복잡한 것도 다루었다. 이는 "x값이 주어지면 y값을 구할 수 있다."는 것이었다.

- y는 우리가 모르고 있지만 예측하기를 원하는 것이다.
- x는 우리가 가지고 있는 정보이다.
- 방정식은 x에서 y를 풀 수 있는 방법을 알려준다.

회귀분석이 하는 것은 이러한 방정식이 무엇이어야 하는지를 알아내는 것이다. "회귀분석은 당신에게 방정식을 주는 것이다."라고 되뇌다 보면, 회귀분석이 훨씬 더 친근해 보일 것이다. 즉, 회귀분석은 고등학교 수학 시간에 배운 것과 크게 다르지 않다.

26마일을 얼마나 빨리 달릴 수 있을까?

나는 내년에 처음으로 뉴욕 마라톤에 출전하고자 한다. 그리고 내 마라톤 기록이 어떨지 궁금하다. 만약 여러분이 내 마라톤 기록을 추측해야 한다면, 여러분은 아마도 마라톤 기록시간의 평균에서 시작할 것이다(평균의 정의 중 하나는 여러분이 추측하고자 하는 것이다(참고: 11장. 비 오는 날 결혼식을 피하는 방법 (변동과 신뢰구간)). 내가 가지고 있는 마라톤 기록자료에서 평균 달리기 시간은 4시간 5분, 즉 245분이다. 우리가 알고 싶은 것은 y라는 달리기 기록이다. 따라서 우리는 다음의 회귀방정식을 가진다.

$$y=245.$$

이 방정식은 시작에 불과하며 매우 기초적인 것이다. 문제는 우리가 다른 어떤 변수도 고려하지 않고 있다는 것이다. 짐작컨대 일주일에 50마일을 달리는 젊은 남자는 덜 체계적으로 훈련하는 나이 든 여자보다 더 빨리 달릴 것이다. 하지만 우리의 회귀방정식은 두 사람 모두에게 똑같이 245분을 주는 것이다.

자료를 보면 여성의 평균 기록시간은 263분, 남성의 평균 기록시간은 239분으로 약 24분 차이가 난다. 이제 y를 추측하는데 도움이 되는 정보인 x를 얻었으니, 이제 우리의 회귀방정식을 업데이트할 수 있다. 여자인 경우 $x=1$, 남자인 경우 0을 사용하면, 다음의 회귀방정식을 얻는다.

$$y = 24x + 239$$

에릭과 에리카가 투닥거리다.

이러한 통계분석에 만족한 나는 일을 마치고 에리카를 만나러 파티에 갔다. 에리카는 자신이 요즘 마라톤을 준비하고 있다며, 자신의 마라톤 예상 기록시간을 궁금해 했다. 나는 "에리카는 여자니까 x는 1이어서 에리카의 기록은 $239+24\times1=263$분으로 예상돼요."라고 말했다. 그 때 우리의 대화를 엿듣고 있던 에릭이라는 남자가, 자신도 마라톤에 참가할 계획인데 자신의 예상 기록시간은 얼마인지 물었다. 나는 에릭에게 예상 기록시간이 $239+24\times0=239$분이라고 말해줬다. 그러자 에리카는 "에릭이 나보다 기록이 좋을 거라고요? 나는 일주일에 40마일씩 훈련을 하는데, 에릭은 고작 10마일만 달리는 걸요!" 라며 짜증을 냈다. 타당한 지적이다. 성별보다는 주간 훈련 거리에 근거하여 마라톤 기록시간을 계산한다면 회귀방정식이 더 좋아질 것이다.

두 가지 값으로 나뉘는 성별과 달리, 주당 훈련거리는 여러 가지 값들을 가진다. 그래서 성별 때처럼 간단히 계산할 수는 없다. 일단, 대회 기록 시간 대비 주당 훈련거리를 좌표평면 위에 점을 찍어 나타내보자.

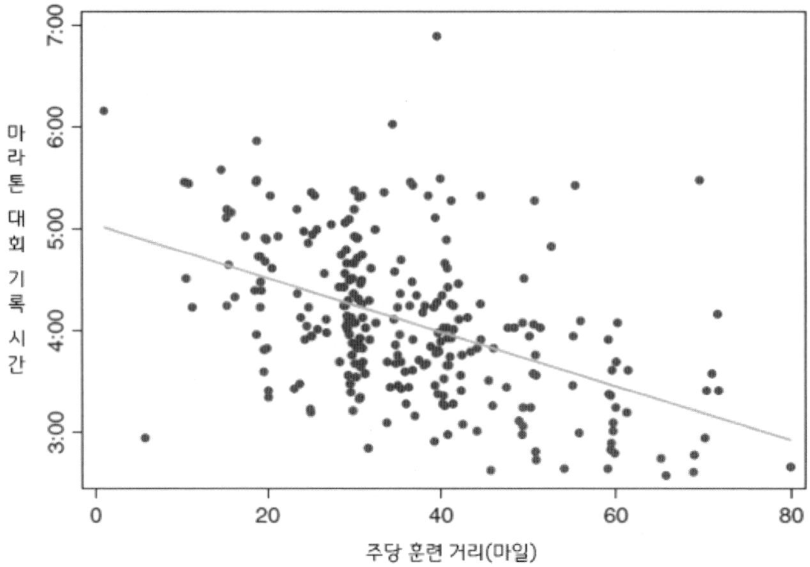

각각의 점은 개개인의 마라톤 주자이다. 예를 들어, 일주일에 80마일을 훈련하고 마라톤을 3시간도 채 안 되는 시간에 달리는 선수가 한 명 있다는 것을 알 수 있다. 또한 제대로 된 훈련 없이 마라톤을 3시간에 뛴 것처럼 보이는 사람이 있다. 아마 해당 선수는 질문을 오해한 것 같다. 아마도 그 선수는 우리가 한 번 훈련할 때 몇 마일씩 뛰는지 묻는 거라 오해했을 것이다. 어느 쪽이든 설명하기 어려운 자료가 몇 개 있는 것은 매우 일반적인 것이다. 그래프는 또한 점들을 관통하는 선을 보여준다. 이 선의 방정식은 다음과 같다.

$$y = -1.59x + 303$$

예상했다시피, 이것은 훈련 거리와 대회 기록시간에 대한 회귀방정식이다. 실제로 그래프에서 선을 회귀선(regression line)이라고 부른다. 회귀선, 마냥 어려울 것 같았는데 그냥 고등학교 수학이죠?

다중 회귀분석

문제는 우리는 에릭보다 에리카가 더 빨리 달릴 것이라 예상한다는 것이다. 에릭은 이러한 사실에 자신이 에리카보다 30cm나 더 크며, 그가 적어도 큰 오리가 뒤뚱뒤뚱 걷는 것보다는 큰 보폭으로 달릴 것이라며 항의를 할 것이다. 게다가 25살인 그가 50세에 가까운 사람을 못 따라잡을 리가 없다. 에릭은 훈련 거리만으로 예측하기보다는 더 많은 변수를 고려하는 것이 더 좋을 것이라고 지적한다. 만약 에릭이 통계학자이라면, 그는 우리가 y를 예측하기 위해 하나의 x를 사용하는 단순 회귀(simple regression) 대신에, 일반적으로 여러 개의 x(성별: x_1, 나이: x_2, 훈련거리: x_3)를 사용하는 다중 회귀분석(multiple regression)을 시도하는 것이 더 바람직하다고 했을 것이다. 마라톤 기록시간 자료에서 다중 회귀분석을 실행하면 다음과 같은 결과를 얻을 수 있다.

$$y = 23x_1 + 0.81x_2 - 1.57x_3 + 262$$

몇 가지 전문용어를 소개하자면, x들의 앞에 있는 숫자를 계수라고 하는데, 통계학자들은 베타 또는 β라 부른다. 여러분은 아마 "연령에 대한 계수는 0.81입니다."라는 말을 들은 적이 있을 것이다. 이것은 그 사람의 나이가 1살 증가하면 마라톤 예상 기록시간이 0.81분 증가한다는 것을 의미한다. 계수는 회귀선의 기울기로도 생각할 수 있다. 이것은 훈련거리에 대한 마라톤 기록시간의 그래프에서 가장 쉽게 볼 수 있다. 회귀방정식이 $y = -1.59x + 303$이므로 -1.59의 기울기를 가진다.

이 공식을 이용하여 에릭과 에리카에 대한 다음과 같은 예측을 계산할 수 있다.

에릭: 남자($x_1 = 0$), 25살($x_2 = 25$), 그리고 매주 10마일을 훈련($x_3 = 10$)을 함. 따라서 마라톤 예상 기록시간은 $(20 \times 0) + (0.81 \times 25) - (1.57 \times 10) + 262 = 267$분 또는 4시간 27분이다.

에리카: 여자($x_1 = 1$), 48살($x_2 = 48$), 그리고 매주 40마일을 훈련($x_3 = 40$)을 함. 따라서 마라톤 예상 기록시간은 $(20 \times 1) + (0.81 \times 48) - (1.57 \times 40) + 262 = 261$분 또는 4시간 21분이다.

두 예측 시간은 매우 비슷하다. 하지만 우리는 에릭이 젊다고 해도 훈련 부족의 틈을 메울 수는 없으며, 에리카가 에릭을 이길 것이라는 점을 알 수 있다. 경기 당일 에리카는 4시간 19분(259분)에 들어왔다, 에릭은 페이스 조절에 실패했고 물집이 잡혔었다며 기록 시간을 알려주지 않다가, 결국 4시간 40분, 즉 280분이 나왔다며 실토했다. 우리가 에릭이 물집이 잡힐 것까지 예상할 수는 없으므로 예측이 정확할 수는 없다. 하지만 중요한 점은 평균 기록시간보다는 회귀방정식의 예측 시간이 에릭과 에리카의 실제 기록시간에 더 가까웠다는 것이다. 만약 우리가 평균 기록시간(245분)을 사용했다면 에리카와 에릭은 각각 14분, 35분씩 틀렸을 것이다. 반면, 회귀식을 이용하면 각각 2분 13분 차이가 났다. 게다가 누가 먼저 들어 왔는지도 예측할 수 있었다.

로지스틱 회귀분석

마라톤 예제는 회귀분석의 좋은 예제이지만, 알다시피 통계학자들이 마라톤 기록시간을 추측하는 데 많은 시간을 쓰지는 않는다. 내가 매일 하는 일은, 회귀방정식을 계산해서 남자가 전립선암에 걸렸는지를 예측하는 것이다. 예를 들면 다음과 같다.

$$y = 0.121x_1 - 13.6x_2 + 0.020x_3 - 0.87$$

여기서 x_1은 전립선 특정항원(PSA)이라는 단백질의 혈중 수준이며, x_2는 혈액 내 두 번째 단백질과 결합되지 않은 PSA의 총량과 전체 PSA의 양 사이의 비율(Ratio)이며, x_3은 환자의 연령이다. 그러면 위의 식을 다시 표현하면 다음과 같다.

$$y = 0.121 \times PSA\text{수준} - 13.6 \times \text{비결합단백질비율} + 0.020 \times \text{나이} - 0.87$$

이 방정식을 이용하여, 스미스씨의 PSA 수준이 4이고, 총 PSA비율이 25%이며 나이가 58세라면, 우리는 y를 (0.121 * 4) - (13.6 * 0.25) + (0.020 *58) - 0.87 = -2.63으로 계산할 것이다. 이 -2.63이 정확히 무엇을 의미하는지는 아직 와 닿지 않을 것이다. 마라톤 예제의 경우 y는 연속변수인 시간이었다. 따라서 그 예제에서의 회귀분석을 선형회귀분석이라고 한다. 그러나 암연구의 경우에는 전립선암이 있는지 없는지 둘 중 하나이다. 이와 같이 두 가지 값만 가지는 이진변수에 대한 회귀분석을 로지스틱 회귀분석이라고 한다.

여기서 통계학자들은 "내 공식에 따르면 존스 씨는 암에 걸렸고, 스미스 씨는 그렇지 않다."라고 말하지 않는다. 우리가 하는 일은 존스나 스미스가 암에 걸릴 확률을 주는 것이다. 알고 보면 y는 확률은 아니고 로그 오즈이다. 자세한 설명은 너무 어려우므로, 로그 오즈가 확률로 쉽게 변환된다는 정도만 알자. 스미스 씨는 y 또는 로그 오즈가 -2.63이었고, 이것을 암에 걸릴 확률로 계산하면 약 7%이다. 이것은 상당히 낮은 확률이므로, 의사는 스미스씨를 안심시키면서 더 이상의 검사는 필요는 없다고 말할 것이다.

이 숫자들을 약간 변형시켜 보자. 예를 들어, 스미스 씨가 다소 나이가 많다면, 말하자면 65세라면, 하지만 그의 위험이 8% 증가하지만 크게 변하지는 않는다. 만약 PSA가

10과 같이 더 높다면, 암에 걸릴 위험은 13%까지 증가하지만 이 역시 큰 변화는 아니다. 그러나 만약 PSA의 비율이 더 낮아진다면 암에 걸릴 위험이 크게 달라진다. 예를 들면 15%이면, 위험은 현재 22%이다.

이것은 매우 중요한 바를 시사한다. 지금까지 예측 측면에서 회귀분석을 소개했다. 예를 들면, 마라톤 시간을 예측할 수 있는가? 우리는 전립선암을 예측할 수 있을까? 여기서 더 나아가, 만약 당신이 무언가를 예측할 수 있다면, 당신이 그것을 꽤 잘 이해한다는 것이다. 마라톤에서 중요한 것은 여러분이 남자인지 여자인지, 몇 살인지에 대한 것이 아니라, 평소 훈련할 때 몇 마일을 뛰느냐 하는 것이다. 전립선암에 있어서 중요한 것은 혈액에 얼마나 많은 PSA가 있느냐가 아니라, PSA가 자유롭게 있는지 아니면 다른 단백질에 묶여 있느냐 하는 것이다. 이것은 회귀분석이 왜 그렇게나 강조되는 통계적 방법인지를 보여주는 이유 중 하나이다.

•정리•

1. 회귀분석은 방정식을 만드는 과정이다.
2. 가장 간단한 방정식은 $y = bx + c$의 형태로 되어 있다.
3. y는 우리가 예측하거나 이해하고자 하는 것(마라톤을 뛰는 데 걸리는 시간 등)이다.
4. 우리가 y를 예측하거나 이해하기 위해 사용하는 것을 x라고 한다(예: 누군가의 나이가 몇 살인가?).
5. 때때로 y는 종속변수, x는 독립변수라고 하며 x는 예측변수 또는 공변량이라고도 불린다.
6. 방정식에서는 b를 계수, c는 상수 또는 절편이라고 한다.
7. x가 1개만 있는 경우, 이를 단순 회귀분석이라고 한다.
8. x가 여러 개 있는 경우(예: 연령, 성별, 훈련거리), 이것을 다변수 또는 다중 회귀라고 한다. 각 x에는 자체 계수가 있다.
9. 선형 회귀는 y가 연속변수(마라톤을 뛰는 시간 등)일 때 사용한다.
10. 로지스틱 회귀는 y가 남자가 전립선암에 걸렸는지 여부 등을 나타내는 이진변수일 때 사용된다.

★ 참고: CHAPTER 6. 고등학교 수학 선생님이 알려준 그래프를 그리는 방법,
CHAPTER 19. 내 조수는 머리를 깎았나? (회귀분석 및 교락요인)

•토론•

1. 실제로는 아무도 나이, 성별, 훈련거리를 이용하여 마라톤 시간을 예측하려고 하지 않는다. 대신 무엇을 사용하겠는가?
2. $y = b_1x_1 + b_2x_2 + c$와 같은 회귀식에서 c를 절편 또는 상수라고 한다. 그 이유는?
3. y를 종속변수라고 하고 x는 독립변수라고 불리는 이유가 무엇이라 생각하는가?
4. 마라톤 달리기 예에서, 단순 회귀분석에서 "여자"의 계수는 24로, 즉 마라톤을 뛰는 데 여성들이 남성보다 24분이 더 걸린다. 다중 회귀분석에서 계수는 23분이었다. 이 두 계수의 차이를 어떻게 설명할 수 있을까?
5. 심화 활동: 로지스틱 회귀분석의 로그 오즈는? 통계학자들은 로지스틱 회귀의 계수 대신에 어떤 것을 보고하는 경향이 있는가?

NOTE. 249쪽의 정답을 보라.

CHAPTER 19

내 조수는 머리를 깎았나?

(회귀분석 및 교락요인)

대화 톡톡!

나의 일상 대화에서 감기에 걸린 사람에게 "그래. 감기에 걸렸군요. 무슨 일이 있었나요?" 기르던 수염을 깎은 남자에게 "면도 하셨네요." 갑자기 머리를 깎은 사람에게 "아이고, 머리 깎았네." 슬픈 사실은, 대부분의 경우 나는 이런 말들을 기계적으로 내뱉고 있다는 것이다.

먼저, 머리카락 예제는 회귀분석에 대한 중요한 사실을 시사한다. 몇 백명의 남자들을 일렬로 세워놓고 한 주 전쯤 머리를 잘랐는지 맞춰 본다고 상상해보자. 머리카락이 등까지 닿는 사람이 있다면 지난 주에 머리를 안 깎았을 것이 분명할 것이다. 마찬가지로, 짧은 머리를 가진 사람들이 최근에 머리를 깎았을 가능성이 더 높다고 추측할 수 있을 것이다. 하지만 전반적으로, 여러분의 추측이 그렇게 정확하지는 않을 것이다. 여러분은 중간 길이의 머리를 가진 사람이 긴 머리를 깎은 것인지 아니면 짧았던 머리가 자란 것인지 알 수 없을 것이다.

내가 조교가 머리를 깎았다는 것을 알아차린 이유는 조교의 머리가 전날 더 길었다는 것을 알기 때문이다. 반면에, 대부분의 경우는 화요일이든 수요일이든 머리 길이는 똑같다. 즉 내가 알던 것과 세상이 달라져야, 비로소 어떤 사건이 발생했다고 말할 수 있다. 이제 회귀분석이 변화에 대한 예측이라는 점을 상기하자. 우리는 하나 이상의 x측면에서 종속 변수 y를 예측하고자 한다. 예를 들면, 얼마나 열심히 훈련하는지를 가지고 마라톤 기록시간을 예측하고자 한다. 이때 머리 자르기처럼 "어떤 사건이 발생했다."라는 전제를 갖고 있어야 유용하다.

한 로비스트는 2500칼로리의 버거, 감자튀김, 쉐이크를 먹어도 살찌지 않는 이유를 설명한다.

패스트푸드는 일반적으로 지방과 설탕을 많이 포함하고 있다. 예를 들면 치즈버거와 밀크쉐이크과 그 예이다. 내가 이해하기로는 지방과 설탕을 많이 먹으면 살이 찌는 경향이 있다. 나는 미국인 2000명의 식단과 운동습관에 대한 자료를 가지고 있다. 조사대상의 2/3는 적어도 가끔 패스트푸드점에서 식사를 했고, 그들의 비만율은 패스트푸드를 먹지 않은 사람들보다 더 높았다(21% 대 15%이고 p-값 < 0.01). 이 연구 결과를 어떻게 해석해야 할지 생각하던 참에, 패스트푸드 로비스트 협회의 대표자가 나를 방문했다. 로비스트는 버거가 비만과는 아무 상관이 없다고 주장했다. 단지 가난하고 교육을 덜 받은 사람들 그리고 남성이 패스트푸드를 더 먹는 경향이 있고, 이 그룹은 운동량이 많지 않고 전반적으로 더 나쁜 식습관을 가지고 있다고 말했다.

생소하게 들리겠지만, 로비스트들의 말이 거짓말은 아니었다. 자료를 더 분석해보면 소득, 교육, 성별, 운동이 모두 비만과 관련이 있다는 것을 알게 된다. 예를 들어, 운동을 하지 않은 응답자에 비해 운동을 한 응답자가 비만율이 낮았다(16% 대 21%; p-값 < 0.01). 또한 수입, 교육, 성별, 운동이 모두 패스트푸드와 연관되어 있었다. 패스트푸

드를 먹은 사람들 중 55%가 운동을 했는데, 패스트푸드를 먹지 않는 사람들의 운동 비율 65%보다 약간 낮은 것이다(p-값<0.01).

로비스트들은 이러한 결과를 보고 자축파티를 열 것이다. 아마 그들의 점심은 라지 사이즈의 감자칩과 라지 사이즈의 콜라에 더블 과카몰리 베이컨 버거겠지. 나도 소득, 교육, 운동습관, 성별에 근거하여 모든 사람들의 비만 가능성을 예측하기 위해 로지스틱 회귀방정식을 실행했는데, 패스트푸드를 먹은 사람들의 평균 비만 확률은 20%인 반면 패스트푸드를 먹지 않은 사람들은 18%로 나타났다. 하지만 실제 비만 비율은 각각 21%와 15%였다. 실제 비만율의 차이가 우리가 예상했던 것보다 큰데, 이것은 패스트푸드와 비만 사이의 관계가 단순히 체중에 영향을 미치는 운동 같은 다른 것들의 차이 때문만은 아님을 암시한다. 즉, 세상은 우리가 예측한 대로 되지 않았고, 다른 무언가가 벌어지고 있는 것이 틀림없다.

수면부족은 나를 예민하게 만든다.

우리 아이들은 '일찍 일어나면 아빠는 예민해진다'고 생각한다. 늦잠을 자는 주말보다 일찍 일어나는 평일에 아빠가 스트레스를 더 많이 받는다는 것이다. 나의 견해는 다음의 도표와 같다.

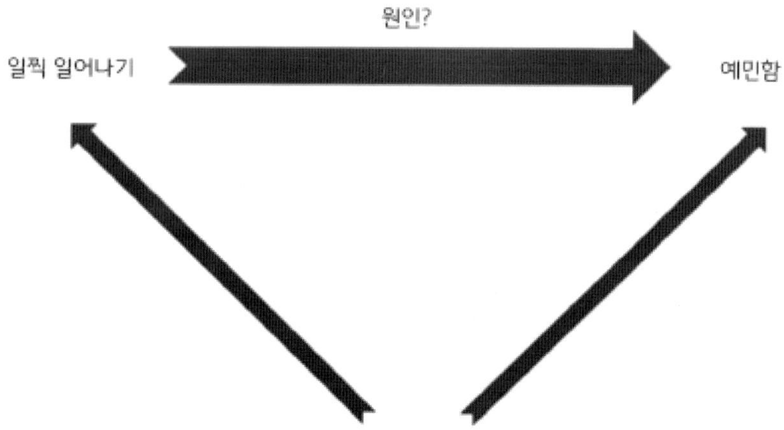

이것은 통계학자들이 교락이라고 부르는 것이다. 교락이란 A 때문에 B가 발생한 것처럼 보이지만, 사실은 A와 B의 원인이 되는 다른 C가 존재하는 것이다. 일찍 일어나는 것과 예민한 것 사이에는 별 관련이 없을 수도 있다. 그저 그 날이 평일이고, 그래서 일을 해야 하고 아이들을 학교에 보내야 해서, 나는 일찍 일어났고 불안수준도 높았던 것이다. 그러므로 주말에 일찍 일어나거나 평일에 늦잠을 잤던 때를 찾아야 한다. 그리고 평일과 주말을 분리해서 기상 시간과 불안수준을 비교해야 한다. 만약 같은 주말인데 늦잠을 잤을 때보다 일찍 일어났을 때 불안수준이 더 높았다면, 일찍 일어나는 것이 정말로 불안과 연관되어 있다고 할 수 있을 것이다.

"결과조정", 다소 버릇없게 들리겠지만 통계학자들은 항상 그렇게 한다.

이와 유사한 접근법을 패스트푸드 자료에 사용할 때의 문제점은 패스트푸드를 먹는 사람과 안 먹는 사람들 사이의 비만율을 엄청난 수의 범주에서 비교해야 한다는 것이다. 예를 들면, 부유하며 대학 교육을 받은 운동하는 여성, 부유하고 대학교육을 받은 운동하지 않는 여성, 가난하며 대학 교육을 받은 운동하는 남성 등등. 다중 회귀분석은 여러 범주에서의 패스트푸드 효과를 한꺼번에 비교한다.

비만에 대한 다중 회귀분석 결과는 다음과 같다.

$$y = \log(\text{비만의 오즈}) = 0.334 \times \text{패스트푸드} - 0.246 \times \text{운동}$$
$$- 0.078 \times \text{대학교육 여부} - 0.0858 \times \text{소득분위} + 0.375 \times \text{남성} - 1.27$$

여기서 패스트푸드를 예측변수로, 운동, 교육, 소득, 성별을 공변량이라 부른다. 예측변수는 우리의 진짜 관심사이고, 공변량은 패스트푸드와 비만 사이의 관련 여부를 결정하는 데 도움을 주는 것이다. 패스트푸드의 계수가 0보다 크므로, 우리는 패스트푸드 섭취와 비만 위험 증가 사이에 관련이 있다고 말할 수 있다. 이 연관성이 통계적으로 유의한지 알기 위해서는 표준오차가 필요하다. 표준오차(σ)는 0.121이고 패스트푸드의 계수(β)는 0.334로, 계수가 표준오차의 3배이다. 귀무가설 하에서 95%의 시행에서 계수(β)가 $\beta - 2\sigma$와 $\beta + 2\sigma$ 사이에 있다는 점을 감안할 때, 우리는 패스트푸드와 비만 사이에 통계적으로 유의한 연관성이 있다고 말할 수 있다(p-값은 0.006).

다중 회귀방정식을 간단히 설명하면 다음과 같다. 미국인 100명으로 구성된 두 그룹이 있다고 상상해보자. 한 그룹은 패스트푸드를 섭취하고 다른 그룹은 패스트푸드를 섭취하지 않는데, 두 그룹은 운동, 교육, 성별, 수입 면에서 정확히 일치한다. 섭취 그룹의 비만율이 더 높다면, 로비스트가 말했던 다른 요인이 아니라 패스트푸드 때문에 이 같은 결과가 나왔다고 말할 것이다. 이번에는 비슷하지만 약간 다른 두 그룹, 예를 들면 패스트푸드를 섭취하는 그룹이 운동을 하지 않는 경우를 상상해보자. “어~ 이 그룹들은 조금 달라, 그 둘을 비교할 생각조차 하지 마”라고 말하고 싶지는 않을 것이다. 그보다는 “좋아, 두 그룹이 조금 다르니까, 차이점을 반영해서 결과를 조금 조정하자”고 말하는 것이 더 합리적일 것이다.

예를 들어, 조사에 따르면 비만율은 패스트푸드 섭취 그룹에서는 21%이고 비섭취 그룹에서는 15%이며, 운동하는 비율은 각각 55%, 65%라고 한다. 우리는 패스트푸드 섭취 그룹에서 운동하는 사람의 비율이 낮은 것이 비만율 차이의 원인이 되었다고 생각할 수도 있다. 이때 운동하지 않는 사람들은 다섯 명 중에 한 명이 비만이라고 설정하자. 패스트푸드 섭취 그룹은 운동하지 않는 사람이 10%, 즉 10명이나 많으므로, 그들 중 20%인 2명은 비만일 것이다. 이제 패스트푸드 섭취 그룹의 비만율을 “조정”해 보자. 만약 두 그룹의 운동하는 사람 비율이 같았다면, 패스트푸드 섭취 그룹에서 비만인 사람은 2명 더 적어질 것이다. 따라서 패스트푸드 섭취 그룹의 비만율은 21%가 아닌 19%일 것이다. 이는 여전히 비섭취 그룹의 비만율인 15%보다 크다. 따라서 우리는 패스트푸드와 비만율 사이의 연관성은 운동과 관련이 없다고 말할 수 있다.

다중 회귀분석은 운동, 소득, 교육, 성별에 대해 동시에 이런 조정을 하는 것이다. 그리고 “운동, 소득, 교육, 성별에 대한 적절한 조정 후에 패스트푸드는 통계적으로 유의미한 비만의 예측변수이다”라고 말할 수 있다(오즈비 1.40, 95% 신뢰구간은 1.10~1.77, p-값=0.006).”

다중 회귀분석이 교락요인을 가려내는 데 얼마나 도움이 되는지 보여주는 사례로 ‘소득과 범죄 간의 연관성’이 있다. 통계에 따르면 중위 소득이 더 높은 지역에서 폭력 범죄율이 더 높았다고 한다. 이를 그대로 해석하면, 이미 돈이 많은 사람이 고급 승용차에서 내려서 은행을 털고 사람들을 갈취한다는 것이다. 하지만 이것은 ‘도시’라는 요인에 의해 교락된 것이다. 즉, 도시에 사는 사람들이 더 부유하며, 동시에 도시에서 더 많은 범죄가 발생한다. 그래서 ‘도시’라는 변수를 고려하고 다시 조정하면, 소득이 높아질수록 범죄율은 낮아진다.

마술쇼를 위해서 몸을 굴려라!

다중 회귀분석은 수학적으로 매우 복잡하다. 다행히 컴퓨터가 복잡한 회귀분석도 수행할 수 있게 되어 이제는 매우 쉬워졌다. 그 결과 회귀분석이 매우 대중화되었는데, 많은 사람들이 회귀분석을 만능열쇠나 요술지팡이로 생각하는 것 같다. 나는 종종 과학자들이 '다중 회귀분석'만 믿고 자신의 연구에 대한 충분한 생각을 하지 않는 것을 보아왔다. 그들은 회귀분석만 사용하면 과학적인 문제가 기적적으로 사라지는 것처럼 말했다.

그러나 회귀분석은 몇 가지 한계점이 있다. 첫째, 우리는 우리가 측정한 것에 대해서만 회귀분석을 수행할 수 있다. 그러나 우리가 모든 것을 측정하지는 않으며, 때로는 측정할 수 없는 것도 있다. 예를 들어, 패스트푸드 자료에서 우리는 운동습관에 대한 데이터는 조사했지만 직업에 대해서는 묻지 않았다. 그래서 일주일에 5일씩 책상에 앉아 있다가도 토요일에 간단히 조깅만 하는 사람은 운동하는 사람으로 간주하였다. 반면에 매일 몸 쓰는 일을 하지만 따로 운동을 하지 않는 사람들은 운동하지 않는 사람으로 간주되었다. 그래도 육체노동이 필요한 직업을 갖고 있는지 정도는 질문할 수 있다. 하지만 물어보기에 곤란한 질문들도 있다. 예를 들어, 우리는 친구들 혹은 가족들과 함께 밥을 먹으므로 문화는 식단에 강력한 영향을 미친다. 이때 유태인인지 묻는 질문 정도는 괜찮지만, "그럼 당신은 보수파 유태인입니까? 개혁파 유태인입니까?"라고 묻는다면 실례일 것이다.

게다가 우리가 측정한 것조차도 정확하지 않은 것일 수 있다. 우리가 일주일에 몇 번 운동하는지 물었을 때, 사람들이 정확하게 대답하지 않을 수도 있다. 실제로, 사람들은 자신의 좋은 행동은 과대평가 한다. 예를 들면, 나는 규칙적으로 몸에 좋은 음식을 먹어. 그리고 나쁜 행동은 과소평가하는 경향이 있다. 예를 들면, 나는 아이스크림을 자주 먹지 않아, 먹더라도 조금 먹어. 게다가, 일주일에 세 번 운동한다는 사람도 가볍게 조깅만 하는 것인지 산악자전거를 타러 가는 것인지 알 수 없다.

다중 회귀분석이 요술 지팡이가 아닌 세 번째 이유는 두 예측변수가 높은 상관관계가 있을 때, 다중 회귀분석은 이를 분석할 수 없기 때문이다. 예를 들어, 운동을 하는 모든 사람들이 패스트푸드를 피하고 패스트푸드를 먹는 모든 사람들이 운동을 하지 않는다면, 비만율의 차이가 운동 때문인지 식단 때문인지 구별하는 것은 불가능할 것이다. 실제 분석에서, 이런 문제는 더 미묘하지만 골칫거리이다.

다중회귀의 한계는 통계의 규칙을 보여준다. 과학이 하지 않는 것을 통계가 해줄 수 없다. 통계는 고품질 스테레오 스피커와 같다. 즉, 왜곡 없이 자료를 분명하게 볼 수 있게 해준다. 하지만 세상에서 가장 좋은 스피커라 하더라도 엉망으로 녹음된 음악을 멋지게 바꿔주지는 못한다. 만약 우리가 측정하지 않았거나, 잘못 측정했거나, 두 변인이 너무 비슷해서 구분하기 어렵다면, 사용하는 통계 기법이 아무리 좋아도 우리에게 도움이 되지는 않는다.

•정리•

1. 우리는 사건 A와 사건 B가 연관되어 있다(일찍 일어나는 것과 예민한 것)고 생각한다. 사실은 그 두 사건이 다른 사건 C(평일인 것)에 의해 야기된 것인데도 말이다.
2. 아직 연구가 더 필요한 것에 대해서 왠지 당신의 예측은 맞을 것 같다면 명심하라. 당신이 놓친 무언가가 있을 것이다.
3. 회귀분석은 예측을 한다.
4. x가 y와 연관되어 있지만 교락변수에 대해 걱정된다고 생각하면 이러한 교락변수를 다중 회귀분석에서 공변량으로 추가할 수 있다.
5. 회귀분석에서 예측변수 x의 계수를 표준오차와 비교하여 통계적 유의성을 계산할 수 있다.
6. 다중 회귀분석은 마법이 아니며, 교락시키는 문제를 사라지게 하지 않는다.

•토론•

1. 다중 회귀분석에서 패스트푸드는 소득, 성별, 교육, 운동을 통제한 후에도 비만과 연관이 있었다. 패스트푸드를 먹으면 비만이 된다고 단정할 수 있을까?
2. 정확하게 측정할 수 없는 것의 예로 식단과 운동을 제시했었다. 사람들에게 그들이 먹은 모든 것과 그들이 하는 모든 운동에 대해 일기를 쓰도록 하면 어떨까?
3. 심화 활동: 0.334의 계수와 0.121의 표준오차를 보고했다. 내가 어떻게 1.40의 오즈비를 얻었을까? 내가 어떻게 신뢰구간을 얻었을까?

NOTE. 253쪽의 정답을 보라.

CHAPTER 20

아이가 기침하면 아내는 호들갑을 떨고 나는 무시한다. (특이도 및 민감도)

질병을 찾는 두 가지 방법 중 어느 것이 더 좋을까?

아내는 아이들의 건강에 매우 민감하다. 아들이 머리를 긁적이거나 딸이 기침을 조금만 해도, 아내는 이가 있는지 검사하고 체온을 잰다. 반면 나는 그렇지 않다. 독한 폐렴에 걸렸다는 x-ray와 MRI를 들이밀지 않는 이상, 왜 아이가 학교를 쉬어야 하는지 모르겠다.

아이의 건강에 대해 누구의 접근법이 더 나은지 가려내기 위해, 아내와 나는 이웃을

돌아다니면서 모든 아이를 조사하였다. 그 후 의사가 모든 아이를 진찰하여 최종 결정을 내렸다. 실험의 결과는 아래의 표와 같다.

		의사의 진단		
		아이가 정말 아픔	아이가 괜찮음	총합
아내의 평가	아이가 아플지도 모름	49	250	299
	아이는 건강함	1	750	751
	총합	50	1000	1050

		의사의 진단		
		아이가 정말 아픔	아이가 괜찮음	총합
나의 평가	아이가 아플지도 모름	25	10	35
	아이는 건강함	25	990	1015
	총합	50	1000	1050

표를 보면 아내는 아이가 아프다는 진단을 많이 내렸고, 나는 아이가 건강하다는 진단을 많이 내렸다. 대략적으로 말하면, 통계학자들은 이것을 민감성과 특이도라고 한다. 즉 아내는 예민하고 나는 꼰대이다.

진단검사의 민감도는 당신이 아플 때 진단검사에서 양성이 나올 확률이다. 위의 경우 "양성 판정"은 '아이가 아플지도 모름'이라고 진단한 것이었고, 실제 현장에서는 혈액검사 결과나 설문지 점수 등이 있다. 민감도는 양성 판정을 받은 환자의 수를 실제로 아픈 환자의 수로 나누어 계산한다. 실제로 아픈 아이들은 50명이 있었고, 이 중 49명을 아내는 양성으로 판정했었다. 그러면 아내의 민감도는 $49 \div 50$로 98%이다. 나는 실제로 아픈 아이들 중 25명은 아프다고 판정했고, 나머지 25명에게는 그만 징징거리라고 했다. 나의 민감도는 $25 \div 50 = 50\%$이다.

진단검사의 특이도는 당신이 아프지 않을 때 진단검사에서 음성이 나올 확률이다. 이는 진단검사에서 음성 판정을 받은 환자의 수를 실제로도 건강한 환자의 수로 나누어 계산한다. 실제로 아프지 않은 아이들(건강한 아이들)은 1000명이었는데, 나는 그 중에 990명을 건강하다고 진단했다. 나의 특이도는 $990 \div 1000 = 99\%$이다. 반면 아내는 이들 중 750명이 건강하다고 진단했으므로, 아내의 특이도는 $750 \div 1000 = 75\%$이다.

좋아, 그럼 누구의 접근법이 아이들의 건강을 체크하기에 더 좋다고 할 수 있을까?

질문이 너무 어려운가? 하지만 걱정할 필요가 없다. 내가 전문 통계학자들에게 정확히 같은 질문을 던졌는데 그들도 당신처럼 얼버무렸다. 우리에게 항상 '민감도와 특이도를 계산하시오' 따위의 문제를 내더니, 참 이상하게 느껴질 수도 있다. 하지만 이것은 민감도와 특이도만으로 두 검사 중 어느 것이 더 좋은지 결정할 수 없기 때문이다.

어떤 검사가 더 좋은지를 결정하는 것은 병을 발견하는 것이 중요한지, 불필요한 치료법이 적용될 경우 얼마나 해로울 수 있는지에 달려있다. 독감이나 머릿니가 아니라, 항생제로 반드시 치료해야 하는 흑사병을 진단한다고 해보자. 환자를 발견하지 못해 항생제를 투여하지 않으면 환자가 죽을 수도 있다. 하지만 환자가 아닌 사람에게 항생제를 투여하는 것은 그리 큰 문제가 되지는 않는다. 다시 말해서 만약 치명적인 바이러스가 유행하고 있다면, 아내가 호들갑을 떠는 편이 나을 것이다(즉, 아내의 접근법이 더 좋을 것이다). 나를 찾아와서 '네 다리를 덮은 그 커다란 종기는 그냥 발진일 뿐이야. 괜찮을 거야' 이런 소리를 듣느니 말이다. 반면에 수술이 필요한 병이라면, 몸에 칼을 대기 전에 진짜 그 병이 맞는지 확인하고 싶을 것이고, 높은 특이도를 가진 진단검사를 할 것이다.

여러분이 의사이고 진단결과 양성반응이 나왔다면, 환자에게 뭐라고 말할 것인가?

민감도의 정의는 "진짜 병에 걸렸을 때 검사에서 양성 판정일 확률"이다. 만약 의사가 "여기 아픈 환자가 있는데, 이 사람의 검사 결과가 어땠게?"라고 말한다면, 민감도가 도움이 될 것이다(민감도를 찾아보면 검사 결과를 예측할 수 있으니까). 하지만 실제 상황에서는 검사 결과는 알지만 환자가 병에 걸렸는지는 아직 모른다. 여기 패혈성 인두염의 진단검사기를 파는 진하이프(Genehype)라는 회사가 있다. 다음은 진하이프가 검사기를 승인받기 위해 식약처에 제공한 자료이다.

		실제 진단		
		패혈성 인두염 있음	패혈성 인두염 없음	합
Genehype 시험	양성	90	10	100
	음성	90	110	200
	합	180	120	300

의사는 환자의 검사 결과를 보고 그 환자가 병에 걸렸을 확률을 알고 싶어 한다. 양성반응을 보인 100명의 환자 가운데 90명이 패혈성 인두염이다. 이것은 양성 판정을 받은 환자가 정말로 아플 확률이 90%이므로, 양성 판정이 나왔다면 항생제를 투여하는 것이 적절하다는 것을 의미한다. 음성 판정을 받은 환자는 200명이고, 이 중 110명만이 실제로도 건강한 사람이었다. 즉 음성 판정을 받은 환자가 정말로 건강할 확률은 55%에 불과하다. 그러므로 의사는 "검사 결과는 음성으로 나왔지만, 확실하지는 않습니다. 조금 더 경과를 지켜보고 증상이 계속된다면 다시 병원으로 오세요"라고 말할 것이다.

우리가 방금 계산한 통계를 양성예측도(검정이 양성일 때 실제로 질병을 가졌을 확률로 정의됨)과 음성예측도(검정이 음성일 때 실제로 병이 없을 확률로 정의됨)이라고 한다. 이것은 의사가 판단을 내릴 때 유용하게 쓰인다.

마틴의 어머니와 해결되지 않은 갈등이 그의 결혼에 영향을 미치고 있는가?

예전에 한 심리치료사를 만나서 부부 싸움으로 상담 받고 있는 젊은 부부 한 쌍에 대한 이야기를 들었다. 심리치료사는 남편의 어머니 때문에 문제가 생긴 거라고 했다. 나는 그 사람이 무얼 말하는지 이해할 수 없었다(나는 어머니와 꽤 잘 지낸다). 일단 오이디푸스 콤플렉스에 대해 이야기하는 것은 아니었다. 어쨌든 그 사람은 확신에 가득 차 있었다. 내가 그 사람에게 다시 한 번 물어봤지만, 그는 "의심의 여지없이" 어머니 때문이라고 말할 뿐이었다.

나는 대학 시절 만난 교수가 떠올랐다. 그 교수는 더 이상 상담을 하지 않고 가르치는 데에만 전념하던 사회복지사였다. 그녀의 전공은 사회복지사들이 아동학대의 징후를 알아차릴 수 있도록 훈련시키는 것이었다. 나는 그녀가 주장하는 징후들이 실제로 아이가 학대받았다는 것을 보여주는지, 그것이 옳다는 걸 어떻게 아는지 물어 보았다. 그녀의 반응은 심리치료사의 반응과 크게 다르지 않았다. 심지어 그런 질문은 아이들에게 해가 될 수 있기 때문에 그런 질문은 삼가라고 덧붙였다.

내가 이런 이야기를 꺼낸 이유는 진단(민감도, 특이도, 양성예측도과 음성예측도)이라고 하면 의학에만 관련된 것으로 오해하기 때문이다. 하지만 "진단"은 통계를 다루는 심리학과 사회복지, 뿐만 아니라 정치학, 사회학, 경제학에서도 나타난다. 질병 대신에, 우리는 누가 투표를 할지, 범죄를 저지를지, 제품을 살지 진단한다. 그리고 진단검사기 대신에, 그 사람의 나이, 전과기록, 소득에 대한 정보를 사용한다. 그리고 우리가 알고 있는 정보(진단 결과나 그 사람의 나이)와 알지 못하는 정보(질병이 있는지 혹은 범죄를 저지를 것인지) 사이의 관계를 설명하고자 한다. 좋은 통계는 그 관계를 설명하는 '최선의' 방법을 찾는 것이다. 심리치료사와 사회복지사가 말하던 것이 무엇이든 간에, 그 누구도 완벽하지 않다.

•정리•

1. 민감도는 병에 걸렸다는 전제 하에 진단검사가 양성이 나올 확률이다.
2. 특이도는 병이 없다는 전제 하에 진단검사가 음성이 나올 확률이다.
3. 두 가지 진단검사 가운데 어느 것이 더 나은지 알고 싶을 때 민감도와 특이도는 그 결정에 도움이 되지 않는다.
4. 두 가지 진단 검사 중 어떤 것이 더 나은지 판단하려면, 오진의 결과에 대해 생각해 보아야 한다. 병에 걸린 사람에게 건강하다고 오진했을 때 어떤 일이 일어날까? 건강한 사람에게 아프다고 오진하고 불필요한 치료를 했을 때 어떻게 될까?
5. 눈앞의 환자에게 무엇을 말해야 할지 알고 싶다면, 민감도와 특이도는 별 소용이 없다. 양성예측도과 음성예측도를 알아야 한다.
6. 진단검사 결과 환자가 양성 판정을 받았다. 환자가 실제로 질병에 걸렸을 확률은 양성예측도이다.
7. 진단검사 결과 환자가 음성 판정을 받았다. 환자가 정말로 질병이 없을 확률은 음성예측도이다.
8. 아이들의 건강에 대해 호들갑을 떠는 것은 괜찮다.

★ 참고: CHAPTER 21. 세일, 믿을 수 있어? (통계적 의사결정)

•토론•

1. 아이들 건강에 대한 아내와 나의 접근법을 비교하는 실험에서, 우리의 진단과 의사의 진단을 비교했다. 나는 실제로 "아픈 아이들 50명 가운데, 아내는 49명을 아프다고 진단했다"고 말했다. 더 정확히 말하자면, "의사가 아프다고 진단한 아이들 50명 가운데, 아내는 49명을 아프다고 진단했다"이다. 즉 "의사가 아프다고 진단한"을 "실제로 아픈" 것으로 보았다. 하지만 의사가 항상 옳을까?
2. 두 가지 진단 테스트 중 어느 것이 더 나은지 민감도와 특이도는 말해주는가?

NOTE. 256쪽의 정답을 보라.

CHAPTER 21
세일, 믿을 수 있어?
(통계적 의사결정)

하루는 소설을 사려고 LA의 서점에 들렀다. 그리고 원한 적도 없고, 돈이 많았던 것도 아닌데, 뉴욕행 비행기에 들고 타기도 어려운 크고 무거운 요리책을 사서 나왔다. 당시 그 책은 30% 할인을 하고 있었는데, 40달러를 아낄 수 있다는 생각에 그냥 사고 말았다. 이제는 처가댁에 갈 때마다 5kg인 그 책을 본다. 볼 때마다 평소보다 얼마나 싼 지는 중요하지 않다는 걸 상기한다. 중요한 것은 지금 그것이 얼마인지 그리고 그 정도의 가치가 있는지 이다.

쇼핑에서든 일에서든, 다시 말해서 크리스마스 세일이든 암 치료제에 대한 과학 논문이든 모두 30% 감소와 관련이 있었다. 그러나 가격을 30% 할인한다고 해서 그 책이 좋은 것은 아니듯이, 사망률이 30% 감소했다고 해서 그 약이 좋은 것은 아니다. 그 이유를 수학적으로 이해하기 위해, 우리는 의사결정 분석이라고 알려진 통계학에 대해 생각해보자.

당신과 내가 내기를 하고 있다고 상상하자. 둘 다 5달러를 걸고, 한 명이 주사위를 굴린다. 만약 4, 5, 6이 나오면 당신이 돈을 따고, 그렇지 않으면 내가 이기는 게임이다. 그러다 내가 다음과 같은 제안을 한다. 만약 주사위의 숫자가 짝수나 5가 나오면 당신이 나한테 10달러를 주고, 1이면 내가 2달러를 주겠다고. 그리고 만약 3이면 당신이 한 번 더 주사위를 굴리는데, 두 번째 굴린 주사위에서 2나 4가 나오면 내가 100달러를 주고 아니면 5달러를 주겠다고 말이다. 당신은 이 제안을 받아들일 것인가 아니면 처음의 규칙대로 할 것인가? 물론 당신은 나의 복잡한 제안을 거절하는 것이다. 왜냐면 내가 통계학자이니 당연히 나한테 유리한 게임을 제안했을 것이라고 생각할 것이기 때문이다.

다음 도표는 왜 제안을 받아들이면 안 되는지 보여준다. 의사결정 나무로 알려진 이 도표는 가능한 결과를 체계적으로 열거하고 각각의 값과 확률을 계산한다. 그 값과 확률을 곱하면 새로운 게임과 본래 게임에서 얼마나 얻고 잃을지에 대한 기댓값을 얻을 수 있다.

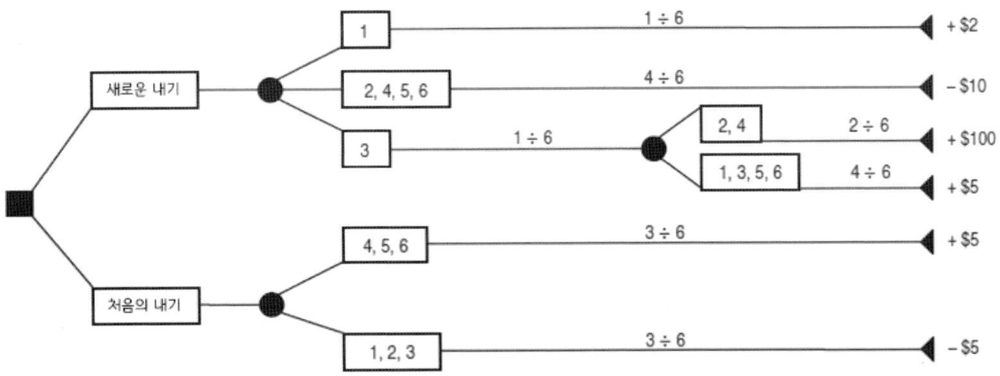

복잡했던 새로운 게임의 경우, 세 가지 가능한 결과가 있다, 즉시 이기거나, 즉시 지거나, 혹은 다시 주사위를 굴린다. 만약 주사위를 다시 굴린다면, 많이 이기거나 조금 이기거나 둘 중에 하나이다. 각각의 경우에 대한 확률과 결과값은 다음 표에 제시되어 있다.

결과	확률	기대 금액
\$2	$1 \div 6$	$1 \div 6 \times \$2 = \$0.33$
-\$10	$4 \div 6$	$4 \div 6 \times (-\$10) = -\$6.67$
\$100	$(1 \div 6) \times (2 \div 6)$	$(1 \div 6) \times (2 \div 6) \times \$100 = \$5.56$
\$5	$(1 \div 6) \times (4 \div 6)$	$(1 \div 6) \times (4 \div 6) \times \$5 = \$0.56$
합	1	$-\$0.22$

기대금액을 합산한 결과에 따르면, 경기를 할 때마다 기대금액이 22센트 감소할 것으로 예상된다. 만약 당신이 본래 게임을 고수했다면, 5달러를 받을 확률이 50%이고 5달러를 잃을 확률이 50%이다. 따라서 기대금액은 0달러가 된다. 대단하지는 않지만 손해 보는 것보다는 낫다.

이러한 원리는 거의 모든 의사결정에 적용될 수 있다. 전문 의학지식이 필요한 말기암의 골수이식에도 상대적으로 간단한 이 원리를 적용할 수 있다. 골수 이식을 할 때, 환자는 독성 화학치료를 받는다. 이 화학 약물은 매우 독해서 환자의 면역체계를 파괴한다. 면역체계가 파괴된 환자를 위해, 의사는 환자에게 새로운 골수세포를 이식한다. 이 골수세포는 자라서 환자가 면역력을 회복할 수 있게 한다. 그럼에도 불구하고 이 치료는 매우 위험해서, 환자가 죽거나 합병증이 와서 치료를 조기에 종료해야 할 수도 있다. 치료를 제대로 마치면, 환자의 몸은 몇 가지 반응을 보인다. 그 중에 암세포가 대부분 죽었다는 것을 나타내는 좋은 반응이 있는데, 이 반응을 보이면 환자의 증상이 눈에 띄게 개선된다. 골수이식의 대안은 표준 화학 치료요법인데, 효과는 제한적이지만 즉각적으로 사망할 위험은 없다.

아래의 가상 의사결정 나무는 게임 사례에서 본 의사결정 나무와 비슷하다. 나뭇가지 끝은 달러 대신에 평균 생존기간을 적고, 주사위 눈이 나올 확률 대신 과학 문헌에서 생존 확률의 추정치를 얻었다.

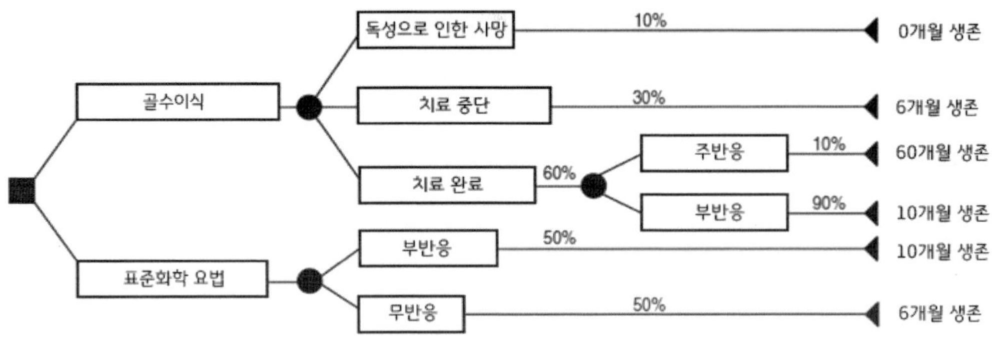

환자가 골수 이식을 하는 것이 좋은지 결정하기 위해서, 우리는 게임 사례에서 제안을 받아들일지 결정할 때와 정확히 같은 계산을 한다. 각각의 경우에 대해 그 값과 확률을 곱하여 합산하고, 각 결정의 기댓값을 비교한다. 골수이식 사례의 경우, 예상 생존기간은 골수이식의 경우 10.8개월, 표준 화학 치료 요법의 경우 8개월로 계산된다.

자, 이제 사망률을 30% 줄이는 신약은 어떠할까? 분명한 것은 의사결정 나무에는 이 30%를 넣을 만한 곳이 없다는 것이다. "사망률 30% 감소"는 상대적 위험률의 관점에서 말한 것이다. 예를 들어, 약물 실험에서 2년 동안의 사망률이 대조군에서 20%이고 실험군에서 14%인 경우, 이는 상대적 위험이 $14\% \div 20\% = 70\%$이거나 상대적 위험률이 30% 감소했다고 말한다.

상대적 위험률은 의사결정을 내릴 때 거의 쓸모가 없다고 잘 알려져 있다. 만약 비싼 자물쇠를 달면 자전거를 도둑맞을 위험이 절반으로 줄어든다고 하자. 하지만 이것만으로는 자물쇠를 살지 말지를 알 수 없다. 우리는 [a] 우리 마을의 자전거 도난 비율 [b] 도난당할 경우, 새 자전거 구입 비용 [c] 자물쇠의 가격 등을 고려해야 한다. 이와 유사하게, "암에 걸릴 위험률을 증가시킨다"는 뉴스 헤드라인에 대해 생각해보자. 이것은 처음부터 상당히 높은 위험률에 처해 있는 경우만 해야 할 걱정이다. 예를 들어, 젊은 여성에게 처방되는 어떤 약이 그 여성의 유방암 위험을 40~50% 증가시킨다고 한다. 그러나 젊은 여성이 유방암에 걸릴 확률은 매우 드물다. 그래서 위험률이 50% 증가하더라도 10,000명 당 1명이 유방암이 발생하는 것일 수도 있다. 이것은 절대적인 위험률로 의사결정을 할 때 훨씬 더 의미가 있다.

의사결정 나무에서 흥미로운 점은 "평균" 생존기간이다. 이 평균은 중앙값이 아니라 평균이다(참고: 2장. 빌 게이츠가 식당으로 들어가니…. (평균과 중앙값)). 의사결정을 할 때는 중앙값보다 평균이 더 적절하다. 믿지 못하겠다면, 빌게이츠 단원의 토론 1에서 제시한 게임을 생각해보자. 주사위 눈이 1, 2, 3, 4, 5가 나오면 내가 당신에게 20달러를 주고, 6이 나오면 당신이 나에게 1000달러를 줘야 하는 게임이었다. 여기서 기대수익의 중앙값은 20달러이지만, 평균은 −150달러이다(이는 우리가 러시안 룰렛을 피하는 이유이기도 하다). 하지만, 신약을 위한 시험을 할 때는 평균이 아닌 중앙값을 연구한다. 그 이유야 수학적이겠지만, 그 결과 암에 관한 임상시험은 즉각적이며 실질적인 의미를 잃게 되었다.

통계는 과학에서 수학으로, 다시 수학에서 과학으로 돌아가는 과정이다. 예를 들어, 우리는 과학적 질문을 통계적 가설로 바꾸거나, 과학적 자료를 바탕으로 통계적 추정치를 계산한다. 그런 다음 가설검정과 추정치를 해석하여, 과학적이나 실질적으로 의미 있는 것으로 바꾼다. "실제적 가치"는 "의사결정에 도움이 된다."는 의미로, 상대적 차이보다는 절대적 차이, 중앙값보다는 평균이 그에 해당한다.

●정리●

1. 의사결정 분석(Decision Analysis)은 의사결정에 도움이 되는 통계 분석의 한 유형이다.
2. 의사결정 분석의 첫 단계에는 4단계가 포함된다. (a) 가능한 각 결정을 기록하고, (b) 각 결정의 가능한 모든 결과를 도출하며, (c) 각 결과의 확률을 계산하고, (d) 각 결과의 값을 도출한다.
3. 결정나무는 이 모든 것을 그림으로 보여주는 방법이다.
4. 각 의사결정의 기댓값은 각 결과의 확률에 그 값을 곱하고 합하여 계산한다.
5. 어떤 것의 위험이 보통 r이고 s로 변경되면 상대위험은 $s \div r$이고 절대위험 차이는 $s - r$이다. 예를 들어 제조 오차의 위험이 일반적으로 2%(r)이고, 더운 날에 3%(s)로 증가하면 상대위험은 $s \div r = 3\% \div 2\% = 150\%$ 이고 절대위험률 차이는 $s - r = 3\% - 2\% = 1\%$ 이다.
6. 상대적 차이는 비록 정상일 때보다 30% 저렴하더라도 판매 품목이 구매할 가치가 없을 수 있는 것과 같은 방식으로 의사결정에 유용하지 않다.

•토론•

1. 의사는 회귀방정식을 사용하여 헬렌의 심장마비 위험이 8%라고 계산했다. 의사는 콜레스테롤을 낮추는 약을 복용하면 심장마비 위험이 25% 감소할 것이라고 했다. 하지만 그 약은 헬렌의 암 발병률을 0.5%까지 높인다. 만약 헬렌이 그 약을 복용한다면 심장마비의 위험은 절대적으로 얼마나 감소하는가? 헬렌은 그 약을 복용해야 한다고 생각하는가? 만약 헬렌의 심장마비 위험이 2%라면 어떨까?
2. 나는 의사결정 분석의 예시로 의학 분야를 예로 들었다. 그러나 의사결정 분석은 의학에서 발전된 것이 아니라, 통계라는 다른 분야에서 발전된 것이다. 어떤 것이 있을까?
3. 의사결정 분석은 널리 이용되지 않는다. 왜 아니라고 생각해?

NOTE. 258쪽의 정답을 보라.

몇 가지 일반적인 통계 오류 및 이 오류들은 무엇을 가르쳐 주는가?

CHAPTER 22

토미 존의 세 가지 실수

(네 가지 통계적 오류)

유명한 투수인 토미 존은 한 경기에서 3번의 실수를 연발한 적이 있다. 그는 땅볼을 놓치고, 1루 송구도 잘못하고, 우익수가 던진 송구를 받아서 홈으로 던졌는데 심지어 공이 포수를 지나쳤다. 나는 진통제 신약과 위약을 비교한 임상시험에 관한 과학 논문을 읽으면서 이 이야기를 떠올렸다. 논문의 결론에 다다랐을 때, 저자는 다음과 같이 말했다. "그룹 간의 기저 나이는 차이가 없었지만($p = 0.458$), 대조군에는 남성이 더 많았다($p = 0.000$)

이 한 문장에서는 실제로 4개(혹은 4개 반)의 오류가 있다. 토미 존보다 하나 더 많다!

1. 귀무가설 수용. p-값이 크다고 해서 두 집단 간에 "차이가 없다"는 것은 아니다. 차이가 있음을 입증하지 못한 것과 차이가 없음을 증명한 것은 다르다. 우리는 통계적 검정에서 귀무가설(예: 집단 간에 차이가 없다)을 가정하고 p-값을 계산한다. 이 p-값이 통계적으로 유의하면 귀무가설을 기각한다. p-값이 유의하지 않으면 귀무가설을 수용하는 것이 아니라 귀무가설을 기각하지 못하는 것이다.

2. 무작위로 뽑은 집단의 구성에 p-값 부여. 신약 효과에 대한 실험에서는 연구원들이 신약을 받을 환자와 위약을 받을 환자를 무작위로 선택한다. 이런 연구를 무작위 비교연구라 한다. 무작위로 뽑는 이유는 두 집단을 최대한 유사하게 만들어, 연구가 끝났을 때 나타난 차이의 원인이 신약 때문임을 밝히기 위해서다. 동전을 스무 번 던졌을 때 앞면이 정확히 10번 나오는 게 아니듯이, 무작위로 뽑은 두 집단에서 성별이나 연령이 우연히 차이가 날 수 있다. 우리는 가설을 검정하기 위해 p-값을 사용하는데, 위 문장의 귀무가설은 "집단 간에 실질적인 차이는 없다. 차이점이 있다면 우연에 의한 것이다"일 것이다. 이 귀무가설은 이미 우리가 알고 있는 사실이다(이 내용은 13장 자전거를 타고 어느 길로 집에 갈까? (p-값의 필요성)에서 이미 언급했다).

3. 부적절한 정밀도 수준. 오류투성이 문장의 첫 번째 p-값($p = 0.458$) 은 소수점 셋째 자리까지 명시했다. 그런데 5와 8은 무슨 소용인가? 0.458은 이미 통계적 유의성의 기준을 훨씬 능가한다. 반올림한다고 해서 결론이 뒤집힐 수준이 아니므로, p-값을 소수점 첫째 자리까지만 명시하는 것(즉, $p = 0.5$)도 괜찮다. 이처럼 필요 이상으로 과도한 정밀도는 과학 문헌에서 흔하다. 아마 정확한 숫자가 더 "과학적인 것처럼" 들리기 때문일 것이다. 이러한 예시들 중 내가 가장 좋아하는 것은 평균 임신기간에 관한 논문이다. 아마도 연구원이 부부에게 사적인 부분을 집요하게 물어봤을 것이다.

4. 0인 p-값을 보고하다. 그 어떤 실험결과라도 확률이 0이 될 수는 없다. 천 개의 주사위를 던져서 모두 6이 나올 확률도 아주 작긴 하지만 0은 아니다. 내가 이 문제를 논문에다 p-값이 0이라고 쓴 연구자들에게 지적했더니, 그 사람들은 통계 프로그램에서 0이 나왔고 그러니 틀림없다고 대답할 뿐이었다.

이러한 사소한 오류들에 신경을 쓰는 이유는 뭘까? 예를 들면, 내가 소수점에 집착하는 이유는 뭘까? 사람들은 통계학자가 계산만 한다고 생각한다. 하지만 계산은 우리가 하는 일 가운데 제일 재미없는 한 부분에 불과하다. 우리가 하는 일 중에서 더 중요한 것은 숫자를 보고 그 의미를 생각하는 것이다. 나는 과학 논문에서 의미없는 숫자들을 발견하면 저자가 자신이 무얼 하고 있는지 신경도 안 쓰고 컴퓨터에 출력된 값만 끌어다 썼구나 싶다. 예를 들면, 무작위로 뽑은 집단의 구성에 대한 p-값을 소수점 여섯 번째 자리까지 세세하게 적어놓은 것이 있다. 통계는 통계 소프트웨어의 결과값을 복사 붙여넣기 하는 것 이상이다. 우리는 숫자가 무엇을 의미하는지, 연구 주제와 관련해 어떤 의미를 갖는지를 생각해야 한다.

•정리•

1. 귀무가설을 수용하는 경우는 없다. “차이를 보일 수 없다”고만 할 뿐이다.
2. 무작위로 뽑은 집단 간에 구성 차이에 대한 p-값은 의미가 없다. 연구 주제에 대한 추정치나 조사하자.
3. 소수 자릿수의 의미를 생각해보자.
4. “p-값이 0이다“라고 하지 말고 “$p < 0.001$”라고 하자.

•토론•

1. 오류투성이 문장에 4개 혹은 4.5개의 오류가 있다고 말했다. 그 반쪽 오류는 뭘까?

NOTE. 260쪽의 정답을 보라.

CHAPTER 23

너무 많은 p-값을 어떻게 할까?
(하나의 질문에 대한 하나의 통계적 검정)

잡초 대회가 있다면 우리집 마당은 크기로 보든 종류로 보든 상을 휩쓸 것이다. 잡초가 너무 많아지면, 잔디와 꽃을 덮어버린다. 과학 논문도 이와 비슷하다. p-값은 잡초와 같아서, 우리가 의도한 바를 덮어버린다.

한 실험실에서 소금물의 양을 다르게 하여 생쥐에게 주입한 후 면역기능을 측정했다고 하자. 결과는 다음 막대그래프와 같다. 실험군과 대조군에서 면역점수의 차이가 유의한 경우 별로 표시하였다.

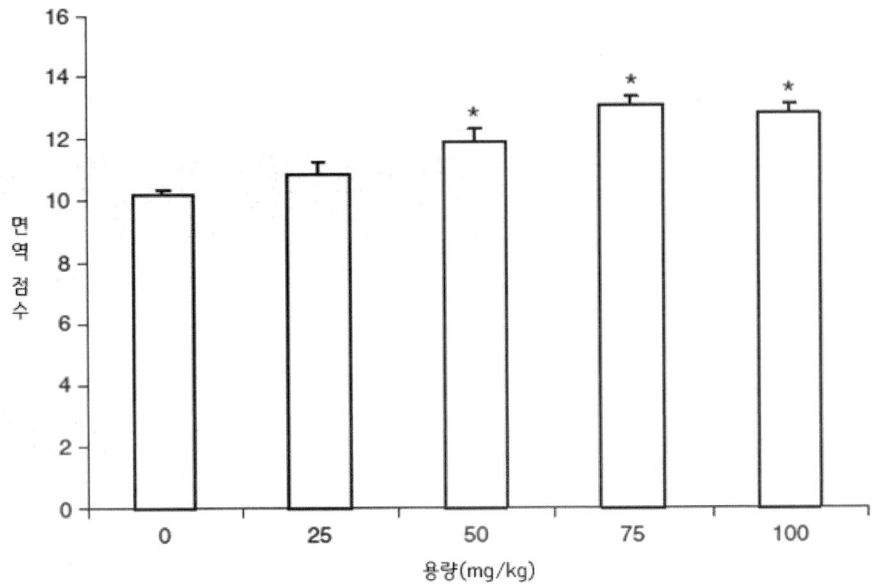

그리고 연구원들은 각각의 p-값을 비교하더니, 100과 75는 25보다 면역기능이 높지만, 50은 25보다 유의하게 높지 않다고 진술한다. 즉, 50g을 투여한 실험군과 대조군의 면역점수의 차이는 유의하지만, 50g을 투여한 집단과 25g을 투여한 집단 사이에는 면역 점수의 차이가 없다는 것이다.

위 진술의 문제는 두 가지이다. 첫째, 연구원들은 하나의 실험에 여러 가지 가설을 시험하고 있다. 실험은 '투여량과 면역 기능 사이에 관계가 있는가?'라는 하나의 가설에 대한 것이었다. 75가 25보다 좋은지, 50은 어떠한지 등에 여러 가설에 관한 것이 아니었다. 둘째, 연구원은 각 가설을 독립적으로 다루고 있다. 두 집단을 비교할 때 그 외에 다른 집단은 마치 없다는 듯이 행동한다. 이건 상식에 어긋난다. 25g이나 75g을 투여했을 때 면역점수가 높아진다면, 50g을 투여해도 면역 점수가 높아질 것이다. 비유하자면, 탬파베이가 레드삭스보다 승률이 높고, 레드삭스가 양키즈보다 승률이 높다면, 탬파베이가 양키즈보다 승률이 높은 것이 당연하잖아?

똑같은 자료에 대한 다른 실험 이야기를 들어보면 '하나의 의문, 하나의 가설, 하나의 p-값' 원칙이 더 와 닿을 것이다. 나는 자료를 바탕으로 선형 회귀분석을 하였다(참고: 18장. 시카고를 방문하기 좋은 시기는? (선형 및 로지스틱 회귀)). 그리고 y는 면역점수, x는 투여량으로 하여 $y = bx + c$ 꼴의 식을 얻었다. 정확하게는 $y = \text{면역점수} = 0.030 \times \text{투여량} + 10.2$ 라는 식으로, 투여량을 1mg 늘릴 경우, 면역 점수가 평균적으로 0.030 증가한다는 것을 의미한다. 또한 계수(0.030)가 표준오차(0.0044)보다 7배 가량 크기 때문에, p-값도 매우 낮다. 만약 계수가 0이라면 이런 결과가 나올 수는 없을 테니, 투여량과 면역 점수 간에 관계가 없다는 가설을 기각해야 한다.

어떤 사람은 아스피린 500mg이 좋으냐 499mg이 좋으냐에 대해 p-값을 적어놓았다. 아, 대통령 각하께도 편지를 써야겠다. 세율이 25%든 24.9%든 국채에 통계적으로 유의미한 차이는 없으니, 세율이나 깎아달라고 말이다. 그리고 통계적으로 말하자면 우리 아들의 키는 전날과 다름없을 것이다. 전날과 당일의 키 차이는 통계적으로 유의미하지 않을 테니까.

방금 나의 말을 이해했다면, 현직 과학자보다 당신이 훨씬 낫다. 한번은 젊은 병리학자가 내게 자문을 구하러 왔다. 그 병리학자는 암환자 150명의 자료를 분석했는데, 결론부에 이르자 p-값들이 넘실대기 시작했다. 각종 암에 대하여 여러 장소에서 연령별로 p-값을 구하고, 암이 발견될 때마다 p-값을 구했다. 내가 p-값을 세어봤더니 126개에 달했으니, 각 환자마다 p-값을 구한 셈이다. 이렇게 말하면 우습게 들리겠지만, 통계 소프트웨어를 이용해 끝없이 p-값을 만들어내는 건 식은 죽 먹기다. 물론 p-값에 대한 가설이 당신이 정말 알고 싶었던 것인지와는 별개이다.

내가 토요일에 날 잡고 잡초를 뽑았듯이, 당신도 과학 보고서를 읽으면서 과도한 p-값을 걸러내야 한다. 그렇지 않으면, 당신은 꽃을 볼 수 없을 것이다.

•정리•

1. 당신이 보고하는 각각의 p-값은 특정 귀무가설과 이에 따른 특정 과학적 질문을 다룬다.
2. 투여량에 따라 혹은 시간이 흐름에 따라 어떻게 변화하는지 알기 위해서는 단일 회귀 방정식을 사용해야 한다. 두 개의 투여량 혹은 기간을 선택해서 다중 비교하는 것은 적절하지 않다.

★ 참고: CHAPTER 28. 소년의 데이트 신청을 소녀가 거절한다. (다중검정)

•토론•

1. 우리의 회귀분석은 약물의 용량과 면역기능 사이의 연관성에 대해 어떻게 가정하는가?
2. 면역연구를 하던 사람들은 투여량이 50mg이든 25mg이든 유의미한 차이가 없다는 것을 발견했다. 이것이 정말로 "50과 25 사이에는 차이가 없다"는 의미일까?

NOTE. 260쪽의 정답을 보라.

CHAPTER 24

TV 카메라맨과의 대화

(의미 있는 숫자를 제공하지 않는 통계분석)

내 친구는 경찰과 도둑에 관한 TV 드라마의 카메라맨이다. 재미있는 일일 것 같아서, 나는 구체적으로 어떤 일을 하는지 물었다.

나: 출근해서 제일 먼저 뭐해?

카메라맨: 촬영 장소에 도착하면 준비하는데 2.8을 쓰지.

나: 2.8시간?

카메라맨: 아니, 딱 2.8. 그리고 나서 배우들을 불러. 그 사람들은 이혼 변호사나 스캔들 때문에 바빠. 찾을 수가 없어

나: 미안, 못 알아들었어. 그 사람들이 실종됐다는 거야?

카메라맨: 셀 수가 없다니까.

나: 그냥 세면 안 돼?

카메라맨: 안돼. 아무튼 방송일이 재밌어 보이는데, 근무 시간도 길고 시비도 많아. 돈은 많이 줘. 하루 촬영하면 0.9를 받아.

나: 그게 얼만데?

카메라맨 : 0.8 이상

이 대화를 나눌 때 상관관계, 분산분석, 카이제곱 검정이 생각났다. 이 세 가지는 내가 가장 고민하는 것들이다. 이 세 가지는 제시된 숫자가 무얼 의미하는지에 대한 충분한 숙고 없이 남용되고 있다.

다음은 상관관계에 대해 여러분이 배워온 내용이다.

- 상관계수는 두 연속 변수 사이의 연관성 강도를 측정한다. 예를 들면, 키와 몸무게 그리고 나라의 부와 출산율이 있다.
- 상관계수는 ⁻1부터 1 사이의 값이다.
- 상관계수가 양수이면, 한 변수가 증가하면 나머지 변수도 증가한다(칼로리와 몸무게처럼). 이것을 양의 상관관계라고 한다.
- 상관계수가 음수이면, 한 변수가 증가하면 나머지 변수가 감소한다(운동과 몸무게처럼). 이것을 음의 상관관계라고 한다.
- 0에 가까운 상관계수를 약한 관계라고 하며, 1 또는 -1에 가까운 상관계수를 강한 관계라고 한다.
- 두 변수가 상관관계가 있다고 해서, 한 변수가 나머지 변수의 원인이 되는 것은 아니다. 황새 개체수와 독일의 출산율이 그 예이다(참고: 19장. 내 조수는 머리를 깎았나? (회귀분석 및 교락요인).

하지만 상관계수가 실제로 무엇을 의미하는지는 아직 감이 안 올 것이다. 예를 들어, 지역의 빈곤율과 강력 범죄율 사이의 상관계수가 약 0.27이라고 하자. 상관계수가 0 이상이므로 우리는 지역의 빈곤율이 높으면 범죄율이 높을 것임을 알 수 있다. 또한 상관계수가 1에 근접하지는 않으므로, 가난한 지역에만 범죄가 많이 발생하는 것은 아니다.

하지만 이런 진술들 외에 더 말하기는 어렵다.

카이제곱검정도 비슷한 문제가 있다. 다음은 다른 종교를 믿는 사람들끼리 결혼해도 괜찮을지 묻는 설문조사이다.

질문6: 다른 종교인 사람과의 결혼	질문12: 같은 종교의 친구 비율			
	모두	대부분	절반	절반미만
많이 염려	36 (21%)	34 (6%)	8 (3%)	2 (2%)
약간 염려	39 (22%)	109 (18%)	24 (8%)	8 (8%)
조금도 개의치 않음	99 (57%)	461 (76%)	276 (90%)	87 (90%)

이 결과는 놀랍지 않다. 옳고 그름의 문제는 제쳐 두고, 종교가 같은 사람과만 시간을 보내는 사람들은 종교가 다른 사람과 결혼하는 걸 불편해 할 것이다. 여기서 카이제곱은 102.7로 p-값은 <0.0001이다. 그런데 결론이 뭐냐! 귀무가설은 결혼 상대로 종교가 같은 사람을 선호하는 것과 종교가 같은 친구를 선호하는 것 사이에는 차이가 없다는 것이다. 여기서 p-값이 작으므로, 귀무가설을 기각한다. 이것이 당연하다는 것은 다음 표에 나타나 있다.

질문6: 다른 종교인 사람과의 결혼	질문12: 같은 종교의 친구 비율			
	모두	대부분	절반	절반미만
많이 염려	8 (3%)	2 (2%)	36 (21%)	34 (6%)
약간 염려	24 (8%)	8 (8%)	39 (22%)	109 (18%)
조금도 개의치 않음	276 (90%)	87 (90%)	99 (57%)	461 (76%)

표가 조금 변했다. 같은 종교인 친구의 비율이 절반이라고 답한 열과 모두라고 답한 열을 바꿔치기 하였다. 대부분과 절반미만도 맞바꾸었다. 하지만 카이제곱 값은 102.7로 여전히 같다. 다시 말해서, 다양한 종교의 친구를 사귀는 것이 배우자의 종교에 신경을 쓰는 사람과 관련되든 신경 쓰지 않는 사람과 관련되든 카이제곱 값은 같다. 즉 신경 쓰는 집단에서 시작해서 안 쓰는 집단 순으로 하든, 신경 안 쓰던 집단에서 신경 쓰는 집단 순으로 하든 카이제곱 값은 같다.

이 사람들이 카이제곱 검정을 사용한 이유는 범주형 변수 사이의 관계를 다루고 있기 때문이다. 범주형 변수란 "모두", "대부분", "절반", "절반 이하" 등 한정적인 수의 값만 취할 수 있는 변수를 말한다. 이와 대조적으로, 연속형 변수는 몸무게나 혈압처럼 많은 값을 취할 수 있다. 이 범주형 변수와 연속형 변수 사이의 관계를 다룰 때는 분산분석(ANOVA)를 사용한다. 분산분석은 여러 가지 치료법을 비교하는 실험에 쓰이면서 인기를 끌었다. 예를 들어, 행동 장애가 있는 아동을 위한 심리치료에 대해 연구한다고 하자. 이 행동 장애는 0부터 20까지의 점수로 측정했다. 만약 당신이 어떤 심리치료를 받은 아동과 받지 못한 아동들을 비교한다면, t 검정을 사용할 것이다. 하지만 여러분이 두 가지 심리치료(일대일 심리치료 VS 일대일 심리치료+가족 심리 치료)에 관심이 있다고 하자. 그러면 세 집단(심리치료 하나 VS 심리치료 두 개 VS 심리치료 받지 않음)을 비교해야 하는데, t 검정은 세 집단을 비교할 때 사용할 수 없다. 이 경우 분산분석을 사용하면 세 집단을 한 번에 비교하여 p-값을 얻을 수 있다.

분산분석 결과 p-값이 0.05보다 작으면, 집단 간 차이가 없다는 귀무가설을 기각하며, "치료에 따라 행동의 차이가 있다"는 결론을 얻는다. 하지만 이건 그다지 의미 있는 결론이 아니다. 예를 들어, 심리 치료가 상황을 더 악화시킬 수도 있고(참고: 예를 들어, 14장. 바짝 마른 칫솔, 양치했을까? (p-값의 해석)에 대한 "직선" 연구), 오직 한 치료법만 효과적인 것일 수도 있다.

다음은 분산분석에서 통계적으로 유의미한 p-값을 갖는 몇 가지 예시이다.

그룹(각 그룹당 30명의 아이들)	행동점수 평균	행동점수 표준편차
치료 없음	12.6	1.76
심리치료	12.0	1.75
심리치료+가족심리치료	10.1	2.02

이 자료는 일대일 심리치료가 도움이 된다고 시사하는 것 같지만, 실질적으로 효과가 있는 것은 가족 치료법이다. 일주일에 한 번 심리치료사와 만나는 것보다 매일 가족과 상호작용하는 것이 더 중요하다는 점을 상기한다면 이것은 타당하다. 어느 쪽이든, "세 집단은 같지 않다"보다는 훨씬 의미 있는 진술이다.

상관분석과 카이제곱 검정 및 분산분석을 비교해보면 검정과 추정의 차이에 대해 알 수 있다. 카이제곱 검정과 분산분석은 변인의 효과에 대한 p-값은 제시하지만, 그 효과가 얼마나 크고 작은지 혹은 어떤 방향인지에 대해서는 알려주지 않는다. 즉, 카이제곱 검정과 분산분석은 추정이 아니라 검정이다. 반면에, 상관분석은 추정치를 제공한다. 하지만 유용하지는 않다. 범죄율과 빈곤율 사이의 관계가 0.27이라지만 그 숫자가 무얼 의미하는지 와 닿지 않는다.

그러므로 다른 방법들을 추가적으로 사용하여 상관분석, 카이제곱 검정, 분산분석을 보완해야 한다. 심리치료 자료의 경우, t 검정을 사용해 치료를 받지 않은 집단과 치료 받은 집단을 비교한 뒤, 일대일 심리치료만 받은 집단과 가족 치료법도 같이 받은 집단을 비교할 수 있다. 그러면 일대일 심리치료는 행동 점수를 0.6점 높였지만(95% 신뢰구간 -0.3, 1.5), 가족 치료법은 1.9점 높였다는 것을 알 수 있다(95% 신뢰구간 0.9, 2.9).

종교와 결혼 자료에 대해서는, 몇몇 범주들을 합하여 두 개의 집단으로 간추려 보자. 예를 들어, "같은 종교를 가지는 친구의 비율"에서 "모두"와 "대부분"을 하나로, "절반"과 "절반 미만"을 나머지 하나로 묶는다. 또 "다른 종교를 가지는 사람과의 결혼"에서 "많이 염려"와 "약간 염려"를 하나로, "조금은 개의치 않음"을 나머지 하나로 묶는다. 그러면 같은 종교를 갖는 친구가 대다수인 사람 중에는 28%가 다른 종교를 갖는 사람과의 결혼을 염려했고, 다양한 종교의 친구를 가진 사람 중에는 10%만이 다른 종교를 가지는 사람과의 결혼을 염려했음을 알 수 있다. 빈곤율과 범죄율 자료에 대해서는, 선형 회귀분석을 사용하여 빈곤율이 1% 증가할 때마다 인구 10만 명 당 강력 범죄가 17개 증가한다는 것을 알 수 있다. 이는 상관계수 0.27보다 훨씬 실제적이다.

자료의 유형에 맞는 통계 분석 방법을 보여주는 표를 본 적이 있을 것이다. 예를 들면, 범주형 자료는 카이제곱 검정으로 분석하고, 두 집단을 비교할 때는 윌콕슨(Wilcoxon)이나 t 검정을 사용해야 한다는 등이다. 충분히 좋은 접근이고, 나 역시 분산분석으로 분석해야 할 심리치료 자료를 카이제곱 검정으로 이용하는 걸 추천하지는 않는다. 하지만 가장 중요한 것은 당신이 어떤 분석을 하든 간에, 당신이 관심 있는 가설을 검정하는지 그리고 실제적으로 의미 있는 숫자를 제공하는지 고려해야 한다.

•정리•

1. 통계적 분석은 우리에게 숫자를 제공한다.
2. 통계적 분석의 가치는 그것이 제공하는 숫자가 의미가 있는지에 따라 달라진다.
3. 카이제곱 및 분산분석과 같은 많은 통계적 방법은 p-값만 제공한다. 이는 가설을 검정하는 데 도움이 될 수 있지만 (추론) 추정치는 제공하지 않는다.
4. 변인의 효과를 평가하기 위해서는 그 효과가 얼마나 큰지 알아야 한다. 따라서, 추론뿐만 아니라 추정치를 제공하는 방법도 필요하다.
5. 상관분석과 같은 일부 통계적 방법은 명확한 의미를 가지지 않는 추정치를 제공한다.
6. 카이제곱, 분산분석, 상관분석은 그 용도가 있지만 다른 방법으로 보완할 필요가 있는 경우가 많다. 예를 들어 추정치를 제공하는 방법을 카이제곱 및 분산분석과 함께 사용할 수 있다.

•토론•

1. 빈곤율과 범죄율 자료의 경우, 회귀분석이 상관분석보다 더 의미 있는 숫자를 준다는 것을 관찰했다. 또 다른 대안은 숫자를 주지 않는 것도 있다. 특정 숫자 없이 어떻게 데이터를 분석할 수 있을까?
2. 당신은 카이제곱, 분산분석 또는 상관분석을 사용하지 말아야 하는가?
3. 상관분석은 정말 영화 촬영에 "2.8"이 걸리는 것과 같은 의미 없는 숫자인가?
4. 범죄자료에 대한 추론에 관심이 있는가? 우리의 분석에서 p-값을 보고해야 하는가? 신뢰구간은 어떠한가?

NOTE. 262쪽의 정답을 보라.

CHAPTER 25

플로리다에 사는 93살 샘 할아버지 320kg?

(회귀분석에서 범하기 쉬운 두 가지 실수)

당신에게 샘 할아버지에 대한 이야기를 들려주고 싶다. 샘은 플로리다에 사는 93세의 노인이다. 샘은 2차 세계대전 중 태평양에서 싸웠고, GI 법안으로 대학에 진학했다. 그리고 고등학교 때 만난 여자친구와 결혼해 뉴욕의 레빗(Levit)구에 정착했다. 은퇴 후에 샘은 플로리다로 이사했고, 암으로 아내를 잃었으며, 현재는 그 딸의 표현을 빌리자면 "제 2의 총각"의 삶을 즐기고 있다. 당신이 샘에 대해 알아야 할 사항은 초저녁 할인을 받기 위해 매일 5시에 식당에 가는 것도 아니고,

허리가 너무 굽어서 계기판을 보기 힘들다는 것도 아니다. 샘의 특이점은 바로 그가 700파운드(320kg)의 몸무게를 갖고 있지만, 트럭 높이를 뛰어넘을 수 있고 500kg의 아령을 들 수 있다는 것이다. 또한, 그는 1마일(1.6km) 떨어진 거리를 출발도 전에 도착할 정도로 매우 빠르다.

샘은 상상 속의 인물이 아니라 통계 상의 오류이다. 여기 샘에 대한 자료가 있다.

나이	몸무게 (lbs)	1마일 달리기 시간 (분:초)	뜀뛰기 높이	벤치 프레스 (lbs)
2	30			
5	46			
10	75			
12	84	5:40		
14	114	5:05		
16	136	4:40	6ft 2in.	160
18	143	4:35	6ft 6in.	180
20	155	4:30		

보다시피, 샘은 고등학교 시절에 운동선수였고, 졸업 후에도 계속 달리기를 했다고 한다. 그런 그가 어떻게 320kg까지 살이 쪘을까? 우리는 샘의 나이와 무게에 대한 그래프를 그려보았다.

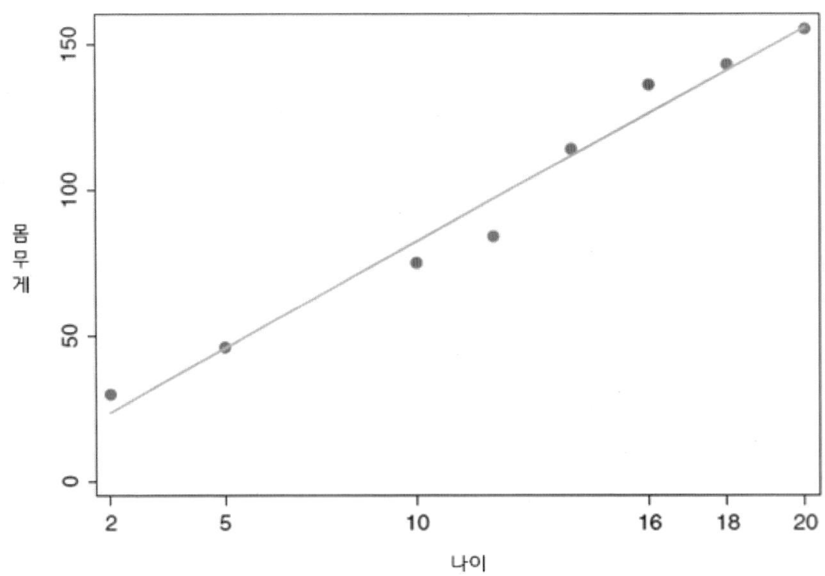

각각의 점들은 특정 나이에 샘의 몸무게를 나타내고, 대각선은 점들에 가장 잘 맞는 회귀선이다. 이 직선의 공식은 $y = 7.33x + 9$인데, y축은 몸무게이고 x축은 나이이므로, 이것은 $\text{몸무게} = 7.33 \times \text{나이} + 9$를 뜻한다. 공식에 따르면 샘이 93세가 되면 몸무게는 대략 700파운드(=320kg)가 된다($7.33 \times 93 + 9 = 691$파운드). 이것은 다음 그래프에서도 확인할 수 있다.

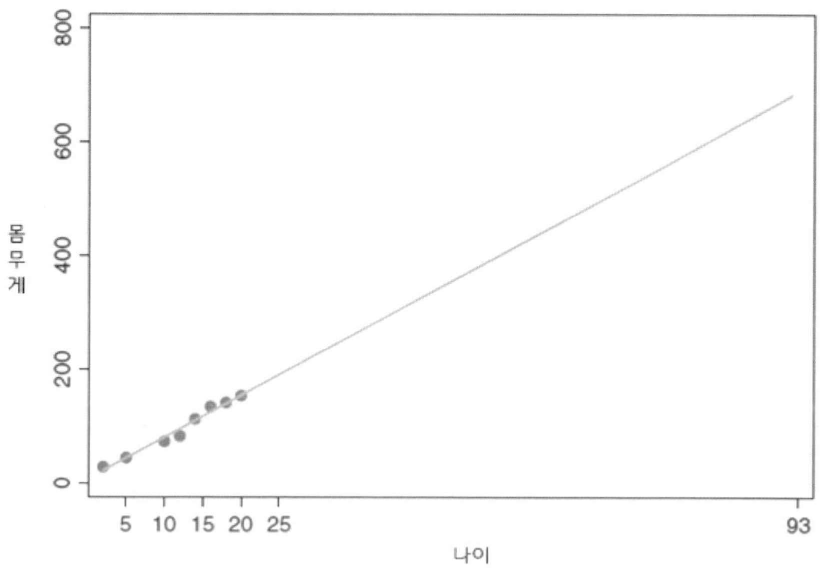

여기서 분명한 것은 모든 데이터가 왼쪽에 있고, 우리가 회귀선을 자료가 전혀 없는 오른쪽으로 확장시켰다는 것이다. 우리는 20살에서 93살 사이에 샘의 몸무게가 어떠한지 전혀 알지 못하며, 확실한 것은 어렸을 때처럼 나이와 몸무게가 비례하지는 않을 것이라는 점이다. 통계학자가 이 그래프를 본다면 회귀선을 자료에서 과도하게 확장했다고 지적할 것이다.

이 방식의 또다른 문제점은 직선으로 예측을 했다는 점이다. 샘의 달리기 기록을 보면 직선이 말이 안 된다는 것을 알 수 있다. 직선을 따르면 샘이 나이를 먹으면 언젠가는 달리기 기록이 음수값을 갖게 되고, 이는 출발도 전에 완주했다는 말이 된다.

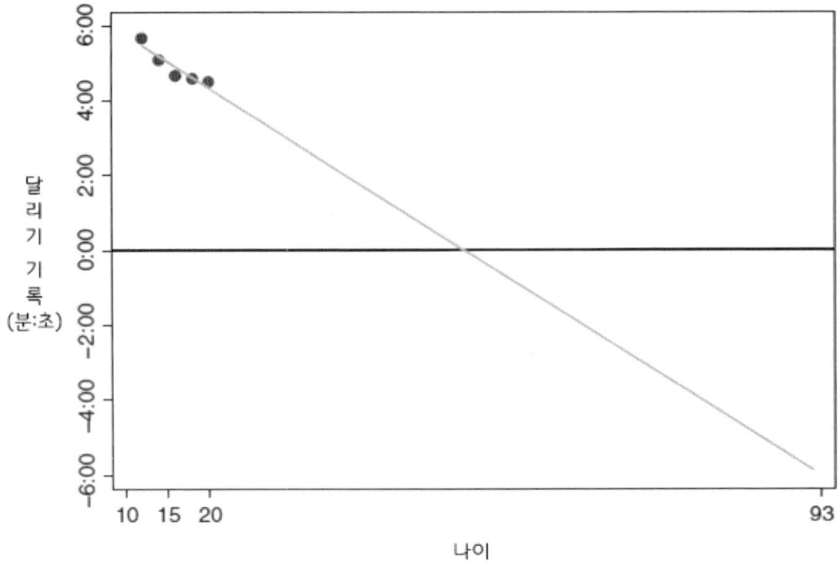

그림의 왼쪽 상단을 자세히 보면 샘의 달리기 기록이 직선이 아님을 알 수 있다. 회귀선보다 위에 위치한 점은 양 끝의 두 점인데, 이것은 점들이 직선보다는 곡선 위에 있다는 것을 의미한다. 인생에서 대부분의 것들은 곡선을 따른다. 어젯밤에 스튜를 끓일 때 나는 마늘을 두어 개 넣었다. 내가 그 이상 마늘을 넣지 않는 이유는 마늘의 양과 맛 사이의 관계가 곡선이기 때문이다. 마늘을 조금 넣으면 맛이 좋아지지만, 너무 많이 넣으면 되려 음식을 망친다. 아무래도 우리 집 앞 파스타 집은 이걸 모르는 것 같다.

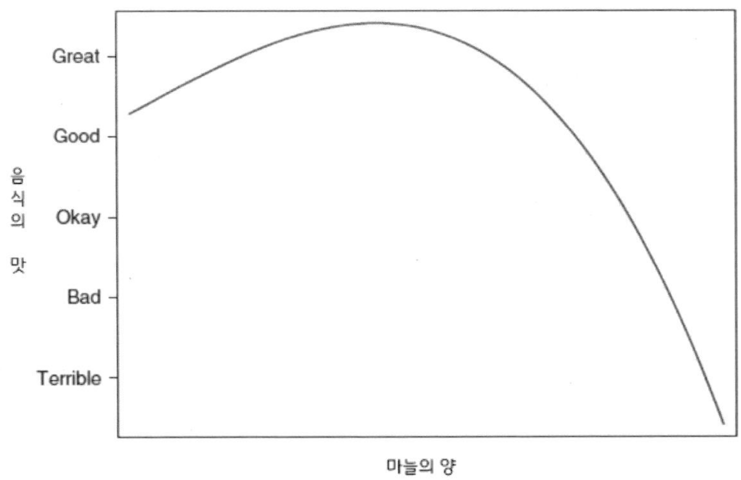

아니면 "수확 체감의 법칙"을 떠올려 보라. 저녁 식사 후에 10분이면 식탁을 치우고 반찬을 냉장고에 넣는다. 그러고 나면 부엌은 '난장판'에서 '봐줄 만한' 상태가 된다. 설거지를 하고 물기도 닦으려면 3-40분은 걸리겠지만 '봐줄 만한' 부엌에서 '깨끗한' 부엌이 된다. 부엌을 오븐, 식품 보관소 청소까지 티끌 하나 없이 청소하려면 밤을 새워야 할 것이다.

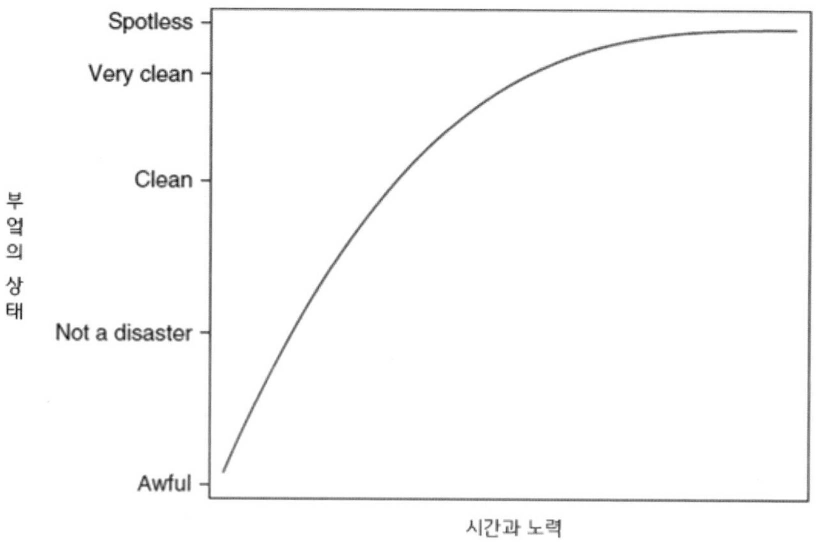

수확 체감의 법칙은 "노력 대비 보상이 점점 줄어든다"는 것을 뜻한다. 즉 y가 보상이고 x가 노력일 때, "x가 커질수록 x가 1 증가할 때의 y의 증가량이 점점 감소한다"는 것을 의미한다. 반면에 회귀식 $y = 7.33x + 9$은 모든 x에 대하여 x가 1 증가할 때의 y의 증가량이 동일하므로, 수확 체감의 법칙에 맞지 않다.

달리기 기록과 나이, 마늘과 맛, 주방의 청결 상태와 청소하는 시간 사이의 관계는 직선이 아니다. 회귀식을 단순한 직선이 아니라 회귀식을 좀 더 정교하게 만들기 위해서, 우리가 사용해야 할 것은 곡선이고 고등학교 때 배운 수학 중에 곡선에 관한 것을 떠올려 보자. 가장 간단한 것은 x의 제곱을 추가하는 것이다. 이차방정식, 기억나지? x^2을 포함하여 회귀분석을 실행할 경우 식 $y = 1.429x^2 - 54.2x + 784$을 얻을 수 있다. 이 식을 그래프로 표현하면 다음과 같다.

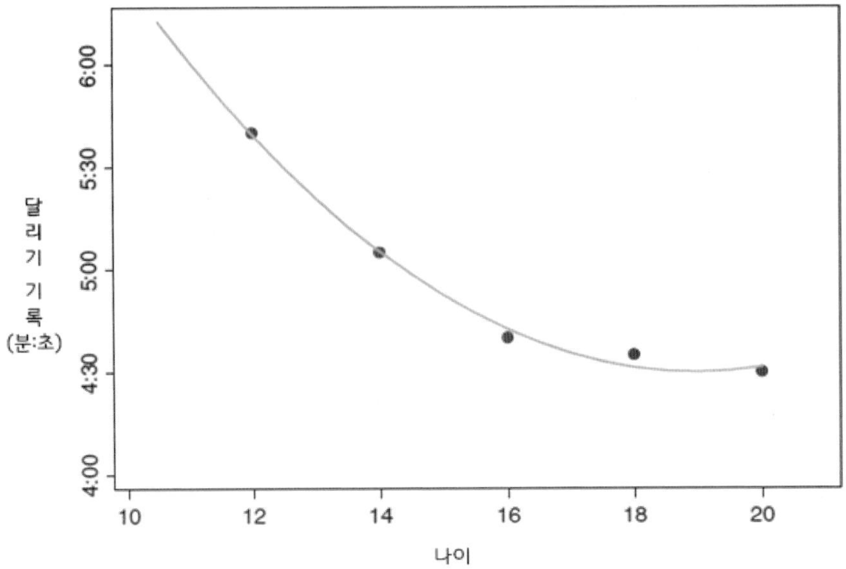

x^2을 포함시키면 직선보다 자료를 더 잘 적합하는 곡선을 얻을 수 있다. 이 정도만 해도 발뻗고 배부르게 쉬어도 된다. 하지만 샘의 달리기 기록을 더 정확하게 예측하는 방법은 없을까? 회귀선을 40세까지 확장하면 다음과 같은 결과를 얻는다.

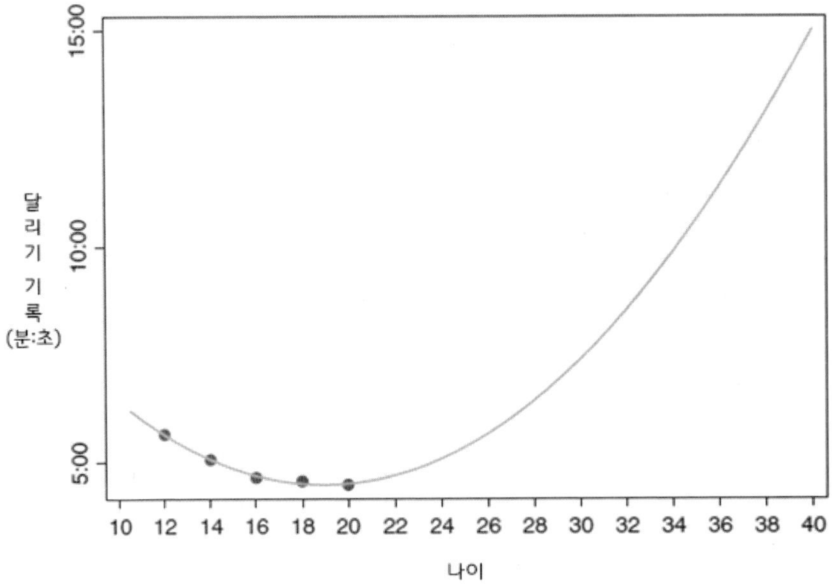

믿기 어렵겠지만, 회귀식에 따르면 샘이 40세일 때 1마일(1.6km)을 뛰는 데 거의 15분이 걸린다고 한다. 이건 걷는 속도보다 느린 데다, 샘은 운동선수 출신인데 말도 안 된다는 이야기이다. 이처럼 여러분은 멋드러지게 회귀분석을 할 수는 있지만, 충분한 자료가 없다면 93세에 500kg 아령을 들어 올린다는 등의 우스꽝스러운 진술을 하게 될 것이다.

•정리•

1. 회귀식 $y = bx + c$에 대한 가장 일반적인 개념은 예측변수(x)와 종속변수(y) 사이의 관계가 직선을 따른다고 가정하는 것이다.
2. 두 변수 간의 관계는 주로 직선보다는 곡선을 따른다. 수확 체감의 법칙이 한 예다.
3. 회귀분석은 곡선을 따르는 연관성을 설명하는 데 사용될 수 있다. 대표적인 접근방식은 회귀식 $y = ax^2 + bx + c$처럼 이차항(x^2)을 사용하는 것이다. 이 외에도 여러 방법이 있다.
4. 자료의 값과 멀리 떨어진 x값에 대해 y를 예측하기 위해 회귀분석을 사용하는 것은 잘못된 생각이다.

•토론•

1. 샘의 달리기 기록 시간에 대한 회귀분석은 5개의 자료를 이용했다, 바로 12, 14, 16, 18, 20살 일 때의 달리기 기록 이었다. 이에 대해 어떻게 생각하는가?
2. 나는 샘이 93세에 0.5톤의 아령을 든다는 것을 어떻게 알아냈을까?
3. 심화 활동: y는 거리 당 시간(초)이고 x는 나이를 나타낼 때 회귀식이 $y = 1.429x^2 - 54.2x + 784$이었다. x^2의 계수(1.429)는 소수점 셋째 자리까지 명시한 반면, x의 계수(54.2)는 소수점 첫째 자리만 명시했다. 그 이유는 무엇일까?

NOTE. 267쪽의 정답을 보라.

CHAPTER 26

마이크도 결국에는 결혼할걸.

(평균으로의 회귀)

마이크는 잘생기고 유머 감각도 뛰어나고 번듯한 직장에 좋은 아파트도 갖고 있다. 하지만 그는 여전히 미혼이다. 마이크는 이것이 아파트 때문이라고 생각한다. 지난 몇 년간 마이크는 미혼인 친구들에게 작은 방을 내주었는데, 한 명도 빠짐없이 "마이크의 저주"에 걸렸다. 바로 여자친구가 생기고 결혼해서 나간다는 것이다.

마이크는 작은 방에 신비한 기운이 있다고 생각해서, 그 방으로 침실을 옮길까 생각도 했었다. 친구들은 마이크 마음 속 깊은 곳에 있는 인간에 대한 불신 때문에 그가 미혼이라고 생각한다. 마이크의 어머니는 "우리 아들이 만족할 정도로 완벽한 사람이 있을까? 너무 완벽한 사람을 찾다보니 결혼 못하는 거 아닐까?"라고 말한다. 내가 통계적으로 분석한 결과로는, 대부분의 경우에 세상사는 평균으로 회귀하기 때문이다. 30대의 미혼남, 예상치 못한 고혈압이 나온 존스(Jones)씨, 갑자기 관절염이 재발한 존스 부인, 이상하게도 따뜻한 1월을 다시 살펴보자. 모든 것들은 평소의 상태로 되돌아 갈 가능성이 크다. 즉, 미혼남은 결혼을 하고, 존스 부부는 다시 건강해지며, 2월 기온은 다시 영하로 떨어진다.

여기 간단한 예시가 있다. 학생들에게 주사위를 굴리게 하여 1, 2, 3이 나온 학생은 방을 나가라고 하고, 나머지 학생은 다시 주사위를 던지게 했다. 대부분의 경우, 두 번째 주사위에서 첫 번째 주사위보다 낮은 숫자가 나왔고, 평균도 두 번째 주사위가 더 낮을 것이다. 예를 들어 다음과 같다.

학생명	첫 번째 주사위	두 번째 주사위	두 번째가 더 작은지?
로라	4	5	아니오
에반젤리	4	3	예
데나	3	-	
에릭	5	5	아니오
퍼리샤	1	-	
아비브	6	5	예
칼르로스	5	2	예
마이클	6	2	예
매디슨	3	-	
레브	2	-	

로라, 에반젤리, 에릭, 아비브, 카를로스, 마이클 등 6명의 학생들은 주사위를 두 번 던졌다. 이 6명이 주사위를 처음 굴렸을 때 나온 주사위 눈의 평균은

$$(4+4+5+6+5+6)\div 6 = 30 \div 6 = 5$$

이고, 두 번째 굴렸을 때의 평균은

$$(5+3+5+5+2+2)\div 6 = 22 \div 6 = 3\frac{2}{3}$$

이다. 주사위를 처음 굴렸을 때 모두의 평균은 $3\frac{3}{10}$이다. $3\frac{2}{3}$는 5보다 $3\frac{3}{10}$에 가까우므로, 평균으로 회귀한다.

사소하게 보이겠지만 이것이 바로 수많은 실험에서 우리가 하는 실수이다. 측정을 해보고 값이 높으면 다시 측정을 하는 것이다. 예를 들어, 어떤 의사는 환자의 통증, 혈압, 불안을 측정한 후, 측정 결과가 낮은 사람은 치료가 필요 없다는 이유로 제외하고, 나머지 사람들을 치료한 뒤 몇 주 후 다시 측정한다. 평균으로의 회귀 때문에 치료가 효과적이지 않더라도 시간이 지나면 대부분의 환자들이 건강을 회복하고, 통증, 혈압, 불안의 평균이 떨어지리라 예상할 수 있다. 아니면 기업 사례를 보자. 은행 본사는 대기 시간이 비정상적으로 긴 지점 몇 개를 선별하여, 대기 시간을 단축시키는 제도를 실시해본다. 원래부터 대기 시간이 긴 지점이 선택되었기 때문에, 우리는 전체 대기 시간이 평균으로 회귀하여 감소하리라 예상할 수 있다. 이것은 실험에서 왜 대조군이 필요한지 보여주는 사례이다.

내가 가장 좋아하는 평균으로의 회귀는 "표지 모델의 저주"이다. 이 저주는 운동선수들이 표지 모델로 등장한 직후 성적이 급격히 떨어지거나 부상을 당한다는 것이다. 그런데 해당 선수가 표지 모델로 발탁된 이유는 뛰어난 기록을 냈기 때문일 것이고, 그 후에는 기록이 떨어질 수밖에 없다. 평균으로의 회귀의 또 다른 예시는 코치들이 선수가 참패한 후에 회복하도록 돕는 것에 자신이 재능이 있다고 생각하는 것이다. 당신이 뭘 하든, 소리를 지르든 위로를 하든, 협박을 하든, 운동선수는 다시 평균적인 기량을 낼 것이다.

평균으로의 회귀는 통계의 모든 영역에서 나타난다. 그러므로 여러분이 고통을 경감시키려 하든, 고객 서비스를 개선하든, 스포츠에서 이기든, 좋은 사람을 만나든, 결국 모든 것은 평균으로 회귀하는 경향이 있다는 것을 명심하자.

•정리•

1. 평균에 따라 상황은 달라진다.
2. 평균에서 멀리 떨어진 값을 얻었다면, 다음 번에는 평균에 가까운 값을 얻을 것이다. 이것을 평균으로의 회귀라 한다.
3. 마이크의 전화번호를 알고 싶다고? 안 알려줘!

•토론•

1. 평균으로의 회귀는 마이크가 미혼인 이유를 설명해 주는가?
2. 선형 회귀분석, 로지스틱 회귀분석과 평균으로의 회귀의 관련성은 무엇인가?

NOTE. 268쪽의 정답을 보라.

CHAPTER 27

O.J. 심슨, 샐리 클라크, 조지, 나

(조건부확률)

등장인물

1. O.J. 심슨(O.J. Simpson)은 미식축구계의 유명스타였으나 이어 시작한 할리우드 배우 경력은 그의 아내인 니콜 브라운 살인 혐의로 기소되었을 때 짧게 끝나고야 말았다. 그는 로스엔젤레스에서 자신의 머리에 총구를 겨눈 채 경찰과 한나절 동안의 도주극을 벌인 후에야 자수를 했다. 뒤이은 법적 공방은 그 다음해까지 이어져 떠들썩했고 그는 마침내 무죄를 선고받았다. 그러나 십여 년이 지난 어느 날 그는 스포츠 기념품 수집상을 위협하고 기념품을 빼앗은 혐의로 수감되었다.

2. 샐리 클라크(Sally Clark)는 "영아 급사 증후군"으로 두 아이를 잃은 영국의 한 여성이다. 그것은 말 그대로 건강한 영아가 불분명한 이유로 갑자기 사망하는 것이다. 이는 종종 "요람사"라고 부르기도 한다. 어떤 사람은 샐리 클라크가 자신의 아기들을 살해한 혐의로 유죄 판결을 받고, 감옥에 보내졌기 때문에 충분한 고통을 받지 않았다고 판단했다. 그녀는 항소 후 감옥에서 풀려났다.

3. 조지는 원반던지기 게임을 하면서 나를 여러 번 속상하게 했던 20대의 매우 운동을 잘하는 남자이다.

4. 나는 더 이상 20대가 아니다. 또한 원반던지기 게임을 한 다음 날은 다리가 후들거린다. 하지만 장점은 수학의 기본기는 갖추고 있다는 것이다.

1장 : 국영 TV에서의 통계

O.J. 심슨 사건은 생중계로 미 전역에 방송되었고 엄청난 시청률을 기록하였다. 그 결과, 수백만의 미국인들은 심슨의 변호사가 변론을 위해 통계적 논리를 사용하는 것을 지켜봐야 했다. 심슨 사건의 주요 쟁점 중 하나는 그가 아내인 니콜 브라운에게 가정폭력을 행사한 전력이 있다는 것이었다. 한번 가정폭력을 행사한 사람은 상대방이 도발하게 되는 상황이 되면 상대방을 충분히 찌를 수도 있다고 검사는 주장했다. 이에 대한 심슨의 변호사의 반박은 대략 다음과 같이 진행되었다.

- 통계에 의하면 20명의 기혼자들 중 약 한명 꼴로 아내에게 폭력을 행사한다고 한다.
- 또한 20,000명 중 약 한 명은 아내를 죽인다.
- 아내를 상대로 폭력을 휘두르는 남편 1000명 중 1명만이 살인까지 이어진다.
- 따라서 니콜 브라운을 때린 OJ 심슨이 그녀를 살해했을 확률은 극히 낮다.

통계에 대해 전문지식이 없었던 검찰 측이 언급하지 않았던 이 논쟁의 문제점은 니콜 브라운이 이미 사망했다는 것이다. 아마 아내에게 폭력을 휘두르는 남자가 살인자가 되지 않을 수도 있다. 그러나 여기서 제기되는 질문은 "만약 아내에게 폭력을 행사하는 남편이 있다면 그가 결국 그 아내를 죽이게 되는 가능성은 얼마인가?"가 아니다. 우리가 알고자 하는 것은 "만약 한 여자가 살인을 당했고 또한 그 여자가 남편에게 맞는 아내였다면 그때 남편이 범인일 가능성은 얼마인가?"라는 질문에 대한 답이다. 만약 살

해당한 여자들의 데이터를 보고 거기에 가정폭력 피해자 이력을 가졌는지 여부에 초점을 맞춘다면 이들 대부분은 실제로 그 남편들에 의해 살해되었다는 것을 알 수 있다.

2장. 한 소아과 의사의 통계

샐리 클라크의 재판에서 소아과 의사인 로이 매도우즈(Roy Meadows)는 O.J. 심슨 재판의 아마추어적인 통계 분석을 그대로 따라하였다. 사실 매도우즈에게 내가 던지는 질문은 "만일 당신 가족이 아프다면 내가 그 아픈 가족을 치료하도록 하겠는가?"이었다. 먼저 매도우즈는 8500명 중 한명 정도만이 요람사 한다는 데이터를 보여주고는 2명의 아이가 요람사하는 확률은 8500분의 1을 두 번 곱해야 하므로, 7300만분의 1이라고 주장하였다. 그러므로 이것은 거의 일어나지 않는다고 볼 수 있고, 2명 모두의 죽음이 단순히 우연으로 볼 수 없으므로 샐리 클라크에게 아마도 그 죽음의 책임이 있을 것이라고 주장하였다.

매도우즈는 동전 던지기 확률 계산에서와 같은 논리를 펼쳤다. 이는 동전의 앞면이 나올 확률이 0.5이므로 두 번 던져서 두 번 모두 동전의 앞면이 나올 확률은 0.5×0.5이고 세 번 연속으로 던졌을 때 모두 앞면이 나올 확률은 0.5×0.5×0.5이라는 것이다. 그러나 동전 던지기와 아이들의 질병 사이에는 큰 차이점이 있는데, 그것은 통계학에서 말하는 "독립"이라고 개념이다. 두 번의 동전 던지기는 처음은 결과가 두 번째 사건에 전혀 영향을 미치지 않기 때문에 서로 독립이다. 즉, 처음 동전을 던졌을 때 앞면이 나왔고, 만약 내가 한 번 더 동전을 던질 때 동전의 앞면이 나올 확률이 얼마일까? 라고 묻는다면 아마 당신은 "0.5"라고 답할 것이다. 이 답변은 내가 첫 번째 동전 던지기의 결과를 알려주든 아니든 동일하다. 그러나 내가 만일 한 여자에게 아픈 아이가 있다면 당신은 그녀의 두 번째 아이 또한 아플 가능성이 평균이상이라고 답할 것이다. 왜냐하면 우리가 알고 있는 많은 질병이 가족력과 관련이 있을 수 있기 때문이다. 그러므로 한 아이가 아프다면 그 아이의 형제자매가 아플 확률은 서로 독립이 아니므로 두 아이 모두 아플 확률을 동전 던지기처럼 단순히 곱해서는 안 된다.

그러나 여기서 매도우즈가 주장하는 대로 샐리 클라크의 두 아이가 요람사할 확률이 7300만분의 1이라고 한번 가정해 보자. 그렇게 되면 O.J. 심슨 재판과 매우 유사한 문제를 직면하게 된다. 그것은 바로 "두 자녀가 모두 요람사할 확률은 얼마인가"라는 질문이 우리가 알고자 하는 것이 아니라 "요람사한 두 자녀가 있었을 때 과연 그들 모두

피살당했을 확률은 얼마인가?"라는 것이다. 참고로 앞의 질문의 경우에는 7300만분의 1이라는 확률이 나온다. 이 질문에 대한 적절한 답변을 위해서는 두 자녀가 요람사한 모든 가족에 대한 데이터를 가지고 그 죽음이 타살이었을 확률을 살펴봐야한다.

여기서 요점은 거의 일어나지 않을 것 같은 일들이 종종 일어난다는 것이다. 7300만분의 1이라는 확률은 어림잡아 동전의 앞면이 연속으로 26번 나올 경우이다. 가령, 길가에서 우연히 만난 친구가 방금 26개의 동전을 던졌는데 모두 앞면이었다고 얘기했을 때, 당신은 아마도 "그건 거의 불가능한 일인데... 이 친구가 지금 거짓말하고 있는 것 같군."이라고 생각할 것이다. 한편, 만약 모든 미국인들이 26개의 동전을 던지는 경기가 있다고 치자. 페오리오(Peoria)에 사는 조(Joe)라는 사람이 26개의 동전 모두의 동전이 앞면이 나왔다면, 글쎄, 이 또한 놀라운 일은 아니다(3억의 인구 중 적어도 한명이 26번 연속으로 동전의 앞면을 던질 확률은 98%이다). 조가 해 낸 일이 거의 일어나기 힘들다는 근거로 아무도 그를 사기죄로 체포하지는 않을 것이다. 두 자녀를 가진 많은 가정 중 적어도 일부는 매우 희박하지만 두 자녀를 요람사로 잃는 비극적인 일을 겪을 수 있다는 것이다.

제 3장 조지는 깊숙이 빠져들다

통계학자들은 재판에서 피고인 개개인의 유무죄 여부에 대해 그리 크게 신경을 쓰지는 않지만 종종 의학실험에 대해선 평가하곤 한다. 99% 정확하다고 알려진 심장병 검사가 있다고 치자. 또한 점수를 얻기 위해 앤드존(end zone)을 향해 나를 지나쳐 달려가는 조지가 있고 그가 원반던지기 게임 경기장을 가로질러 곧장 병원으로 가서 심장병 검사를 받았다고 생각해보자. 우리가 던질 수 있는 통계적 질문은 다음과 같다. 만일 테스트 결과가 양성이라면, 조지가 과연 심장병을 가지고 있을 확률은 얼마인가?

검사의 정확도는 99%이므로 당연히 그 답은 99%입니다. 하지만 O.J. 심슨의 변호사와 매도우즈 교수처럼 이 문제에서 매우 중요한 정보가 무시되었다. O.J. 심슨 변호사들은 니콜 브라운이 살해를 당했다는 것을 고려하지 않았고 매도우즈 교수는 샐리 클라크의 자녀들이 이미 죽었다는 사실을 무시했다. 만약 조지가 심장병일 확률이 매우 높다고 생각했다면 그가 2시간 원반던지기 경기를 뛰고 검사 직전 그 경기 마지막 득점을 했다는 것을 잊고 있었다는 것이다.

조지의 심장병 발병 가능성을 검증하기 위해서는 20대 건강한 비흡연 남자 운동선수들의 심장병 발병률을 파악해야 한다. 합리적인 추정치는 1만 명 중 1명일 거다. 조지 같은 1만 명에게 시험을 치를 수 있다면? 먼저, 우리의 실험이 심장병에 걸린 사람을 정확하게 식별한다고 가정할 수 있다. 이 때문에 9999명이 심장병이 없다. 검사가 99% 정확하다면 1%가 잘못돼 9999명 중 1%(약 100명)가 양성의 결과를 얻을 수 있다. 그래서 1만 명의 20대 건강하고 비흡연 남자를 검사하면 101명에게 양성이 나올 수 있지만 실제로 심장병을 앓는 사람은 1명뿐이다.

조지의 심장병 발병 확률은 99%정도의 정밀검사로 양성 결과를 얻었을 확률은 1% 정도인데 이것은 양성 예측도이다(참고: 20장. 아이가 기침하면 아내는 호들갑을 떨고 나는 무시한다(특이도 및 민감도)). 이 결과를 간단한 표로 보여줄 수 있다.

	심장병인 경우	심장병이 아닌 경우	심장병일 확률
검사결과가 양성	1	100	~1%
검사결과가 음성	0	9899	¡ 0.01%

좋다. 하지만 조지가 의사에게 간 이유는 가족 중에 심장병이 있었던 적이 있고, 이 특별한 가족 병력을 가진 젊은이들이 운동선수일지라도 심장병의 약 1%를 가지고 있다는 것을 말해주는 것이 어떨까? 다음은 99% 정확도를 가지는 검사에 대한 결과가 있다.

	심장병인 경우	심장병이 아닌 경우	심장병일 확률
검사결과가 양성	99	99	50%
검사결과가 음성	1	9801	0.01%

양성 반응을 보이는 사람들 중 절반이 심장병에 걸렸다는 걸 알 수 있다. 따라서 조지가 양성의 검사결과를 받은 후 심장병이 있을 확률은 1%에서 50%로 급격히 바뀌었다. 참고로 1%는 기본적으로 무시할 수 있는 확률이고 50%는 정말 추가적인 테스트가 필요하다는 의미로 받아들일 수 있다. 즉, 검사 후 질병의 확률은 검사 전의 확률에 달려 있다.

심슨, 샐리, 조지가 커피를 마시며 옛날 이야기를 나눈다

라떼를 들고 돌아다니던 어떤 통계학자는 O.J. 심슨, 샐리 클라크, 조지에게 그들의 이야기와 관련된 것이 조건부확률에 관한 있다는 것을 알려 주면 기쁠 것이다. 대부분의 통계학은 당신에게 어떤 확률을 부여하는 것이라고 한다. 예를 들어 통계학자는 암의 경향을 분석해 여성의 유방암 진단 확률을 8분의 1 정도로 계산할 수 있다. 그러나 통계학은 아마도 일부 추가 정보("조건")를 고려하여 확률을 계산하는 것과 가장 관련이 있을 것이다. 가장 분명한 예는 의학적 검사의 민감도인데, 이는 환자가 실제로 질병에 걸리면 양성으로 나타날 확률이다(참고: 20장. 아이가 기침하면 아내는 호들갑을 떨고 나는 무시한다. (특이도 및 민감도)). 통계학자는 이것을 "병에 대한 양성 검사의 조건부확률"이라고 표현한다. 조건부확률은 일반적으로 무조건 확률보다 훨씬 더 유용하다. 베이지안 통계는 사전확률을 사용하여 무언가가 참이거나 거짓일 가능성을 계산함으로써 가능한 한 많은 정보를 사용하려고 하는 통계의 한 분야이다. 결과적으로 베이지안 공식에는 조건부확률이 포함된다.

최종 요점: 결국 사법 제도는 제대로 작동한다. 즉, 심슨은 감옥에 있고, 샐리 클라크는 석방되었다. 그리고 또 다른 예는 노화 과정이다. 그래서 조지에게 경고한다. 심장병은 없을 수도 있지만, 20년이 지나면, 대학을 갓 졸업한 애송이에게도 못 당할 것이다. 무릎도 아플 것이며 너의 기술도 더 이상 그렇게 좋지 않을 것이다.

•정리•

1. 통계의 대부분은 확률을 계산하는 것이다.
2. 한 가지 일반적인 오류는 이미 일어난 일의 확률을 계산한 다음 그 확률이 높거나 낮을 때 그 원인에 대한 결론을 내리는 것이다.
3. 심장병과 같은 다른 것이 사실이라는 정보를 얻고 난 후 어떤 것의 확률을 조건부확률이라고 한다.
4. 조건부확률은 정보가 획득되기 전에 심장 질환의 이전 확률과 정보의 값인 심장 검사의 정확도 등에 따라 달라진다.

•토론•

1. 한 사건이 다른 사건에 대한 정보를 제공하지 않는다면 두 사건을 독립이라고 설명했다. 마찬가지로, 한 변수가 다른 변수에 대한 정보를 제공하지 않는다면 두 변수는 독립이다. 독립성은 t 검정 또는 카이제곱 검정과 같은 통계적 검정과 무슨 관계인가?
2. 본문에서 나는 메도우스 교수의 주장을 "8500명 중 약 1명만이 요람사로 사망한다. 그러므로 2명이 요람사할 가능성은 1/8500 곱하기 1/8500 또는 7300만 명 중에 1명이다."라고 설명하였다. 나는 "7300만분의 1"이라는 숫자를 (a) 유아가 요람사로 죽을 확률은 형제자매가 죽을 확률과 무관하다고 가정하고, (b) 아이들이 살해되었을 가능성에 대해서는 거의 말하지 않는다고 지적했다. 하지만 훨씬 더 근본적인 수학 문제가 있다. 무엇이라고 생각하는가?
3, 샐리 클라크 사건은 '검사의 오류'의 예로 묘사되어 왔다. 이것이 무엇이라고 생각하는가?

NOTE. 269쪽의 정답을 보라.

CHAPTER 28

소년의 데이트 신청을 소녀가 거절하다.

(다중검정)

소년: 혹시 나랑 점심 같이 할래? 너와 나 둘이서?

소녀: 아니.

소년: 내가 귀엽다고 말한 줄 알았는데...

소녀: 난 그런 말 한 적 없어!

소년: 하지만 너 내 농담에 웃었잖아.

소녀: 그건 그 농담이 어처구니가 없어서지.

소년: 그럼 나에 대해 좋아하는 게 하나도 없었어?

소녀: 글쎄, 패션 감각이 완전히 틀린 건 아닌데.

소년: (다시 희망을 품고) 그럼 나랑 데이트를 할래?

소녀: 아니.

여기서 알 수 있는 것은 소녀가 분명히 소년을 좋아하지 않는다는 것이다. 그러나 소년은 계속해서 소녀를 귀찮게 하면서 긍정적인 것을 찾을 것이다. 그는 결국 그것을 발견하지만, 그것이 결국 아무런 성과 없이 끝날 것이라는 사실을 바꾸지는 않는다.

이 대화에는 많은 통계 분석과 많은 공통점이 있다. 소년이 소녀를 만나는 것처럼 연구자들은 실험을 하고 소녀는 데이트를 거부한 것처럼 결과는 그들이 원하는 방식으로 나오지 않았다. 이 경우 조사관들은 통계학자들에게 긍정적인 것을 찾을 수 있는지를 보기 위해 점점 더 많은 분석을 수행하도록 요청한다. 즉, 그녀는 소년의 옷에 신경 쓰지 않는다.

다중 테스트의 가장 좋은 예는 하위 그룹 분석이다. 새로운 항암치료제는 대장암 수술 후 재발을 예방하는데 도움이 되는지를 알아보기 위해 1000명의 환자가 새로운 약을 복용하고 1000명의 환자가 표준치료를 받는 임상시험을 해보자.

	신약	기존 약
재발 환자	150(15%)	190(19%)
완치 환자	850(85%)	810(81%)

이 신약은 재발률을 19%에서 15%로 줄이는 것으로 보인다. 이 차이는 통계적으로 유의미하다. 참고로 p-값=0.020이다. 하지만 연구자들은 "그래. 약이 효과가 있는 것 같아. 하지만 의사들에게 그냥 그걸 써달라고 부탁하지는 않아. 의사들은 정확히 누구에게 그 약을 써야 하는지 물어볼 테니까. 그러니 우리는 다른 환자보다 더 효험이 있는 환자를 알아보자."라고 생각할 것이다.

의료는 모든 환자를 똑같이 치료하기보다는 개별 환자에 관한 것이어야 하기 때문에 매우 합리적인 것 같다. 그래서 연구자들은 새로운 약물이 남성이나 여성에게 더 잘 작동하는지, 즉 환자의 하위 집단에서 약물 효과를 알고 싶어 하는 것이다. 다음은 성별에 따라 분리된 결과이다.

	남자		여자	
	신약	기존 약	신약	기존 약
재발 환자	75(15%)	100(20%)	75(15%)	90(18%)
암 완치 환자	425(85%)	400(80%)	425(85%)	410(82%)

그 결과, 남성의 경우는 기존 약의 재발률이 약간 높고(20%), 여성의 18%와는 상당히 유사한 것을 알 수 있다. 그러나 이러한 약간의 차이는 p-값에는 큰 영향을 미친다. 남성의 경우는 통계적으로 유의한 영향을 미치지만(p=0.046), 여성은 그렇지 않다(p=0.2). 제약회사는 아니지만 연구자는 이 결과에 기뻐하고, 이 약이 남성에게 효과가 있지만 여성에게는 효과가 없다는 사실을 서둘러 발표하였다. 하지만 마지막 순간에 데이터를 확인한 연구조교가 몇 가지 오류에 대한 소식을 전하는데, 일부 남성이 여성으로 잘못 분류되었으며 그 반대의 경우도 있었다는 것이다. 따라서 수정된 데이터의 결과는 다음과 같다.

	남자		여자	
	신약	기존 약	신약	기존 약
재발 환자	80(16%)	100(20%)	70(14%)	90(18%)
암 완치 환자	420(84%)	400(80%)	430(86%)	410(82%)

수정된 데이터의 결과는 남성에 있어서 p=0.12, 여성에 관해서는 p=0.10의 수치를 가진다. 참고로 전체 환자에 대한 p-값은 여전히 0.020이다. 연구자는 이 새로운 약이 효과적이지만 남성이나 여성에게는 효과가 없다고 결론지었다. 그런데 0+0=1이 불가능한 것과 같이 이것은 불가능하다.

효과 없는 약을 효과 있게 하는 방법

물론 0+1=0인 것도 불가능하다. 그러나 많은 의학 연구자들은 종종 이러한 경우가 가능하다고 주장한다. 다음과 같은 연구가 있다고 하자.

	신약	기존 약
재발 환자	165(16.5%)	190(19%)
암 완치 환자	835(83.5%)	810(81%)

이 분석의 p-값은 0.16이므로 신약이 기존의 약보다 더 낫다고 단정할 수 없다. 짐작할 수 있겠지만 연구자들에게 이건 좀 심한 타격이다. 왜냐하면 그 연구에 몇 년의 시간을 보냈고, 그래서 그들은 이렇게 말한다. “좋아. 아마도 신약은 평균적으로 효과가 없겠지만, 어쩌면 환자들의 부분군에서 효과가 있을 거야.” 여기 남녀 구분하여 다음과 같은 결과를 나타낸다.

	남자		여자	
	신약	기존 약	신약	기존 약
재발 환자	75(15%)	100(20%)	90(18%)	90(18%)
암 완치 환자	425(85%)	400(80%)	410(82%)	410(82%)

남성의 p-값은 p=0.046, 여성의 p-값은 p=1이라는 값을 갖게 되었다. 연구자들 그리고 이제는 제약회사에서도 기뻐하며, 여성들은 아닐 수 있지만 남성들만이라도 신약으로 치료를 받아야 한다고 말하고 싶어질 것이다.

화성에서 온 남자, 금성에서 온 여자?

여기에는 몇 가지 문제가 있다. 첫째, 연구자들은 귀무가설을 채택하고 있는 것으로 보인다(참고: 15장. 마이클 조던은 귀무가설을 채택하지 않을 것 같은데…. (p-값의 해석)). 첫 번째 예에서, 두 그룹 간의 차이가 통계적으로 유의하지 않으므로 여성들에게 신약은 효과가 없다고 했다. 그러나 약물 실험에서 0.05의 p-값은 “실험약물이 대조군과 다르다는 충분한 증거를 찾지 못했다”이지 “대조군과 같다”를 의미하는 것은 아니다.

둘째, 그 약이 일부사람들에게 더 효과적이라고 밝히고 싶은 연구자들에게 충분히 공감은 하지만, 그들이 하는 특정 하위집단 분석은 다소 어리석은 짓이다. 화학요법 약은 기본적으로 정상적인 건강한 세포보다 암세포들을 죽이는데 조금 더 나은 일종의 독이다. 참고로 이것이 환자들이 메스꺼움과 탈모 같은 부작용이 생기는 이유이기도 하다. 독이 여성보다 남성에게 다르게 작용하는 이유는 하나도 없다. 나는 몇몇 암전문의들에게 문의해 보았고 그들은 화학요법이 남성에게 여성과는 다른 영향을 끼쳤다는 것을 보여주는 어떠한 연구도 생각할 수 없다고 하였다. 이것 또한 성별에 의한 화학요법의 효과에 대한 연구를 보여주고 난 이후의 일이다.

세 번째 문제는 통계학자들을 가장 신나게 할 문제인 바로 우연(chance)의 역할과 관련이 있다. 화학요법 연구 결과의 첫 세트를 보자. 새로운 화학요법 약을 받은 환자의 재발율이 남성과 여성에 있어서 같다. 기존 치료 받은 사람들의 전체 재발율은 19%이지만 남성(20%)은 약간 높고 여성(18%)은 약간 낮다. 이 약간의 차이는 분명 무작위 변동(random variation)에서 비롯되었다.

점성술, 그리고 왜 쌍둥이 자리는 아스피린의 도움을 받지 못할까?

다중 테스트의 문제는 더 중요한 테스트를 할수록 우연히 유의미한 결과가 나올 가능성이 더 높다는 것이다. 내가 매일 동전을 던져 1년 동안 결과를 보면, 우연히 기대했던 것보다 더 많은 앞면을 던진 것을 아마도 알지는 못할 것이다. 하지만 만약 내가 하루의 시간, 날짜, 날씨로 내 결과를 분석하기 시작하면, 내가 10월의 수요일 아침에 기대치보다 더 많은 앞면을 발견한다고 해도 놀랄 일은 아닐 것이다(p=0.002). 이것은 소년이 소녀에게 어떤 식으로든 자신을 좋아하냐고 물어보고 결국 그녀가 괜찮은 한 가지를 찾는 것과 같은 것이다. 비록 그녀는 그와 데이트를 하지 않을 것이지만 말이다.

약물군과 대조군 사이에 큰 차이는 없었지만 그 약물이 남성에게 효과가 있는 것 같은 경우, 우리는 3가지 유의성 검사를 했다. 즉, 전체 환자의 경우, 남성만의 경우, 여성만의 경우이다. 만약 우리가 정말 열심히 노력해서 성별, 나이, 인종의 하위그룹을 조사한다면, 우리는 15개의 유의성 검정(전체 1, 성별 2, 연령 2, 인종, 나이든, 남성, 흑인 등 복합 하위그룹 8개)을 해야 할지도 모른다. 다음 표는 여러 가지 다른 검정을 수행하고 귀무가설이 참일 경우 통계적으로 유의한 결과를 하나 이상 얻을 확률을 보여준다. 참고로 이 확률을 어떻게 계산했는지에 관심이 있다면 단원 토론을 참고하시오.

실험 수	적어도 하나의 검정이 $p < 0.05$에서 통계적으로 유의할 확률
1	5%
2	9.8%
3	14.3%
4	18.5%
5	22.6%
10	40.1%
15	53.7%
20	64.2%
25	72.3%
50	92.3%
100	99.4%

만약 우리가 하나의 유의성 검정을 한다면, 이 약이 효과가 없을 때 효과가 있다고 말할 확률이 5%가 되는데, 이것이 우리가 통계적 유의성으로 5%를 선택했을 때 우리가 바라던 바이다. 세 가지 검정을 하면 귀무가설을 거짓으로 기각할 확률이 거의 세 배나 된다. 인종, 나이, 성별에 의한 15개의 검정을 할 때에는, 우리는 적어도 누군가에게 효과적이지 않은 약을 권할 가능성이 더 커진다. 단, 이러한 수치는 하위그룹 분석에 정확하게 맞는 것은 아니지만, 단원 토론을 참고하시오.

부분군 분석의 가장 큰 반대자 중 하나는 영국의 통계학자 리차드 페토였다. 그는 한때 아스피린이 심장마비 이후에 도움을 준다는 것을 보여준 아주 유명한 의학 저널인 랜싯(Lancet)에 임상시험을 제출한 적이 있다. 참고로 이 논문은 아스피린이 왜 지금 심장마비 환자의 표준 치료법 중 하나인지를 보여주는 이유 중에 하나이다. 저널의 편집자들은 아주 훌륭한 연구라고 답했고, 아스피린이 도움이 된다는 것을 인정하지만 아스피린이 다른 환자들보다 어떤 환자들에게 더 효과가 있는지 알아보기 위해 몇 가지 분석을 수행할 수 있을지에 대해 페토에게 물었다. 페토는 점성술 부호에 따른 일부 부분군 분석도 할 수 있을 경우에만 그렇게 하겠다고 했다. 그 결과 천칭자리나 쌍둥이자리에서 태어난 심장마비 환자들이 아스피린에 반응하지 않는다는 것을 보여주는 논문을 세계 최고의 의학저널 중 하나에서 찾아볼 수 있다.

여기서 문제는 하나의 통계적 검정력이다. 이것은 이른바 당신이 해야 할 일을 통계학적으로 처리할 수 있는 능력이다(참고: 17장. 친구와의 만남 (표본의 크기, 표준오차,

검정력)). 화학요법 예제로 다시 돌아가서, 신약이 예를 들어 40-50세의 양성 림프절도 없고 컨트리 음악에 대한 애호가 있는 백인 남성들에게 어떤 효과가 있는지 알아내고 싶다고 상상해 보자. 이러한 경우에 부합하는 20명의 환자가 임상시험 중에 있는데, 그 중 절반은 신약을 받았다. 이렇게 환자수가 적은 그룹 간에 통계적으로 유의미한 차이를 보일 가능성은 거의 없다. 사실, 10명 중 5명이 한 약에 재발하고 다른 약에 재발하지 않으면 $p<0.05$를 가진다.

다음 그래프는 실제 차이가 기존 약에 대한 20%의 재발률과 신약에 대한 15%의 재발률이라면 임상시험(또는 부분군)에서 환자 수에 의한 통계적으로 유의한 결과의 확률을 보여준다. 귀무가설은 거짓이기 때문에 이 확률은 연구의 검정력이다(참고: 17장. 친구와의 만남 (표본의 크기, 표준오차, 검정력)). 비록 약효가 있었다 하더라도 20개국 음악 애호가들과의 부분군 분석이 귀무가설을 기각할 확률은 극히 적다는 것을 알 수 있다.

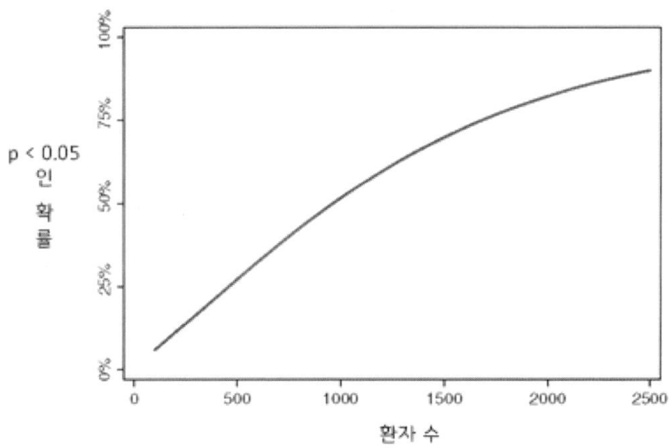

그래서 컨트리 음악을 좋아했던 대장암에 걸린 삼촌이 40~50세였다면 부분군 분석을 무시하는 것이 좋다. 대신에 그 연구의 전반적인 결과를 보고 새로운 화학요법 약물을 사용하라고 제안해라. 만약 당신이 동의하지 않는다면, 지역 병원의 응급실에 점성술 차트가 없어서 다소 혼란스러울 있을 것이다. 마찬가지로, 끌리는 이성이 당신을 좋아하는지 아닌지를 고려할 때, 나는 당신이 큰 그림을 보고 그들이 막연히 칭찬하는 말을 했을지도 모르는 것에 집중하는 것을 피하기 바란다.

•정리•

1. 통계적 실험을 많이 할수록 귀무가설이 사실일지라도 통계적으로 유의할 가능성이 커진다.
2. 소규모 연구는 비록 허구일지라도 귀무가설을 기각하지 못할 가능성이 크다.
3. 부분군 분석은 많은 수의 검정을 하는 것을 포함하며, 그 중 일부는 많은 수의 개인들이 참여할 것이다.
4. 이와 같이 부분군 분석은 귀무가설이 사실일 때 거짓으로 기각하거나 귀무가설이 거짓일 때 거짓으로 기각하지 않을 위험을 증가시킨다.
5. p-값이 0.05보다 크면 귀무가설을 받아들이지 않는다. 즉, 약물이 효과가 없다. 그리고 귀무가설을 기각하지도 못한다.
6. 쌍둥이자리나 천칭자리의 별자리에서 태어나도 약을 복용하라.

★ 참고: CHAPTER 15. 마이클 조던은 귀무가설을 채택하지 않을 것 같은데….
(p-값의 해석),
CHAPTER 29. 나에게 절대 일어나지 않는 것들 (p-값을 비교하면 안 되는 이유)

•토론•

1. 부분군 분석은 주로 의학 연구에 문제가 되는가?
2. 모든 임상시험의 환자수가 신약 그룹과 대조군 그룹처럼 각 그룹에서 동일한가? 임상시험에는 남성과 여성의 수가 정확히 같은가?
3. 심화 활동: 이 장의 표에서는 귀무가설이 참일 경우 주어진 검정 횟수 중 적어도 하나가 통계적으로 유의할 확률을 보여준다. 나는 $1-0.95^n$이라는 공식을 사용하여 이 숫자들을 계산했다. 여기서 n은 검정의 수이다. 이는 "모든 시험에서 p-값이 0.05를 이상일 확률은 얼마인가"(이것은 0.95^n이다)라고 말한 다음 "하나 이상의 시험에서 $p<0.05$를 가질 확률은 1에서 그 확률을 뺀 것, 즉 $1-0.95^n$이라고 말한 것과 같다." 본문에서 암시했듯이 이 공식은 지나치게 단순화된 것이다. 왜일까?

NOTE. 273쪽의 정답을 보라.

CHAPTER 29

나에게 절대 일어나지 않은 것들

(p-값을 비교하면 안 되는 이유)

1. 우리 친구들이 저녁 먹으러 와서 수다를 떨고 웃으며 즐거운 시간을 보내고 있었고, 옆방에서는 아이들이 놀고 있어. 이때 한 남자가 "루시앤(RuthAnne)과 나는 우리의 p-값을 당신의 것과 비교하고 싶다."라고 말했다.

2. 동료가 나에게 전화를 걸어 매우 곤란해 하면서 나가서 커피 한잔을 하자고 했다. 그는 직장에서 문제를 겪고 있는데 한 가지 문제는 다른 문제로 이어졌고, 결국에는 그의 상사가 자기 사무실로 오라고 했다고 한다. 그리고 그 상사는 그의 p-값이 그의 부서에서 가장 큰 것 중 하나이며 그가 직장을 그만 둬야할 수 있다고 말했다.

3. 나는 시장 후보 중 한 명으로부터 전단지를 받았다. 이 후보자는 자신의 p-값(강력한 지역사회를 위한 더 낮은 p-값)에 대한 기록을 상대편의 기록과 비교하였다.

보통 사람들은 p-값을 비교하지 않을 수도 있지만, 과학자들은 항상 p-값을 비교한다.

1. 미국 흑인남성이 백인보다 택시를 잡는데 더 오랜 시간이 걸리는지에 대한 연구가 있다. 자료를 검토한 사회학자는 “블로그와 그의 동료들은 시카고 연구에서 택시를 기다리는 시간에 대한 인종의 분명한 효과를 발견하였다($p < 0.001$). 반면에 스미스와 동료들의 뉴욕 연구에서는 겨우 통계적 유의성을 만족하는 수준에서 미국 흑인남성이 택시를 잡는데 더 오래 기다린다고 보고하였는데($p = 0.045$), 이는 뉴욕보다 시카고에서 인종의 효과가 더 크다는 것을 시사한다.”라고 말했다.

2. 영화 속 폭력을 대하는 태도에 대한 조사에서 “연령과 태도 사이에는 강한 연관성이 있고, 나이 든 참가자들이 영화에는 너무 폭력적인 것이 많다 것에 더 동의한다. 하지만 이러한 효과는 남성($p = 0.005$)보다 여성($p = 0.002$)에게서 더 두드러지게 나타났다”라고 밝혔다.

3. 한 엔지니어가 엔진 부품에 대한 새로운 열처리를 시험하고 있다. 그는 “전체적으로 새로운 처리법이 실패율을 크게 감소시켰다($p < 0.0001$). 하지만 이러한 처리는 움직이지 않는 부품($p = 0.02$)보다 움직이는 부품($p = 0.0008$)에서 더 효과적이다”라고 결론 내렸다.

계속하기 전에, 뉴욕과 시카고 사이에 인종에 대한 태도의 차이가 있을 수 있는 이유, 영화 속 폭력에 대한 태도가 남성보다 여성에게서 나이에 따라 더 차이가 나는 이유, 그리고 새로운 열처리 방법이 움직이지 않는 엔진 부품에서보다 움직이는 부품에서 더 큰 영향을 미치는 이유를 적어보라.

다 적었는가?

세 가지 모든 예에서 과학자는 p-값이 작기 때문에 어떤 것이 더 큰 영향을 미친다고 결론지었다. 이것이 좋은 생각인지 아닌지 알아보기 위해서 고혈압 치료법을 비교하는 다음의 데이터 세트를 살펴보자.

약	환자 수	혈압 평균 감소량	표준편차
표준약물	10	5	1.5
신약 A	10	6.5	0.5
신약 B	10	15	12.5

혈압이 높은 환자에게 어떤 약을 복용하도록 권할까? 당신이 약물 B를 추천하는 것은 매우 당연한 것 같다. 왜냐하면 혈압의 평균 감소량이 더 크다는 점에서 약물 A ($p=0.046$)보다 훨씬 더 우수하다고 할 수 있다. 하지만 기존의 표준약물과 비교하는 p-값은 신약 B($p=0.022$)보다 신약 A($p=0.008$)의 경우 더 작다. 따라서 만약 당신이 p-값을 비교하는 것에 근거하여 약을 선택했다면 당신은 잘못된 치료로 끝날 수도 있다.

사실 p-값을 비교하는 것은 전혀 말이 안 된다. 그 이유는 첫째, p-값은 검정에 관한 것이지 추정에 관한 것이 아니다. 즉, p-값은 증거의 강도에 대해 말해주는 것이지 효과의 크기를 의미하는 것이 아니다. 혈압 연구에서는 약물 B가 더 큰 효과를 보여주었음에도 불구하고 약물 A는 더 강력한 증거를 가지고 있었다. 또한 하나의 가설을 검정하려면 두 개가 아니라 하나의 p-값이 있어야 한다(참고: 23장. 너무 많은 p-값을 어떻게 할까? (하나의 질문에 대한 하나의 통계적 검정)). 택시 연구를 위해 저자들은 시카고와 뉴욕에 대한 각각의 결론을 도출했는데, 사실상 두 도시 사이에 택시를 잡을 때 인종적 영향과 관련하여 차이가 없다는 귀무가설을 기각하였다. 하지만 이 가설을 검정할 p-값은 어디에 있는가?

이것은 왜 뉴욕에서 인종 관계의 효과가 더 큰지, 왜 여성들이 나이와 함께 영화 폭력에 대한 태도가 남성들보다 더 변화하는지, 그리고 왜 열처리가 움직이지 않는 부품보다 움직이는 엔진 부품에 더 많은 영향을 미치는지에 대하여 당신이 작성한 이유들을 우리에게 보여준다. 간단히 요약하기 위해서 목록을 작성해보자. 우리는 거의 모든 것에 대한 설명을 생각해 낼 수 있지만, 그것은 사실이 아니다. 이것은 과학자들이 일반 사람들과 더 비슷해야 하고 p-값을 비교하지 말아야 한다는 것을 보여준다.

•정리•

1. P-값은 효과의 크기가 아니라 증거의 강도를 측정한다.
2. 예를 들어, "두 가지 신약 중 어느 것이 더 나은가"라는 하나의 가설을 검정하기 위해서는 각 약물이 표준 치료법보다 나은가에 대한 각각의 p-값이 아니라 두 약물을 비교하는 t 검정을 통해 얻은 하나의 p-값이 필요하다.
3. p-값을 비교하지 말라.

•토론•

1. 왜 더 강한 효과가 더 높은 p-값을 초래하고, 아무런 효과가 없다는 귀무가설에 반하는 증거는 줄어들 수 있을까? 본문의 택시, 영화, 엔진 부품, 혈압약과 같은 네 가지 예시에 대한 p-값의 차이를 어떻게 설명하겠는가?
2. 어떤 효과가 다른 효과보다 강한지 어떻게 검정할 수 있을까? 예를 들어, 영화 속 폭력에 대한 여성의 태도가 남성보다 나이가 들수록 더 많이 변하는지를 어떻게 검정할 것인가?

NOTE. 276쪽의 정답을 보라.

CHAPTER 30

마라톤에서 우승하는 방법

(시간에 따른 측정 오류)

내 친구 중 한 명은 뉴욕 마라톤에서 좋은 기록을 내기 위해서 열심히 훈련하는 열성적인 달리기 선수이다. 심지어 그녀는 20마일 달리기 계획이 있었고 그 훈련 일정을 취소하지 않기 위해서 우리 모두가 일찍 해변에서 돌아왔던 기억이 있다. 통계학자로서 나는 경주에서 기록을 몇 분 정도를 줄일 수 있는 훨씬 쉬운 방법을 알고 있다. 그건 단지 조금 뛰고 나서 스톱워치를 작동시키면 된다.

만약 그것이 부정행위란 생각이 든다면 직업 만족도와 고용에 대한 연구 결과를 보여주는 다음의 그래프를 생각해 보기 바란다. 이 연구의 결과를 대략 설명해 보면, 먼저 새로 입사한 신입사원들에게 그들의 직업에 대해 어떻게 생각하는지에 대한 설문조사를 한다. 그리고 3개월 과정의 초기 교육을 마친 후 두 번째 설문조사를 실시하였다. 회사

경영진은 특히 “응답자”라고 불리는 교육 후 만족도가 높아진 직원들에게 관심이 있었다. 그들은 이 응답자(회색선)가 응답자로 분류되지 않은 사람들(검은선)보다 회사에 더 오래 근무할 것이라는 가설을 세웠다.

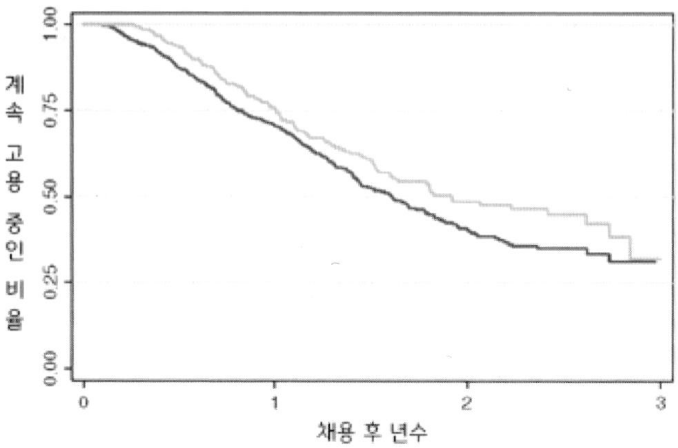

위의 그림에서 X 축은 채용 후 년수를, Y 축은 여전히 회사에 근무하는 직원의 비율을 나타낸다. 예를 들어, 응답자의 경우 2년이 지난 후에도 약 50%가 여전히 회사에 근무하고 있는데 반해서 응답자로 분류되지 않은 직원들은 약 40%만이 회사에 남아있다는 것을 알 수 있다. 만약에 우리가 로그 순위 검정(log rank test)을 이용하여 두 그룹을 통계적으로 비교한다면 0.026의 p-값을 얻을 수 있는데, 이는 당신이 교육을 받았다면 즉, 당신이 응답자라면, 회사에 더 오래 근무할 것이라는 결론을 내릴 수 있다. 그리고 이것은 훈련부서의 업무에 대한 정당성으로 보여질 수도 있다.

이 분석에서의 문제점은 당신이 만약 응답을 마무리하기 전에 회사를 그만두면 교육에 응답할 수 없으므로 일찍 그만둔 사람은 자동적으로 응답하지 않은 것으로 정의된다는 것이다. 실제로 자세히 살펴보면 응답자는 후속 업무 만족도 설문이 시작되는 3개월이 지나서야 일을 그만둔다는 것을 알 수 있다. 실제로 응답은 이 자료의 결과와 아무런 관련이 없다는 것을 알 수 있다. 왜냐하면 무작위 숫자를 생성하고 데이터를 인위적으로 변경하고, 3개월 전에 그만둔 모든 직원이 응답하지 않은 것으로 간주하도록 하기 때문이다. 통계적으로 유의한 p-값을 제공하는 분석이 잘못된 결론에 도달할 수 있는데 그 이유는 응답자와 응답하지 않은 직원이 서로 다른 시간에서 시간을 측정하기 시작하기 때문이다.

잘못된 시간에 조사를 시작하는 다른 두 가지 예는 너무 흔하고 문제가 많아서 치료의도(intent-to-treat)와 리드타임 편향(lead time bias)이라는 그들만의 특별한 이름을 갖게 되었다.

마음껏 즐기자. 리드타임이야! 더 오래 살면서도 동시에 죽는 방법

락앤롤 팬들은 기타리스트가 앰프를 켜고, 퓨즈 박스에 플러그를 꽂고 나서, 그 다음 몇 분 동안 무대 주위를 돌아다니며 많은 소음을 내는 것을 "리드"라고 한다는 걸 알고 있을 것이다. 여러분이 짐작하겠지만, 통계 세미나에서 리드타임을 처음 들었을 때, 나는 상당히 흥분됐고 더 크게 얼굴을 찡그리기 위한 준비운동을 시작했다. 그리고 나서 이어진 전립선 암에 대한 토론 동안에 아무도 프랭크 자파(Frank Zappa)를 언급하지 않았고 교수님은 리드타임은 좋은 것이지만 어떤 대가를 치르더라도 피해야 한다고 계속 말했다.

통계학자들이 리드타임에 대해 논할 때 딥 퍼플(Deep Purple)보다는 질병 검진을 언급할 가능성이 더 크다. 이 문장의 절반을 각각 차례로 설명하자면, 딥 퍼플은 70년대 초반부터 "Smoke on the Water"로 유명한 하드 록 밴드인데, 이 곡은 거의 누구나 기타의 E 줄만 사용하고 연주할 수 있는 리프(연주단위)이다. 질병 검진은 의사들이 환자가 비록 건강해 보이더라도 제공하는 검사를 말하는데, 잘 알려진 예로는 암의 징후가 있든 없든 간에 모든 여성에게 권하는 자궁경부암 검사인 'Pap' smear가 있다.

리드타임은 질병 검진을 통해서 조기에 병을 찾아내는 시점과 병의 증상을 통해서 나중에 병을 진단하는 시점 사이의 기간이다. 이것은 상당히 좋은 생각이다. 왜냐하면 질병은 일반적으로 일찍 발견하면 치료가 더 쉽기 때문이다. 이것은 내가 연구한 질병의 경우인데 초기 전립선암은 전립선을 수술로 제거함으로써 치료될 수 있다. 일단 암이 증상을 일으킬 만큼 심해지면 종종 신체의 다른 부분으로 전이되어서 환자는 그 질병으로 인해 죽을 가능성이 더 커진다.

하지만 전립선 검진을 받기 전에 주의할 점이 있는데 전립선을 제거하는 것은 간단한 일이 아니며 요실금이나 발기불능이 될 수도 있다. 리드타임이 길다는 것은 전립선암을 조기에 발견하는데 시간이 많이 걸린다는 것을 의미할 수도 있지만 암에 걸린 것을 깨닫기 전에 죽기까지 많은 시간이 있음을 의미하기도 한다. 즉, 이것은 수술을 받으러 가서, 일상을 즐기며 인생의 황혼을 보내는 기회를 놓치고, 암이 어떤 문제를 일으키기 전에 심장마비로 죽을 수 있다는 것을 의미한다.

리드타임은 또한 특히 선별 연구라고 불리는 통계 분석에서 문제를 일으킨다. 몇 년 전, 한 연구팀이 CT 촬영이라고 알려진 특별한 형태의 엑스레이를 통해 폐암이 발견한 후 외과적 치료를 받은 환자들이 탁월한 생존율을 보여주었다고 보고하였다. CT 촬영은 어떤 증상인지와 상관없이 모든 흡연자에게 주어지는 선별검사이다. 폐암의 생존율이 전반적으로 암울한 시기였기 때문에, 연구원들은 검진이 효과적이라고 결론지었다. 하지만 문제는 환자들이 전혀 치료를 받지 않은 상황에서도 같은 결론을 내렸을 수 있고, 양성의 반응이 효과적인 치료로 이어지지 않는다면 선별 검사도 여러분에게 도움이 되지 않는다는 것이다.

다음은 처음 몇 개의 종양 세포에서 시작해 질병으로 인한 사망까지 암의 진행 과정을 보여주는 그림이다. 비록 아무런 치료가 주어지지 않았거나 치료가 전혀 효과가 없더라도, 환자가 왜 몸이 좋지 않은지 알아내려는 의사의 진단에 의해서 발견되는 것처럼 진료에 의해서 임상적으로 암이 발견되는 경우보다 CT 스캔에서 발견되는 것처럼 선별 검사에서 암이 검출된 경우에 진단과 사망 사이에 더 긴 시간이 있다. 이 시간은 선별 검사에서 암이 검출된 경우와 임상적으로 암이 검출된 경우에 서로 다른 시점에서 시작되고 있다. 이 차이는 리드타임과 동일하며, 생존율 간의 비교에서 편차가 생긴다.

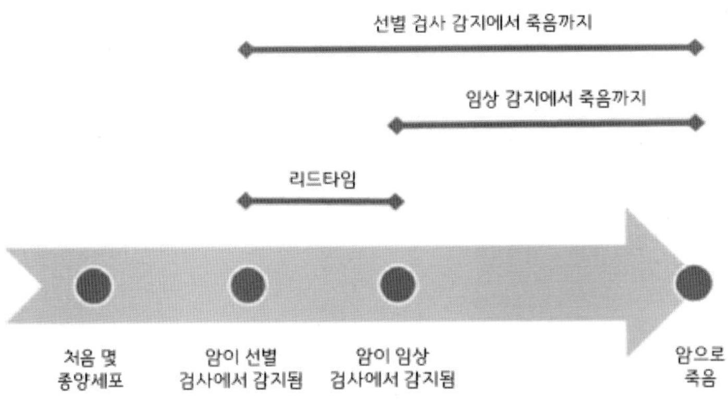

따라서 리드타임 편차는 “다른 기타리스트가 내 솔로 파트를 훔치고 있다는 것”을 의미하지는 않는다. 다만 마라톤 선수가 시간을 잘못 맞춰 출발하는 것과 마찬가지로 병이 일찍 발견되기 때문에 생존율이 높아진다는 뜻이다.

비록 치료받지 않았더라도 치료받기: 치료 의향 분석

당신이 상담을 통해서 죄수가 석방된 후 다시 감옥에 갈 가능성을 줄일 수 있는지 알아보기 위한 연구를 진행하고 있다고 가정해보자. 이 연구를 위해서 당신은 어떤 죄수들을 무작위로 선발해서 상담을 하고, 나중에 다시 수감되는 비율이 상담을 받지 않은 죄수와 비교하여 어떤지를 알아볼 것이다. 문제는 상담을 준비하고 진행하는데 시간이 조금 걸리고, 당신이 어떤 상담사에게 배정할까를 정하기도 전에 전과자가 문제를 일으키고 다시 감옥에 들어갈 가능성도 꽤 있다는 것이다.

연구의 일반적인 결과는 다음과 같을 것이다.

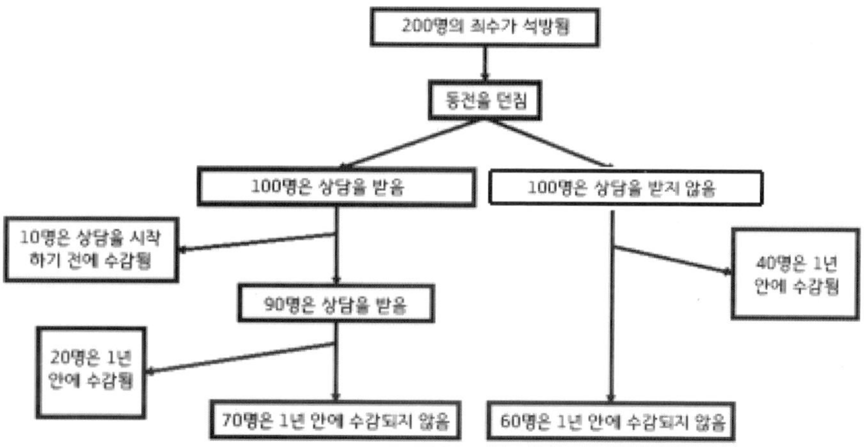

분명한 문제는 첫 번째 상담 전에 범죄를 저지르고 수감된 10명을 어떻게 처리할 것인가 하는 것이다. 이 경우 다음과 같이 생각할 수 있다.

- 일찍 재수감된 10명의 사람들은 상담을 받지 못했다.
- 상담 그룹에 그들을 포함시키는 것은 어리석은 짓이다.
- 상담 그룹에서 다시 수감되는 비율은 100명 중 30명이 아니라 90명 중 20명(22%)이다.
- 22%는 대조그룹에서 재수감되는 비율인 40%(p=0.0122)보다 훨씬 낮기 때문에 상담은 분명히 차이를 만든다.

이런 주장에서의 문제점은 대조그룹에 속한 사람이 언제 법을 어기고 적발되어 다시 수감되는지를 고려하지 않고 분석에 포함되었다는 점이다. 이것은 앞의 마라톤 선수 예와 같은 부정행위이다. 즉, 우리는 대조그룹과 상담그룹에 대하여 감옥에서 풀려나는 즉시와 일단 상담이 시작한 후의 서로 다른 시간에 시간 측정을 시작하고 있다. 통계학자들은 가장 공정한 분석은 치료의향(intention-to-treat)이라고 말한다. 실제로 당신에게 무슨 일이 일어났는지는 중요하지 않다. 중요한 것은 그것이 의도된 것이냐는 것이다. 치료의향 분석에서는 40%의 재범률을 30%와 비교한다. 이 특별한 경우에 우리는 통계적으로 유의하지 않은 더 작은 차이를 얻게 된다.

치료의향도 일리는 있다. 왜냐하면 실제로 어떤 일이 일어날 지를 우리는 결정할 수 없기 때문에 우리의 의도대로 결정할 뿐이다. 해변여행이 그 간단한 예이다. 내가 가족과 함께 집에 있으면서 해변에 가야 할지 말아야 할지를 고민하고 있다고 하자. 문제는 우리가 집에서 나가려면 수건과 수영용품을 준비하고, 자외선 차단제 바르고, 간식을 준비하는 등 엄청난 노력을 해야 한다는 것이다. 그리고 나서 차에 실었지만 교통이 매우 나빠지거나 비가 와서 해변에 가지 못하는 경우가 있다. 우리가 매일 이러한 일들을 수행하고 평가한 데이터를 가지고 있다고 생각해 보자.

무슨 일이 있었나?	그날은 어땠나?
집에 있음	좋음
해변에 감	좋음
해변에 가려고 했으나 교통이 막혀서 한 시간 동안 차에 있고 비가 오기 시작해서 결국 집으로 돌아옴	나쁨
집에 있음	나쁨
해변에 감	좋음

해변에 도착한 날에는 해변에 가지 못한 날의 33%에 비해 100% 좋은 시간을 보냈다. 하지만 우리의 결정은 해변에 있을 것인가 말 것인가가 아니라, 해변에 가려고 할 것인가 말 것인가에 달려 있다. 우리가 해변에 가야 할까에 대한 우리의 결정을 알려주기 위해서는 우리가 정말 해변에 가려고 노력했지만 실패했던 날을 해변에 간 날로 계산해야 한다. 이 경우 우리가 해변에 가려고 하지 않았던 날의 50%에 비해 우리가 해변에 가려고 했던 날의 67%를 좋은 날로 만들어 준다.

그래서 당신은 해변에 가지 못했더라도 그 날은 해변에 간 날로 계산하고 죄수는 상담을 받지 않았지만, 상담을 받은 것으로 간주한다. 이러한 대안이 마라톤 선수가 경기 중간에 스톱워치를 시작하는 것과 크게 다르지 않다는 것을 깨닫기 전까지는 이 모든 것이 당신에게는 약간 역설적으로 들릴 수도 있다.

•정리•

1. 우리가 통계적으로 분석하는 많은 것들은 시간이 지남에 따라 발생하는데, 직원들이 회사를 떠나거나, 환자의 몸에서 암이 자라고 있거나, 혹은 단순히 해변으로 여행하는 것조차도 그렇다.
2. 시간이 지남에 따라 변하는 것에 대한 통계적 분석은 시간을 언제 시작할 것인가에 대한 결정을 포함한다.
3. 많은 통계적 오류가 잘못된 시간에 시간을 시작함으로써 발생한다.
4. 직업 만족도 설문지와 같은 예측변수와 직장을 그만두는 것과 같이 어떤 일이 일어나기까지의 시간 사이의 연관성을 평가하는 것이 일반적인 분석이다. 이러한 분석에서의 전형적인 실수는 예측변수에 대한 정보를 얻기 전에 시간을 시작하는 것이다. 예를 들어, 직원이 3개월 동안 직장생활을 하는 동안 설문지를 작성하지 않은 경우에도 채용으로부터 시간을 측정하는 것이다.
5. 당신은 종종 죽음과 같이 피하고자 하는 최종 결과로 이어지는 암과 같은 어떤 종류의 문제를 다루게 된다. 만약 당신이 이 문제를 조금 더 일찍 발견할 수 있는 방법을 찾는다면, 그 문제와 최종 결과 사이의 시간은 불가피하게 더 길어질 것이다. 이것은 리드타임 편향이라고 알려져 있는데 다만 이것이 문제를 일찍 발견하는 것이 아무런 도움이 되지 않는다는 것을 의미하지는 않는다.
6. 당신은 재범을 줄이거나 즐거운 시간을 보내는 것과 같은 어떤 특정한 목표를 달성하기 위해 죄수 상담이나 해변여행과 같은 일을 하려고 노력한다. 이것이 그럴 만한 가치가 있는지 알아보려면 해변에 도착과 같은 성공했던 횟수뿐만 아니라 차에 짐을 싣는 것과 같은 시도한 회수도 항상 같이 고려해야 한다. 이것을 의향분석이라고 한다.
7. 이 글은 통계학을 가르치기 위한 것이다. 암 검진, 해변여행, 딥 퍼플의 장점, 내 밴드의 예술적 긴장감 등에 관한 정보로서 이 기사를 사용하지 말기를 바란다.

•토론•

1. 직무만족도 조사에서 나온 자료를 어떻게 분석해야 한다고 생각하는가?
2. 리드타임 편향을 어떻게 처리해야 할까?

NOTE. 279쪽의 정답을 보라.

CHAPTER 31

과연 통계에 "규칙"이 있는가?

나는 누군가가 통계 분석을 "엄밀히 따지지 않는 것"으로 묘사하는 것을 들은 적이 있다. 이것은 아마도 관련된 통계학자가 적절한 랍비 당국으로부터 인증을 받지 않았을 것이라는데 근거하면 사실일지 모른다. 그럼에도 불구하고 맨-휘트니 검정(Mann-Whitney test)을 비건으로 간주하는지 여부에 대한 문제는 제쳐두고라도, "코셔 통계"라는 아이디어는 얼마나 많은 과학자들이 통계를, 범법을 구성하는 위반과 위에서 전해 내려온 일련의 법률들로 보는지에 대한 훌륭한 통찰을 준다. 통계학자로서 나는 특정 통계 분석이 허용되는지 또는 규칙에 위배되는지 여부에 대하여 반복적으로 질문을 받는다. 그리고 통계교사로서 내 학생들의 질문은 종종 옳고 그름에 관한 것이다.

이처럼 많은 종교적이고 법적인 은유로 특징지어지는 과학의 다른 분야는 생각하기 어렵다. 예를 들어, 우리는 부적절한 설문지를 사용하는 것이 법을 어기는 것인지 또는 실험실 장비를 철저히 청소하지 않는 것이 엄청난 죄악인지는 궁금하지 않다. 요컨대, 많은 과학자들이 통계를 이해하는 방법은 매우 비과학적이다.

과학의 결정적인 특징 중 하나는 새로운 아이디어가 개발되고 새로운 아이디어와 오래된 아이디어가 경험적으로 비교되는 것이다. 이것은 다른 과학에서처럼 통계학에서도 마찬가지다. 내가 일상의 업무에서 많이 사용하는 기술인 콕스(Cox) 회귀, 부트스트래핑, k-폴드 교차 검증, 일반적인 추정 방정식들은 비교적 최근에 발명되었다. 이것들은 입문 교과서의 범위를 벗어나기 때문에 더 이상 설명하지 않겠다. 나 자신도 새로운 통계기법인 의사결정곡선 분석을 개발하였고, 기꺼이 불면증을 경험할 자신이 있는 독자들에게 이것들을 설명할 수도 있다.

더욱이 통계학자들은 실험적으로 방법을 검정한다. 우리는 컴퓨터로 데이터를 시뮬레이션 한 다음, 서로 다른 통계적 방법들을 적용하고 어떤 것이 올바른 답을 내놓는지 보게 된다. 내 기억이 맞다면, 자신의 통계 코셔를 좋아했던 과학자가 한쪽으로 치우친 편향된 데이터(참고: 4장. 빗나간 슛, 편파 판정)에 대한 t 검정의 사용에 대해 우려하였다. 통계학자들은 편향되게 시뮬레이션 된 데이터에 t 검정을 적용하려 시도하였고, 경우에 따라서 p-값이 너무 높게 나온다는 것을 알아냈다. 이 과학자가 비판한 연구는 통계적으로 집단 간에 유의한 차이를 보였다. 하지만 귀무가설이 기각되었기 때문에 이 p-값이 너무 높았던 것은 문제가 되지 않는다.

그래서 아니, t 검정은 모세가 시나이 산에서 가져온 석판에 편향된 자료와 함께 사용하지 말라는 계명과 함께 새겨져 있지 않았다. t 검정은 맥주회사에서 일했던 한 통계학자에 의해서 개발되었고 그 후에 나를 포함한 다른 통계학자들에 의해 그것이 좋은지 검정되었다. 사실 그것은 내가 필요하지만 거의 사용하지 않는 응용에는 그렇게 이상적이지 않은 것으로 판명되었다. 다른 과학과 마찬가지로, 당신이 어떤 통계 기술에 대해 알고 싶은 것은 그것이 당신에게 잘못된 답을 줄 수 있는 정도와, 당신에게 일을 제대로 할 수 있는 더 좋은 기회를 주는 다른 방법이 주위에 있는지 여부이다. 이것에 대한 규칙, 법률, 계명은 없다. 당신은 단지 최신 연구자료를 알아야 한다.

•정리•

1. 통계는 과학자들이 자료를 분석하는 것을 돕는데 사용되지만, 그 자체가 과학이다.
2. 다른 과학과 마찬가지로 통계도 불변의 법칙의 적용을 받지 않는다.
3. 통계학자들은 그 방법이 올바른 답을 얻는 데 도움이 된다는 증거 때문에 방법을 선택한다.
4. 어떤 성경에도 통계적 방법이 명시되어 있지 않고, 그것들은 통계학자에 의해 개발되고 검정된다.
5. 나는 유대인이지만 랍비에게 글래트(glatt)로 인증 받은 통계 소프트웨어를 가지고 있지 않다는 것을 인정해야 한다.

•토론•

1. 그렇다면 통계에는 옳고 그름이 없다는 말인가? 엉터리 분석을 하더라도 무슨 일이든 상관없이 시험에서 100점을 얻으면 된다는 뜻인가?
2. 교과서뿐만 아니라 상당히 많은 통계교사들도 한쪽으로 치우친 편향된 자료에 대한 t 검정은 피해야 한다고 주장한다. 그들이 틀렸는가?
3. 본문에서 나는 통계에 관한 규칙, 법률, 계명이 없다고 말했는데, 당신은 최근의 통계 연구가 무엇을 보여주는지 알아야 한다. 이것은 모든 과학자들이 간단한 통계 분석을 수행하기 전에 통계 저널을 찾아볼 필요가 있다는 것을 암시하는가?

NOTE. 281쪽의 정답을 보라.

CHAPTER 32

쓰레기를 넣으면 쓰레기가 나온다.

(입력 데이터의 중요성)

과학, 통계 및 재현성

과학의 핵심 특징은 재현성이다. 다음을 고려해보자. 햄릿에 관한 논문을 쓰는 두 명의 문학 박사과정 학생들이 비슷한 결론에 이르지는 않을 것으로 예상되지만, 실제로 그렇게 된다면 다소 문제가 있을 것이다. 반면에, 만약 두 분자 생물학자가 같은 세포 경로에 대해 서로 다른 발견을 가지고 논문을 썼다면, 정규직 교수가 되기 위한 그들의 희망은 로젠크랜츠(Rosencrantz)와 길덴스턴(Guildenstern)[1]의 결말과 같은 길로 가게 될 것이다.

두 생물학자가 어떤 현상에 대해 비슷한 결론을 내릴 것으로 예상되는 이유는 과학의 두 번째 핵심 특성인 오류를 피하기 위한 체계적인 시도와 관련이 있다. 우리는 시험관을 세척하고, 기구를 교정하고, 테이프 녹음 인터뷰를 하는데, 그렇지 않으면 종종 오해의 소지가 있는 결과가 나올 수 있다는 것을 알고 있기 때문이다.

여기 전형적인 비통계학자에 의해 구현된 통계 절차에 대한 간단한 지침이 있다.

1. 연구 데이터베이스에서 스프레드시트로 데이터 셋을 다운로드한다.
2. 데이터 셋의 몇 가지 오류를 확인하고 스프레드시트에 직접 수정한다.
3. 다른 스프레드시트에서 몇 개의 데이터 열에 잘라 붙여 넣는다.
4. 누락된 데이터를 확인하고, 연구 노트를 꺼내 스프레드시트에 누락된 데이터를 입력한다.
5. 스프레드시트 기능을 사용하여 일부 새로운 데이터 열을 작성한다. 예를 들어 "연구 시작 날짜"에서 "생년월일"을 빼서 "연령" 변수를 생성한다.
6. 스프레드시트를 잘라 간단한 소프트웨어 패키지에 붙여 넣는다.
7. 원래의 스프레드시트를 삭제한다.
8. 통계 소프트웨어의 풀다운 메뉴를 사용하여 일부 분석을 실행한다.
9. 분석결과를 학술지 저널을 위한 워드 프로세싱 문서에 붙여 넣는다.

이 과정의 거의 모든 단계에서 오류가 어떻게 도입될 수 있는지 보는 것은 어렵지 않다. 따라서 분석은 아마도 재현될 수 없을 것이다. 이것은 역사상 최악의 타이핑 실수를 통해 J-Com의 법칙을 생각나게 하는데, 2005년에 J-Com 주식 1주를 61만 엔에 팔려고 했던 한 일본 무역업자가 대신 61만 주를 1엔에 팔았고, 그 과정에서 그의 회사는 약 2억2천5백만 달러를 잃었다. 이러한 J-Com의 법칙은 다음과 같다.

당신이 읽은 많은 연구 논문은 과학적 결함, 설계 불량 또는 부적절한 통계로 인한 것이 아니라 타이핑 오류로 인해 잘못될 수 있다.

여기 실생활의 몇 가지 예가 있다.

1) 햄릿에 나오는 햄릿의 친구들

• 나는 내가 하고 있는 연구를 위해 매우 권위 있는 의학 저널에 실린 논문을 찾아보았다. 저자들은 고통의 평균 변화가 16점이고 표준편차는 8점이라고 보고하였다. 그러나 상대적으로 작은 표준편차는 p-값과 같이 논문에 제시된 일부 다른 숫자의 관점에서는 이해가 되지 않았다. 내가 저자들에게 연락했을 때, 그들은 사과했고, 그들은 표준편차에 대해 18을 8로 잘못 표기하였다고 알려주었다.

• 나는 상담을 통해 암 환자의 불안, 우울증, 피로를 개선했다는 연구보고서를 읽었다. 반면에 상담을 받는 환자들은 전반적인 삶의 질이 떨어지는 것 같았다. 나는 치료가 여러 가지 고통스러운 증상을 완화시키지만 어떻게 환자가 더 나쁘게 느낄 수 있는지 저자들에게 편지로 물었다. 결국은 치료 후 삶의 질은 정말 좋아졌지만 결과표에서는 마이너스 부호가 누락된 것으로 드러났다.

• 다른 기관의 동료들로부터 하나의 데이터 세트를 받았다. 그리고 그 자료 분석을 시작했을 때, 나는 즉시 눈에 띄는 몇 가지 이상한 점을 발견하였다. 그 분석은 두 단백질에 대한 결과를 포함하고 있는데 이들은 일반적으로 두 단백질 중 하나의 수치만 높고 둘 다 높지는 않다는 서로 반비례적인 상관관계를 가지고 있지만 어떤 환자들은 두 단백질 모두에서 높은 수치를 가지고 있었다. 연구자들에게 이 문제에 대해 물어봤더니, 그들은 이 환자들의 기록을 확인하고 나서, 자료가 정확하다는 것을 확인했으며, "이중양성(double positives)"이 가끔 일어났다고 했다. 내가 보통 단백질 중의 하나와 양의 상관관계를 가지는 다른 변수들을 보기 전까지는 이것은 타당해 보였다. 가끔 이상해 보이는 데이터를 가진 환자가 몇 명 있었는데 이 환자들은 우리가 이전에 문의했던 이중양성 환자로 판명되었다. 내가 다시 문제를 제기하자 연구자들은 추가적으로 확인했고 데이터 입력 오류가 있었으며 어떤 경우에는 단백질의 값이 바뀌었다고 답변하였다.

• 나는 외과의사로부터 비만도가 합병증에 미치는 영향에 대한 분석을 수행할 수 있도록 도와달라는 요청을 받았다. 그가 내게 보낸 스프레드시트의 맨 첫 줄에는 키가 6피트에 몸무게가 130파운드가 나가는 한 여성 환자의 기록이 있었는데, 이것은 전형적인 패션 잡지가 선호하는 외모였다. 그러나 그녀의 체질량지수는 49이었고, 이것은 그녀를 슈퍼 비만의 범주에 포함된다는 의미이다. 그 외과의사는 수술 차트에서 웹 기반의 체질량지수 계산기에 숫자를 입력한 다음 그 결과를 다시 스프레드시트에 붙여 넣은 것으로 밝혀졌다. 어쩔 수 없는 실수가 발생했던 것이다.

통계에서 오류 방지

통계 강의를 수강하면 평균을 계산하는 방법을 배우거나 분산분석(ANOVA)에서 p-값을 계산하는 방법을 배우게 될 것이다. 또한 공식과 결과를 해석하는 방법에 대한 조언을 받게 될 것이다. 하지만 정확한 과학적 결론에 도달하는데 있어서 중요한 것은 데이터와 입력 오류를 피하는 것이다. 만약 과학이 오차를 피하기 위한 체계적인 시도를 수반한다면, 과학적 통계 분석을 실시하는 것은 일종의 오류를 포착하는 시스템을 설정하는 것도 포함한다.

1. 데이터 수집 오류 방지

a) 자료수집 시 자료점검을 위한 절차서를 작성한다. 예를 들어 설문지 연구에서, 나는 모든 설문 내용이 읽기 쉽고 이치에 맞는지 확인하기 위해 수거된 설문지를 검토하는 연구 보조원들이 있다. 설문지에 문제가 있을 경우에는 연구 참가자에게 연락하여 명확히 해달라고 연구 보조원들에게 요청한다.

b) "서명(Sign off)"을 사용하라. 우리는 연구 보조원들에게 그들이 조사를 하기 전에 확인한 설문지에 서명하고 날짜를 기입해 달라고 요청했다. 이 서명은 법정 서약서와 같은 기능을 한다. 그 서약서는 다음과 같다. 나는 이 설문지를 확인했고 그것이 완벽하고 정확하다는 것을 알았다. 만약 실수가 있었다면, 그것은 누가 실수를 했는지 알아낼 수 있었다는 것을 의미하는데, 이것은 가능한 조심하라는 연구 보조원들에 대한 강력한 동기부여가 된다.

2. 데이터 입력 오류 방지

a) 데이터 입력 오류를 방지하는 가장 좋은 방법은 데이터 입력을 피하는 것이다. 비만과 합병증 비율에 관심이 있는 외과의사의 경우, 자료에 대한 절단 및 붙여넣기를 할 필요가 없었다. 키와 체중은 수술 데이터베이스에서 직접 스프레드시트나 통계 소프트웨어 패키지로 다운로드 될 수 있었고, 그 다음 공식을 사용하여 계산한 체질량지수를 사용할 수 있었다. 이제 설문지는 종종 광학적으로 스캔되거나 웹에 올려 질 수도 있다. 즉, 데이터는 스캐너나 웹에서 연구 데이터베이스로 직접 전송될 수 있다.

b) 이중 데이터 입력을 사용하라. 때로는 종이 질문지나 양식을 사용해야 하며, 그 결과를 컴퓨터에 입력할 수밖에 없다. 데이터 입력 오류를 방지하는 가장 좋은 시스템은

이중 데이터 입력이라고 하는 것이다. 간단히 말해서, 종이 양식의 데이터는 데이터베이스에 입력된다. 그리고 나서 데이터베이스의 빈 복사본이 만들어지고 데이터가 다시 입력한다. 그 다음 두 데이터베이스의 불일치를 확인하기 위해 병합된다. 지난번에 내가 이 과정을 통해서 데이터 세트에 있는 99개의 기록 중 14개의 기록에서 적어도 한 개의 불일치가 있었다.

c) 데이터 입력을 위한 프로토콜을 작성하라. 프로토콜은 판독하기 어렵거나 모호한 데이터를 처리하는 방법과 같은 데이터 입력 규칙을 지정한다. 대표적인 예로, 누군가가 질문에 대해 "합의"와 "강력하게 동의"같은 두 개의 반응에 동그라미 친다면, 우리는 높은 점수에 해당하는 반응을 취한다고 명시할 수 있다.

3. 데이터 분석 중 오류 방지

a) 로그 파일을 작성하라. 해당 근거와 함께 수행한 모든 분석을 날짜로 기록하라. 로그 파일에는 데이터를 관리하기 위해 설정한 파일 및 폴더의 이름도 문서화해야 한다. 파일을 업데이트할 때 새 복사본을 생성하고 버전 번호로 레이블을 지정하고 파일의 이전 버전을 유지하여야 한다. 예를 들어 학생 설문조사 결과는 v3로 지정하고 학생 설문조사 결과는 v2를 이전 버전 결과 섹션 폴더로 이동한다.

b) 최종 데이터 세트를 확인하라. 일단 통계 소프트웨어에 데이터가 설정되면, 당신은 누락된 데이터가 있는지 확인해야 한다. 당신은 또한 일관성 및 범위를 확인해야 한다. 일관성 검사는 한 변수의 값이 다른 변수의 값을 고려할 때 가능성이 낮은지 또는 불가능한지를 결정한다. 예를 들어, 만약 당신이 데이터 세트에서 16세의 공화당원으로 등록된 누군가를 발견한다면, 당신은 18세 이전에 투표 등록을 할 수 없기 때문에 문제가 있다는 것을 알게 될 것이다. 마찬가지로, 통계학자라는 직업을 주고 외향적인 척도로 높은 점수를 받은 사람은 아마도 더 많은 조사를 받아야 할 것이다. 범위 검사는 변수의 값이 가능성이 낮은지 여부를 결정한다. 예를 들어, 여러분은 누군가가 161살이고, 평점 38을 받았으며, 마라톤을 하는 데 거의 이틀이 걸렸다는 것을 암시하는 자료는 다시 확인하고 싶을 것이다.

c) 분석을 프로그래밍 하라. 통계 프로그래밍에 대한 소개는 정말로 입문 교과서를 넘어선다. 그러나 중요한 것은, 수업과제로 풀다운 메뉴를 사용하는 것은 괜찮겠지만, 실제로 여러분 자신의 연구를 위해 실행하는 분석은 프로그래밍 코드를 작성함으로써

이루어져야 한다는 것이다. 이는 더 많은 통계 수업을 들어야 하는 중요한 이유이다. 한 가지 분명한 점은 프로그래밍이 분석의 재현성을 보장하는 데 도움이 된다는 것이다. 즉, 코드를 다시 실행하기만 하면 된다. 코드에는 워드 프로세서로 가져오기에 적합한 자동 출력이 포함되어야 하는데, 소프트웨어 출력결과 중 일부의 숫자를 잘라내고 붙여 넣는 것은 중요한 오류 발생원인 중 하나이다.

4. 원고 준비

a) 보고서의 모든 숫자를 통계 소프트웨어의 결과물과 대조하라. 이것은 그 보고서가 무엇을 말하려고 하는지 확실히 하는 추가적인 방법을 제공한다.

b) 최종 사본을 다시 확인하라. 과학 저널의 편집자에 의해 논문이 재편집될 때 종종 오류가 발생한다.

이러한 모든 점검에는 시간이 많이 소요될 수 있으며, 고품질 분석을 실행하려면 통계 프로그래밍 코드를 배워야 한다는 사실이 다소 부담스러울 수 있다. 하지만 어떤 실험실 과학자도 병 세척이 너무 오래 걸린다는 이유로 더러운 장비를 사용하지 않는다. 게다가 내 경험에 의하면 체계적인 데이터 확인은 일단 발생했을 때 해결하기가 매우 어려운 문제를 예방하기 때문에 일반적으로 시간을 절약한다. 또한 어떤 연구원이 "미안해, 너무 바빠서 자료를 확인할 수 없었어"라고 나에게 말한다면 나는 그에게 항의할 것이다. 어느 시점에, "쓰레기를 넣으면 쓰레기가 나온다"의 원칙에 따라, 당신의 쓰레기통을 잘 봐라. 통계에 대해 알아야 할 것은 그것뿐일지도 모른다.

•정리•

1. 과학의 두 가지 핵심 특징은 재현성과 오류를 피하기 위한 체계적인 시도이다.
2. 통계분석이 과학적이 되려면 재현할 수 있어야 한다. 분석을 위한 프로그래밍 코드를 작성하는 것은 재현성을 돕는다.
3. 과학 보고서의 많은 오류는 결함 있는 연구 설계, 열악한 실험 기법 또는 부적절한 통계에서 오는 것이 아니라 단순한 데이터 수집이나 입력 오류에서 비롯된다.
4. 과학적 통계분석은 이러한 오류를 줄이기 위해 고안된 구체적인 단계를 포함할 필요가 있다.
5. 나의 다음 책에서는 통계에 대한 의미와 함께 과학의 재현성에 대해 논할 것이다.

•토론•

1. 심화 활동: 첫 데이트에서 통계 프로그래밍에 관한 이야기를 꺼내지 말아야 한다는 사실 외에 내가 그것에 대해 알아야 할 것이 있는가?

NOTE. 282쪽의 정답을 보라.

CHAPTER 33

무언가를 의미하는 숫자

(수학과 과학의 연결)

나는 오전 7시 회의 직전에 베이글을 가지러 가다가 내 통계업무 동료 중 한 명과 외과 의사 사이의 대화를 우연히 들을 수 있었다.

통계학자: 오, 이미 p-값을 계산 했어요?

외과의사: 네, 저는 다항 로지스틱 회귀를 사용했습니다.

통계학자: 정말요? 어떻게 생각해냈어요?

외과의사: 통계 소프트웨어 드롭다운 메뉴에서 각 분석을 시도했는데, 그 중에서 그게 가장 작은 p-값을 주는 분석이었습니다.

당신은 일단 그 사람이 정직하다는 것은 인정해야 한다. 통계에 대한 가장 일반적인 접근 방식이 무엇인지 명확하게 설명하는 것이 쉽지가 않다. 예를 들어,

- 통계 소프트웨어에 데이터를 업로드 한다.
- 몇 개의 버튼을 누른다.
- 워드 프로세싱 문서에서 그 결과를 잘라 붙여 넣는다.
- p-값을 확인한다. p가 0.05보다 작으면 좋다. 만약 $p \geq 0.05$이면 당신의 연구는 실패하였으며 과학 저널에 보낼 가치가 없을 지도 모른다.

몇 년 전에 나는 전립선암에 관한 학회에 갔다. 학회 전체를 대표할 만한 한 발표에서 의사는 암 환자 그룹에 대한 데이터를 기본 통계 소프트웨어 패키지에 업로드 한 다음에 수술 후 암이 재발했는지 여부와 관련 있는 것이 무엇인지 알아보기 위해 적절한 명령을 선택하였다. 그런 다음 의사는 변수들의 목록을 읽고 각 변수에 대하여 재발 여부를 예측할 수 있다($p<0.05$인 경우)와 재발여부를 예측할 수 없다($p \geq 0.05$인 경우)로 구분하여 결론을 내렸다. 변수 중 하나는 비만이고 p-값이 0.02정도이기 때문에 발표자는 "비만은 재발에 영향을 미쳤다"고 결론을 내렸다. 하지만 내가 이것을 배우려고 아틀란타까지 비행기를 타고 왔을까?

의사가 수행한 분석을 다변량 콕스 비례 위험 모델이라고 한다. 콕스 모델을 계산하는 것은 매우 복잡한 수학을 포함하며 컴퓨터가 없으면 쉽지 않은데, 이것이 바로 문제이다.

현대 통계의 창시자 중 한 명인 피셔(R. A. Fisher)의 사진 중 내가 가장 좋아하는 것은 그가 기계식 계산 장치를 조작하면서 책상에 앉아 있는 사진이다. 그런 기계장치로 복잡한 통계분석을 수행하는 것은 매우 시간 소모적인 일이다. 피셔와 마찬가지로 기계식 계산기에 의존해야 하는 사람은 시작하기 전에 수행하고자 하는 분석에 대해 매우 열심히 생각해야 한다. 최신 컴퓨팅 기술을 사용하면 최소한의 시간으로 분석을 수행할 수 있다. 또는 두뇌 능력-드롭다운 메뉴에서 무언가를 선택하기만 하면 된다. 불가피한 결과는 충분히 숙고하지 않은 분석이 확산되면서 "비만이 암의 발생에 영향을 미치지 않는다는 가설에 반하는 증거를 갖고 있다"는 식의 시시한 결론이 나오는 것이다.

내가 문제에 접근하는 방법은 다음과 같다. 체질량지수가 높은 것 자체가 암에 영향을 줄 수는 없다. 즉, 암세포가 "와 이 멍청한 놈, 그래 한 번 해보자"라고 생각하지는 않는다. 다만 비만이 더 높은 암 재발률과 관련이 있는 이유가 있을 것이다. 모든 분석의 첫 번째 단계는 이러한 이유가 무엇인지 알아내는 것이다. 나는 다음 목록을 생각해 보았다.

생물학: 비만인 사람들에게서 전립선암의 성장이 더 촉진되는 것은 생물학과 관련이 있다. 예를 들어, 전립선암은 테스토스테론과 인슐린 같은 호르몬에 의해 영향을 받고, 이들 호르몬의 수준은 비만에 의해 영향을 받는 것으로 알려져 있다.

행동학: 비만인 사람들은 전립선암 재발 위험을 높이는 행동에 관련이 있다. 예를 들어, 비만인 사람은 정상인 사람보다 운동을 덜 하는데, 운동은 암을 억제하는 데 도움이 된다. 또는 비만인 사람들이 자주 섭취하는 지방과 당분은 암의 성장을 촉진할 수도 있다.

수술: 비만인 환자의 수술은 더 어렵다. 결과적으로 외과의사는 모든 암 조직을 제거하지 못할 수도 있다. 그리고 남겨진 세포는 다시 자라서 암 재발을 일으킬 수 있다.

완전히 다른 것: 비만과 암 사이에 진정한 연관성이 없으며, 그것은 단지 사용된 과학적이고 통계적인 방법의 인공적인 유물이다.

내가 먼저 검정하고자 하는 것은 이 마지막 설명이다. 다음에 나오는 세부 사항에 대해 너무 걱정할 필요는 없다. 아마도 여기에는 당신이 알아야 할 것보다 전립선암에 대한 것이 더 많을 수도 있다. 단지 여러분은 환자의 몸에서 일어날 수 있는 일에 대해 생각하고 그것을 수학적 가설로 변환하는 일반적인 과정에 유의하면 된다. 외과 의사의 분석에서 암의 심각도를 제어하기 위해 다중 회귀분석을 사용하였다. 다시 말해서 질문은 "비만이 암의 재발과 관련이 있는가?"가 아니라 "비만인 사람과 정상인 사람이 모두 전립선암을 가지고 있고 우리가 측정할 수 있는 모든 면에서 동일할 때 비만인 사람이 재발 가능성이 더 높은가?"이었다. 암의 중증도를 추정하는 방법 중 하나는 PSA라 불리는 단백질을 측정하는 것이다. PSA가 높을수록 암은 더 나빠질 것으로 생각된다. PSA는 밀리 리터당 나노그램, 즉 중량을 부피로 나눈 값으로 측정되는데, 비슷한 종양을 가진 한 명의 비만인 환자와 한 명의 정상인 환자가 유사한 중량의 PSA를 가지고 있다면 비만 환자의 체액에 더 많은 PSA가 분포되는 것으로 보는 것이 합리적이다. 결과적으로 체적당 체중의 PSA 값은 비만인에게 더 낮을 것이다. 따라서 두 환자의 PSA 수준이 비슷한 경우 비만 환자의 종양이 더 크다고 가정하는 것이 합리적이다.

이는 비만이 전립선암의 재발과 관련이 있다는 한 가지 이론이 비만 남성의 전립선암의 심각성을 과소평가할 수 있다는 것이다. 이 과학적 이론은 통계적 가설로 바뀌어야 한다. 간단히 말해서, PSA의 총량을 대략적으로 추정하기 위해 PSA에 무게를 곱해야 한다. 그런 다음 일반적인 PSA 측정값 대신 이 값을 중회귀 모형에 공변량으로 사용한다. 내가 아틀랜타를 방문한 지 2년이 지난 후, 일부 연구자들은 비슷한 접근 방식을 따라 전립선암에서 비만의 명백한 영향이 큰 남성에게서 더 큰 PSA의 희석과 관련 있다는 가설을 뒷받침할 증거를 찾았다.

여기에서 나는 먼저 생물학에 대해 생각하고, 그것을 수학으로 바꾸고 나서 그 수학의 결과를 다시 생물학에 적용하는 방법을 생각해 보았다. 이것은 수학과 과학을 연결하는 통계학의 중요한 원칙을 보여준다. 나는 생물통계학자이므로 수학과 생물학을 연결한다. 경제학자는 수학을 경제적 행동과 연결한다. 그리고 심리학에서 통계학은 수학을 인간의 정신과 연결하는 것에 관한 것이다.

물론 모든 것을 통계 소프트웨어에 넣고 결과로 얻은 p-값을 "예"와 "아니오"로 해석하는 것이 더 간단하다. 그리고 이렇게 통계에 접근한다면 당신에겐 많은 동료가 생길 것이다. 그러니 제발 당신만 알고 있어라.

•정리•

1. 이제 컴퓨터를 사용하면 버튼 하나만 눌러서 아주 복잡한 통계분석도 매우 쉽게 수행할 수 있다.
2. 통계 소프트웨어의 출력물은 단지 한 무리의 숫자일 뿐이며, 그다지 큰 의미는 없다.
3. 통계는 수학과 과학을 연결하는 것이다.
   a. 과학을 통해 생각하고 구체적인 과학적 질문에 비추어 통계적 가설을 개발하시오.
   b. 분석 결과를 해당 질문에 대한 의미로 해석하시오.

•토론•

1. 조나스는 시장에 가서 무게가 10 파운드인 수박 한 개와 무게가 2.5 파운드인 사과 9개를 구입하였다. 그는 과일의 평균 무게를 12.5 ÷ 10 = 1.25 파운드로 계산하였다. 이 통계에 대해 어떻게 생각하는가?
2. 외과의사는 "비만은 생존에 어떤 영향을 미칠 수 있다"라고 결론지었다. "may", "might", "could"와 같은 단어는 종종 과학적 연구의 결론에서 발견된다. 과학자들은 왜 이 단어들을 사용하지 않아야 하는가?

NOTE. 285쪽의 정답을 보라.

CHAPTER 34
통계는 의미없는 숫자처럼 보이지만 사람에 관한 것이다.

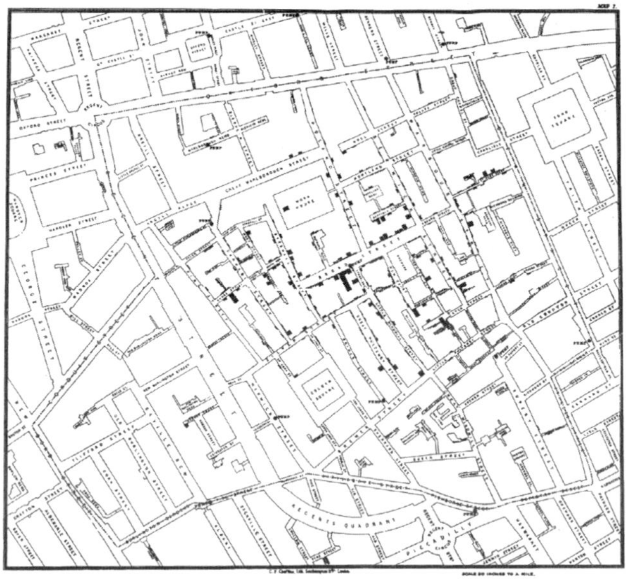

이 책에서 통계에 관한 많은 것을 읽을 수 있다. 그리고 당신은 그 중 상당수를 잊을 것이다. 하지만 잊지 마라. 비록 당신은 눈물을 볼 수 없지만, 통계는 사람들에 관한 것이다.

통계를 낼 때 당신은 그 자체로는 거의 의미가 없는 숫자나 기타 데이터의 목록을 가지고 시작한다. 예를 들면, 다음과 같다.

주소	질병 사례수
32 브로드 스트리트	2
34 브로드 스트리트	4
21번 워윅 스트리트	0
23번 워윅 스트리트	기타

하지만 통계를 사용하면 이 숫자들이 의미 있는 것으로 변할 수 있다.

위의 표는 의사인 존 스노우(John Snow)가 그린 19세기 중반 런던의 콜레라 사례에 관한 지도이다. 이 지도는 질병 사례가 브로드 스트리트의 급수 펌프 주위에 몰려있음을 보여준다. 펌프의 손잡이를 제거하고 나서야 콜레라 사례 수가 감소하였다. 존 스노우 덕분에 콜레라는 더 이상 수천 명을 죽이며 도시를 휩쓸지 않았다. 만약 1832년 뉴욕 콜레라 전염병이 오늘날 일어나서 1832년과 같은 비율의 뉴욕 시민을 죽었다면 아마 10만명 이상이 사망했을 것이다. 스노우의 연구는 세균을 질병의 원인으로 인식함으로써 항생제 및 예방접종뿐만 아니라 적절한 위생 및 깨끗한 물로 이어졌다.

통계는 실제로 사람에 관한 것임을 우리는 너무 쉽게 잊어버린다. 한 번은 유명한 암 연구자에게 그가 이전에 발표한 한 연구에 대한 정보를 요청했다. 하지만 그는 내가 그의 발견에 대한 의문을 제기하기 위해 정보를 사용할 수 있다는 이유로 요청을 거절했다. 이것은 그가 분명 미래 세대를 돕기 위해 암 데이터를 이해하는 것보다 사소한 직업상의 곤혹을 피하는 것에 더 신경을 쓰는 사람이라는 것을 보여준다.

이 암 연구자는 이와 유사한 그래프를 포함하는 여러 과학 논문을 발표했다.

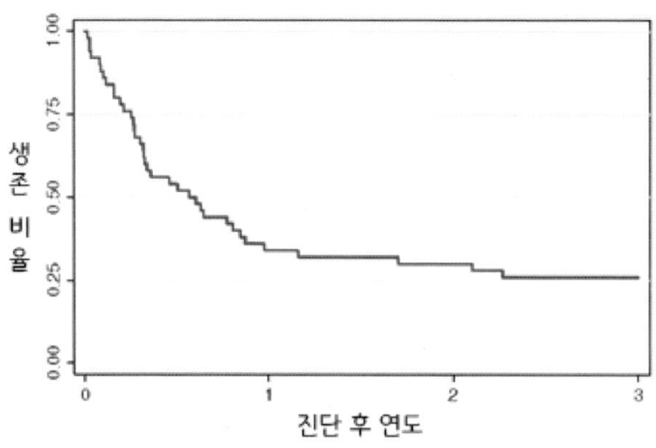

생존곡선(survival curve)으로 알려진 이 그래프는 X축에 주어진 시간이 지난 후에도 여전히 살아남은 암 환자의 비율을 Y축에서 보여준다. 따라서 그래프에서 각 작은 한 개의 계단을 내려오는 것은 한 사람이 죽었을 때이다. 그 사람은 누군가의 아들 또는 딸, 아마도 남편이거나 아내 또는 어머니이거나 아버지일 것이다. 암으로 인한 사망은 종종 고통스럽고 갑작스럽지 않다. 즉, 그래프의 각 작은 계단은 그들이 죽을 것이라는 사실을 알고 누군가가 그랬던 것처럼 고통을 겪을 것임을 의미한다.

이러한 유형의 데이터에 대한 통계분석은 종종 "비례위험(proportional hazard)" 가정에 대한 검정이나 "가속고장시간 모형(accelerated failure time models)"에 대한 고려를 "위험비율(hazard ratio)"로 표현된 결과와 함께 포함한다. 실제로 당신은 암 데이터에 대한 통계분석을 하루 종일 읽으면서도 실제 사람들이 관련되어 있다는 것을 깨닫지 못한다. 따라서 항상 이러한 사실을 자기 자신에게 상기시켜야 한다. 나는 누군가가 "그녀는 그냥 하나의 통계가 아니라 누군가의 자녀이다"와 같은 말을 하는 것을 들을 때, 나는 속으로 "차이가 뭐지? 통계는 항상 누군가의 자녀인데"라고 스스로 생각한다.

한 번은 중서부의 작은 대학 도시에서 강의를 했다. 그 때 누군가 뉴욕과 같은 위험한 대도시에 사는 것이 어떤지에 대해 물었다. 사실 내가 살고 있는 지역의 경찰 관할구역의 인구는 이 대학 도시의 인구와 거의 비슷하지만 범죄자 수를 비교하면 거의 4배나 많다는 것을 알 수 있다. 나는 뉴욕의 명성을 바탕으로 살 수 있었지만 나는 통계학자로 살기로 선택하였다. 그것은 내가 아름다운 브라운스톤 브루클린에서 가족을 부양하고, 지역 식당에서 훌륭한 음식을 먹고, 그렇게 함으로써 비교적 안전함을 느끼게 된다는 것을 의미한다.

때로는 내가 브루클린에서 돌아다닐 때, 아이들을 보면서 존 스노우에 대해 생각했다. 콜레라 지도 이전인 200년 전에는 5명의 어린이 중 1명은 살아서 자기의 열 번째 생일을 보지 못했다. 현재는 100명 중에 1명이므로 20배의 차이가 난다. 통계는 배우기 어려울 수 있으며 전문가가 되기는 더 어려울 수도 있다. 그러나 이 책을 시작할 때 말했듯이 우리는 더 나은 삶을 살기를 원한다. 그러기 위해서는 올바른 결정을 내려야하며 때로는 올바른 방식으로 수치 데이터를 보는 것이 도움이 될 수 있다.

토론에 대한 답변

토론에 대한 답변

CHAPTER 1. 통계가 네 생각보다는 더 재미있어.

1. **가설을 "세상에 대한 진술로서 사실인지 거짓인지 검정할 수 있는 것"이라고 정의했다. 검정할 수 없는 진술들이 있는가?**

- 간단한 대답: 물론이다. 많은 진술들은 전혀 검정할 수 없다. 이것은 어쩌면 다행인데, 나는 "아내를 사랑해." 또는 "모차르트는 훌륭한 오페라를 썼다."에 대한 통계를 내야 한다는 것은 생각하기도 싫기 때문이다. 그 정도가 당신이 꼭 알아야 할 것이니까, 편안한 마음으로 토론 2로 넘어가라. 그러나 당신이 좀 철학적이라고 생각하면 계속 읽으라.
- 많은 진술들이 사실인지 거짓인지를 보여줄 수 없다는 제일 흔한 이유는 진술들의 모호함이다. 가장 좋은 예는 별자리 운세이다. 예를 들어, 염소자리 사람들은 가족관계에서 조심하라는 말을 들을 지도 모른다. 가까운 가족이 개인적인 문제들에 대해 말을 안 하고 있을 수도 있기 때문이다. 이 진술이 거짓이 되기 쉽지 않은데 왜냐하면 실제로 거의 모든 것이 "가능"은 하기 때문이다. "가능하다", "아마도" 또는 "… 수도 있다"와 같은 말은 어떤 주장에서도 "애매한 부분"을 허용하기 때문에 "애매함"으로 알려져 있다(예를 들어, "비가 올 수도 있으니 경기장에 가지 않는 것이 좋겠다."고 말해서 모두가 집에서 지루한 시간을 보냈다. 그런데, 비가 오지 않았다면, 당신은 "나는 비가 온다고 한 것이 아니라 올 수도 있다고 했는데"라고 하면서 변명할 수 있다). 일부가 참이면서 또 부분적으로는 거짓일 수도 있다면 진술들은 너무 모호하다고 볼 수 있다. 예를 들면, "지압은 효과적인 치료의 형태이다."와 같은 진술인데, 지압은(허리통증 같은) 어떤 문제에는 효과가 있지만 (흑사병 같은) 다른 문제에는 효과가 없기 때문이다.
- 진술이 틀렸다고 할 수도 없는 또 다른 이유는 진술이 모든 상황에서 참일 정도로 그 정의가 너무 광범위한 것이다. 어떤 "뉴에이지" 전문가들은 남자들이 내면의 남성성(예를 들면, 보름달 아래 벌거벗은 채 숲속을 뛰어다니는 등)과 다시 연결되어야 한다고 믿는다. 한 친구가 나에게 현대 남성의 이런 비전을 홍보하는 책을 보여준 적이 있는데, 대충 펼쳐 본 내용에는, "사실은, 여자들은 싸우는 남자를 좋아하고,

잘 싸우는 남자를 사랑한다." 같은 것이 있다. 내가 이건 확실히 거짓이라고 - 남자들은 거의 대부분 아예 싸우지 않는데 심지어 변덕스럽고 괴팍한 유형까지도 사랑을 잘 찾아간다고 - 지적했더니, 그 친구는 내가 "싸우기"를 너무 좁게 정의한다고 하면서, "싸우기"는 예를 들면, 토론에서 자기 관점을 주장하며 자신이 믿는 바를 위해 나서는 것까지도 뜻한다고 했다. 그렇게 보면 아닌 사람이 어디 있겠는가.

- 어떤 진술이 참인지 거짓인지를 보여줄 수 없는 세 번째 이유는 그렇게 할 수 있는 적절한 방법이 없기 때문일 수도 있다. 심리치료사가 알코올 중독이 종종 해결되지 않은 잠재의식 갈등(아마도 과소반응 초자아를 가진 과잉반응 "이드")에서 비롯된다고 할 때, 잠재의식의 활동을 측정할 수 있는 어떤 도구도 없기 때문에 이것이 참인지 아닌지 우리는 알 길이 없다.
- 어떤 철학자들은 과학임을 정의하는 것은 이론적으로는 과학적 진술이 거짓임을 보여줄 수 있는 것(소위 "반증"이라는 것)이라고 주장한다. 만약 진술이 거짓임을 보여 줄 수 없다면, 어떤 쪽이든 증거를 얻으려고 애쓰는 것은 무의미하고 그래서 과학은 그 시작도 못 한다. 이 견해는 철학적으로는 옹호하기 어려울 수도 있지만, 의심할 여지없이 좋은 경험법칙이며 빠른 삶의 지혜를 제공한다. 거짓임을 밝힐 수 없는 것을 주장하는 사람과 논쟁하기보다는 나가서 산책이나 하는 것이다.

2. **통계학자들의 추정에는 두 가지 종류가 있다. 어떤 것이 얼마나 큰지 혹은 작은지, 그리고 어떤 것이 다른 것에 비해 얼마나 큰지 혹은 작은지 알아내려는 것이다. 첫 번째 종류의 추정은 "미국 남성의 평균 키는 5피트 9와 1/2인치에 가깝다."는 것과 같은 것이다. 두 번째 종류의 추정의 예는 "흡연 남성은 담배를 피운 적이 없는 남성보다 폐암에 걸릴 확률이 23배 높다."라는 것이다. 두 가지 유형의 추정의 다른 예들을 적어 보아라.**

몇 가지 예가 있다. 매년 약 40만 명의 미국인들이 심장마비로 진단받고, 네덜란드 남자들은 미국 남자들보다 키가 평균 3.5인치 더 크다. 십대 이후 매일 한 갑씩 흡연한 65세 남성은 75세가 되기 전에 폐암 진단을 받을 확률이 10퍼센트이다. 여자는 비슷한 일을 하는 남자들보다 약 20% 적은 돈을 번다.

3. 대부분의 가설은 추정의 관점에서 다시 서술할 수 있다. 아래에는 몇 가지 추정과 가설이 뒤섞여 있다. 각각의 추정을 해당 가설과 일치시키고 어떤 것이 추정이고 어떤 것이 가설인지 말해보라.

a. 가설: 남성과 여성은 대통령 후보들에 대해 투표 형태에 차이가 없다. 추정: 민주당 대선 후보에게 투표하는 여성의 비율이 남성보다 5% 높다.

b. 가설: 유방암의 경우, 항암 요법과 수술을 병행하는 것이 수술만 하는 것보다 더 효과적이지는 않다. 추정: 수술 후 항암치료를 받는 여성의 경우 수술만 받는 여성에 비해 재발률이 5% 낮았다.

c. 가설: 가로등을 개선하면 범죄가 감소한다. 추정: 가로등 개선 프로그램이 완료된 후, 전년 대비 범죄는 21% 감소했다.

d. 가설: 미로 학습을 완수하는데 걸리는 시간을 측정값으로 볼 때 전기충격(벌)은 설탕(보상)보다 쥐들의 학습을 향상시키는데 더 효과적이다. 추정: 충격에 노출된 쥐들이 미로 학습을 마치는데 걸린 평균 시간이 설탕을 준 쥐들보다 20초 짧았다.

e. 가설: 캘리포니아의 비만율은 1990년대에 증가했다. 추정: 캘리포니아 비만율은 1990년 10%에서 2000년 20%로 거의 2배 증가했다.

한 가지 주목할 것은 가설은 참이거나 거짓일 수 있는 단순한 진술인데 비하여 추정치는 어떤 것이 얼마나 크거나 작은지 표현하는 숫자를 포함한다.

4. "거짓말, 빌어먹을 거짓말, 통계가 있다."고 누가 말했는가?

직업상 내가 만났던 거의 모든 사람들이 다 그렇게 말했다. 그리고 그들은 모두 내가 그 인용문을 처음 들은 것으로 여기면서 자신들이 스스로 대단히 재치가 있는 것처럼 생각했다. 또한, 그 말을 인용했던 사람들이 본질을 이해하고 있다고는 생각하지 않는다.

"거짓말, 빌어먹을 거짓말, 그리고 통계가 있다"는 마크 트웨인(Mark Twain)에 의해 대중화되었으나, 19세기 영국 정치인 디즈랠리(Disraeli)가 처음 사용한 말이다. 그가 말하려던 요점은 "나쁜 것, 더 나쁜 것, 최악"이라는 것이다. 즉, 통계는 사람들이 상상할 수 있는 최악의 거짓말이라는 말이다. 그가 말하려던 것은 정치인들이 (큰 의미는 없지만, 자신들의 정치적 주장들을 지지하기 위해) 유리한 쪽으로 통계를 갖다 사용하는 경향에 대해서이다. 한 대선 후보가 94차례나 증세 투표를 했다는 주장이 대표적 사례다.

이 숫자를 얻기 위해, 그 후보의 경쟁자는 감세에 반대한 투표, 일부에게 세금을 인상하고 다른 이들에게는 인하하도록 하는 기준을 위한 투표, 그리고 세금의 허점을 메우도록 한 투표 등을 모두 포함했다. 그래서 우리는 디즈랠리가 "94개의 세금 인상들"이라는 통계치를 진짜 나쁜 거짓말보다 더 나쁘다고 했다는 말을 무슨 뜻인지 알 수 있다.

"거짓말, 빌어먹을 거짓말, 그리고 통계"의 좋은 점은 그것이 "통계"라는 단어에 대해 매우 중요한 것을 묘사하는 것이다. "거짓말, 빌어먹을 거짓말, 그리고 통계"에 대해 비웃듯이 내게 언급하는 사람들은, 그것이 사회학자들을 자극하듯이 내 직업을 비방하는 것으로 여긴다. 그러나 "통계(statistics)"에는 두 가지 의미가 있다. "통계학(statistics)은 의학 연구의 결과를 분석하는 데 사용된다."에서처럼 통계학을 과학의 한 분야로서 말할 수 있다. 또는, "통계(statistics)"는 통계 분석에 의해 자료로부터 얻은 어떤 수인 "통계치(statistic)"의 복수이다. ("우리는 중앙값 나이와 키, 그리고 여성인 비율 등을 포함한 몇 가지 통계치들을 계산했다.") 디즈랠리가 "거짓말, 빌어먹을 거짓말, 그리고 통계"에 대해 불평했을 때 그는 이 두 번째 의미를 언급하고 있었다. 이렇게 보면, 그는 정치적 논의의 가치를 향상시키기 위한 통계의 더 나은 이용을 환영했을 것이다.

CHAPTER 2. 빌 게이츠가 식당으로 들어가니…. (평균과 중앙값)

1. **"자료의 절반은 중앙값보다 큰 값을 가지고 있고 절반은 중앙값보다 작은 값을 가지고 있다."고 말했다. 항상 맞을까?**

항상 그렇지는 않다. 비록 그것이 꽤 훌륭한 경험 법칙이지만. 드문 예외는 동일 값(ties)을 가진 관측값이 많은 경우이다. 예를 들어, 식당 안에 있는 사람들의 연봉이 $30,000, $35,000, $40,000, $40,000, $40,000, $80,0003라고 생각해 보자. 중앙값 연봉은 분명히 $40,000 달러로, 중앙값보다 높은 연봉은 1명 (표본의 14%), 중위 이하 연봉은 2명(표본의 29%)이다. 또 다른 예로, 대부분의 환자들은 수술을 하고 이틀 후에 집으로 돌아가지만, 몇 명은 3일을 머물고, 10% 미만의 소수는 합병증 때문에 1주일 이상 병원에 입원한다. 병원 체류 기간의 중앙값은 이틀이며, 사실상 아무도 중앙값보다 적게 머문 사람은 없으며, 20~30%만 평균보다 더 오래 병원에 머문다.

그러나 만약 당신이 관측 횟수가 적당하고 너무 많은 동일 값 (ties)을 가지고 있지 않다면 (대부분이 그렇다) "표본의 절반은 중앙값보다 높은 값을 가지고 절반은 중앙값보다 낮은 값을 가진다."라고 할 수 있다.

2. **여기 주사위 게임이 있다. 주사위를 굴려서 1에서 5 사이의 눈이 나오면 나는 당신에게 $20를 주고, 6의 눈이 나오면 당신은 나에게 $1000를 준다. 당신은 이 게임을 할까? 당신의 대답을 설명하라.**

당신이 이 내기를 거절하는 것은 매우 명백하겠지만, 왜 그런지 정확하게 한번 생각해 볼 가치는 있다. 우리가 게임을 600번 하는 것으로 생각하고, 각 게임의 결과를 기록한 후, 우리의 데이터 집합을 살펴보자. 당신이 약 500번 정도로 매 회 $20를 받을 것으로 나는 약 100번 정도로 매회 $1000를 받을 것으로 기대할 수 있다. 이러한 데이터 집합에서 당신의 중앙값 당첨금은 $20가 될 것이다. 평균적으로 당신은 $150를 잃을 것이다[(500 × $20) - (100 × ($1,000)) = -$90,000, -$90,000 / 600 = -$150)]. 이를 보면 일반적으로는 의사 결정에 있어서 평균이 중앙값보다 나은 이유를 알 수 있다.

CHAPTER 3. 빌 게이츠가 그 식당으로 다시 들어가니….
(표준편차와 사분위수범위)

1. **제3사분위수는 75 백분위수, 제1사분위수는 25 백분위 수 (또는 퍼센트)라고 표현하기도 한다. 이것을 설명하라.**

백분위수(또는 퍼센트)는 중앙값이나 사분위수와 비슷한 방법으로 계산한다. 예를 들어, 38 백분위수를 찾으려면 최저에서 최고까지 관측값을 배열하고 38% 지점의 관측값을 찾는다. 이와 같이 관측값의 38%는 38 백분위수보다 작을 것이다. 마찬가지로, 관측값의 62%는 62 백분위보다 작을 것이며, 92 백분위 보다 관측값의 92%는 작다. 우리는 관측값의 1/4 (즉, 25%)은 제1사분위수보다 작기 때문에 제1사분위수는 25 백분위라는 것을 알고 있다. 관측값 중 1/4은 제3사분위수보다 크기 때문에 3/4 또는 75%가 제3사분위수보다 작고, 따라서 제3사분위수는 75 백분위수다.

2. **사분위수범위에 관해, 식당 손님의 25%가 "$49,300 이상"의 연봉을 받고 있다고 말했다. 표준편차에 대해 이야기할 때, 5% 손님은 $61,592 이상 또는 $23,128 이하의 연봉을 받았다. 왜 어떤 경우는 "x 이상 (x or more)"이라고 또 어떤 경우는 "x보다 큰 (higher than x)"이라고 말할까?**

평균과 표준편차는 공식을 사용하여 자료 세트에서 계산한 숫자다. 아무도 그 평균값을 가지지 않거나 (심지어 못하거나), 관측값 중 일정 비율 이상 또는 그 이하인 것으로 계산하는 숫자를 가지지 않는 것은 흔한 일이다. 예를 들어, 자료 세트를 통해 연봉의 80%가 \$50,456.611보다 적어야 한다고 계산할 수 있지만, 이는 불가능한 연봉이다. 연봉이 \$50,456.611인 사람이 없다면, 연봉의 "80%는 \$50,456.611 미만"이라고 말하든, "80%는 \$50,456.611 이하"라고 말하든, 그 차이는 전혀 없다.

만약 당신이 그것에 대해 좀 더 기술적인 것을 알고자 한다면(그렇지 않다면, 토론 3으로 넘어가라), 평균과 표준편차를 사용하여 어떤 자료 세트의 특정 수보다 크거나 낮은 비율을 가지는가를 계산하는 것은, 정규분포 곡선 아래의 면적 계산에 기초한 미적분학에서 유도한 공식을 포함한다. 곡선의 한 점 아래 영역이 0이기 때문에 "x보다 큰"이나 "x와 같거나 큰 값을 갖는"이라고 말하든 차이가 없어서 통계학자들은 보통 간단히 "x보다 큰"이라고만 한다.

3. **완벽히 정규분포를 따르는 경우에는, 관측값들의 95%가 평균에서 표준편차의 2배 범위 내에 있다는 것이 사실인가?**

"표준편차의 두 배"에서 "2"는 근사치 일뿐이다. 당신이 사용해야 할 숫자는 1.96이고, 혹은, 당신이 정말 정확하기 원하면 1.959964이다. 이 숫자들은 정규분포함수를 적분하여 계산한다. 만약 여러분이 미적분학을 배우지 않았거나 (매우 복잡한 공식인) 정규분포함수의 적분을 풀고 싶지 않다면 걱정하지 마라. 다른 사람들이 이미 여러분을 위해 계산을 다 해두었으니. 정확한 숫자를 찾기 위해 필요한 통계표가 있는 책을 살 수도 있고, 요즘은 그 모든 숫자들이 통계 소프트웨어에 저장되어 있다.

CHAPTER 4. 빗나간 숏, 편파 판정

1. **어떻게 수술 연구에서 선택 편향을 피할 수 있나?**

의학 연구에서 편향을 피하기 위한 일반적인 방법은 무작위 대조 실험(randomized controlled trial)으로 알려진 것을 따르는 것이다. 당신은 먼저 환자들의 그룹을 정의한다, "심장마비를 겪었지만 수술을 받을 만큼 충분히 건강한 환자들" 같은 식으로. 다음으로 누가 수술 치료를 받을지 누가 대조군에 들어갈지 무작위로 결정한다. 이것은 보통 컴퓨터로 정하지만, 실제 그 과정은 본질상 동전 던지기와 같다. 마지막으로, 당신은 각 그룹에서 일어나는 일을 관찰하고 통계적으로 사망률을 비교한다.

무작위화는 수술과 대조군 두 그룹의 환자들이 거의 최대한 유사할 것을 보장한다.

이것은 여러분이 측정할 수 있는 (나이, 성별, 혈압 등과 같은) 것과 측정하기 어렵거나 불가능한 것 (식이요법, 운동, 또는 아직 발견되지 않은 심장 기능에 영향을 미치는 유전적 요소 등과 같은) 양쪽에 대해서 모두 사실이다. 그러므로 두 그룹에서 유일한 중요한 차이는 수술을 받았는가 그렇지 않은가 하는 것뿐이다. 만약, 이 실험이 끝날 때, 수술 받은 그룹에서 대조군보다 사망자가 적게 나온다면, 수술로 인해 생존율이 향상되었다는 설명이 가장 용이할 것이다.

무작위 실험이 갖는 한 가지 흥미로운 점: 1950년대 이후로 무작위 실험이 어떤 치료법이 갖는 득실을 가려내는 가장 최선의 방법이라는 것이 널리 받아들여졌다. 이것은 소아마비 백신부터 항암 화학요법까지, 고통을 다루는 침술까지 어떤 것들이 효과가 있는지 알아내는 방법이고, 위궤양을 치료하기 위해서 위에 차가운 술을 채우고 얼리는 것들은 효과가 없다는 것(의사들이 실제 이 실험을 했다!)을 알아내는 방법이다. 그러나 1990년대 중반에 이르러서야 모든 무작위 실험의 결과를 한 곳에서 모으려는 시도가 이뤄져서 의사와 환자들이 쉽게 접근할 수 있게 되었다. 이 계획은 코크란 공동연구(www.cochrane.org)라고 불리며, 현대 의학이 가능한 최선의 증거에 기초하도록 하는 중요한 역할을 해왔다.

2. **"대학에서의 부정행위"에 대한 연구를 하고 있다고 상상해 보자. 여기에 불륜 연구처럼 부정행위에 대한 질문이 있다. 어떻게 진실하게 답변하도록 할 수 있을까?**

심리학자가 아니어서 확실히 말할 수는 없지만, 당신이 해서는 안 되는 일을 했다고 누군가에게 얼굴을 맞대고 말하기는 매우 어렵다는 것은 분명하다. 만약 당신이 어떤 대답을 했다는 것이 알려진다면(즉, 사실대로 말하고, 퇴학 당하고…) 그것 또한 진실한 응답을 하는데 상당히 불리해 보인다. 그래서 여기 내가 부정행위에 대한 연구를 설계한다면 고려할 수 있는 몇 가지가 있다.

- 연구 참여자들은 그들의 대답이 완전히 비밀이라는 보장이 있어야 한다. 그들은 코드 번호로만 식별되고 각 응답으로부터 그 응답자를 결코 찾을 수 없다는 것을 알려주어야 한다.
- 참여자들은 대면 응답 대신 종이 설문지나 컴퓨터 단말기를 사용하여 질문에 답해야 한다.

- 질문의 표현은 참가자가 해서는 안 될 일을 했다는 것을 밝히는데 자연스럽게 느끼도록 시도해야 한다 (예를 들면, "속이는 것은 부도덕하고, 부정직하며, 파괴적이다. 당신은 한 번이라도 부정행위라는 범죄를 저지른 적이 있는가?" 보다는 "일부 학생들이 가끔 더 좋은 성적을 받고자 부정행위를 한다. 당신은 어떤 형태이든 평점을 높이기 위하여 부정행위를 해본 적이 있는가?").

CHAPTER 5. 2.6명의 자녀? (자료의 다양한 유형)

1. 중앙값(또는 제3사분위수)은 항상 자료 세트에 있는 숫자 중 하나인가?

중앙값은 데이터를 가장 작은 값에서 가장 큰 값까지, 크기순으로 정렬할 때 "한가운데" 있는 숫자다. 관측값들이 짝수일 경우에는 관측값 중 절반은 더 위에 절반은 더 아래인 "한가운데" 있는 숫자는 없다. 작은 예로, 수학 GRE에서 네 명의 학생이 650점, 690점, 700점, 735점을 받았다. "한가운데" 있는 숫자는 없으므로 한가운데에서 양편의 두 숫자 그 중간을 택한다. 690과 700의 중간은 695이므로 이 자료 세트의 중앙값은 695이다. 보다시피 관측값 중 절반은 695보다 위에 절반은 아래에 있다. 그러나 695는 자료 세트에 없다.

2. 연속형 변수를 "많은 값들"을 취할 수 있는 변수로 설명했다. 얼마나 많아야 "많다"고 할 수 있나?

통계학자들은 이 점에 대해 동의하지 않는다(통계학자들은 많은 점에서 동의하지 않고, 이것이 통계에서 얼마나 많은 부분이 개인의 판단에 달려 있는지 보여준다). 여러 학식 있는 교수들이 6이라는 숫자보다 더 많아야 한다고 논쟁하는 "연속 변수: 얼마나 많은 서로 다른 변수라야 충분히 많은가?"라는 제목이 붙은 통계학 세미나를 우리는 찾아다니지 않는다. 하지만 과학 논문을 보면 통계학자들은 다양하게 접근하는 것을 알 수 있다. 예를 들어 의료 연구에서 매우 흔한 유형의 데이터는 0-10 척도이다(즉, 당신의 아픈 정도를 0-10 척도로 평가하라. 여기서 0은 전혀 아프지 않은 경우, 10은 상상할 수 있는 최악의 고통이다). 일부 통계학자들은 0-10 척도를 11개의 별도 범주(separate categories)로 취급하는 통계적 방법을 사용한다. 대부분의 다른 사람들은 연속변수로 다룬 방법을 사용한다. 내 경우는, 가족의 크기 예와 같이 그렇게 하지 말아야 할 좋은 이유가 없는 한, 변수를 연속적인 것으로 다루기를 선호한다.

3. **여기 몇 가지 변수가 있다. 이 중 어떤 것이 연속형 변수이고 어떤 것이 범주형 변수인가?**

a. 키: 연속형.

b. 성별: 범주형, 사실 범주형 변수의 특별한 유형: 두 가지 범주밖에 없어서 성별은 "이진법의" 변수로 표현한다.

c. 교육 기간: 경우에 따라 다름. 보통 교육은 교육받은 햇수(예: 고등학교 졸업생의 경우 12년)로 정의되는데, 이 경우는 연속형 변수다. 그러나 때때로 범주형(예: 고교 중퇴, 고졸, 대졸, 대학원)으로 분류되기도 한다.

d. 통증 점수: 통증은 0-100 또는 0-10 척도로 측정하는 경우가 많고, 이 경우 보통 연속형 변수로 취급된다. 그러나 통증 연구의 참가자들에게 통증이 없는지, 가벼운 통증, 참을 만한 통증, 또는 심한 통증이 있는지를 묻는 경우는 범주형일 것이다.

e. 우울증: 역시 이것도 우울증을 척도로 측정하느냐, 아니면 환자가 우울증이 없는지, 경미한 우울증 또는 심각한 우울증이 있는 지로 분류하느냐에 달려 있다.

f. 소득: 연속적, 비록 일부 조사관은 (항상 명확하지는 않은 이유로) 소득을 범주로 나눈다(예: $30,000 미만, $30,000 ~ $49,950, $50,0000~ $74,950, 등). 이는 어떤 연속형 변수도 범주로 나눌 수 있다는 점을 보여준다.

g. 인종: 범주형. 인종은 인종에 대한 "순서"가 없기 때문에 흥미로운 종류의 범주다. 우울증을 없는 경우, 경증, 중증의 범주로 나누어 그 순서대로 말해야 한다. "우울증을 경증, 없는 경우, 중증으로 분류했다."라고 말하는 것은 이상하다. 교육도 비슷한 질서를 따라 고교 중퇴, 고졸, 대졸 등으로 분류한다. 대졸자는 고졸자보다 교육을 더 받았고, 고졸은 "고교 중퇴"보다 더 교육을 받았다. 그러나 인종에는 그런 순서가 없다. 당신이 원하는 순서대로 인종들을 말할 수 있고, 예를 들어, 아시아인이 태평양 섬사람보다 더하거나 덜하다고 믿는 것은 말이 되지 않는다.

h. 실업률: 만약 사람들을 "취업자" 또는 "실업자"로 분류한 자료 세트를 가지고 있다면, 실업률은 변수가 아니고 추정치일 것이다. 그러나 각각의 관측이 미국 내 각 주나 다른 나라들로서 각각에 대한 실업률 관측값의 자료 세트가 있다면 이 경우는 연속 변수일 것이다.

4. "평균 자녀수 2.6명은 우스꽝스러운 통계치"라고 말하면서 다른 유형의 자료에 대해 몇 가지 요점을 배울 수 있었다. 그러나 한 여성이 평생 출산한 "평균" 자녀 수는 사실 꽤 유용하다. 이 통계가 어떻게 사용될 수 있다고 생각하는가?

한 여성이 평생 출산한 자녀의 수의 평균을 "출산율(fertility rate)"이라고 부른다(실제로 몇 가지 다른 종류의 출산율이 있지만, 이것을 가장 단순한 정의로 사용하자). 이 장에서 내가 제안한 것에도 불구하고, 출산율은 단순한 평균이 아니다. 즉, 자녀의 수를 다 합하고서 여성들의 수로 나누면 되는 것이 아니다. 이것은 왜냐하면, 예를 들어, 현재 32세인 1명의 자녀를 둔 여성이 향후 몇 년 내에 1명 이상의 자녀를 추가로 가질 수 있기 때문이다. 한 가지 대안은 말하자면, 45세 이상의 여성들을 살피는 것이다. 하지만 이것은 우리가 20년 또는 30년 앞선 한 나라의 출산율을 보고 있다는 의미이다. 게다가, 수명이 이와 다른 여성들이 있다는 사실에 대해서는 어떻게 할 것인지도 분명하지 않다(모든 여성들의 경우를 살필지 아니면 45세에서 55세까지만 고려할지도). 그래서 출산율은 복잡한 공식을 사용하여 계산되는데, 이것은 다양한 연령 범주에 속한 현재 여성의 숫자, 그들이 출산한 아이의 숫자, 그리고 여성이 출산 가능한 햇수 동안 살아있을 확률 등을 모두 고려한다.

출산율이 사용되는 방법은 두 종류의 다른 자료 간의 차이를 잘 보여준다. 보통 우리는 예를 들어, 사람과 그 사람들의 특징(예를 들어, 나이와 체중)으로 구성된 자료 세트를 생각한다. 이 장에서 "평균 2.6명의 자녀"를 가지는 한 그룹의 여성들과 그들이 낳은 자녀 수로 구성된 자료 세트를 생각해보자. 이러한 자료 세트는 다음과 같은 것이다.

이름	나이	자녀의 수
크리스틴	43	4
재키	32	1
베스	44	2
등등		

그러나 표의 각 행이 집계된 자료 세트를 가질 수도 있다. 예를 들어, 나라별 출산율 같은 것이다.

나라	출산율	1인당 국내 총생산(GDP)
아프카니스탄	6.58	$1,000
알바니아	2.02	$5,700
알제리	1.82	$6,700
등등		

그러면 우리는 그 자료를 이용하여 다음과 같은 그래프를 만들 수 있다.

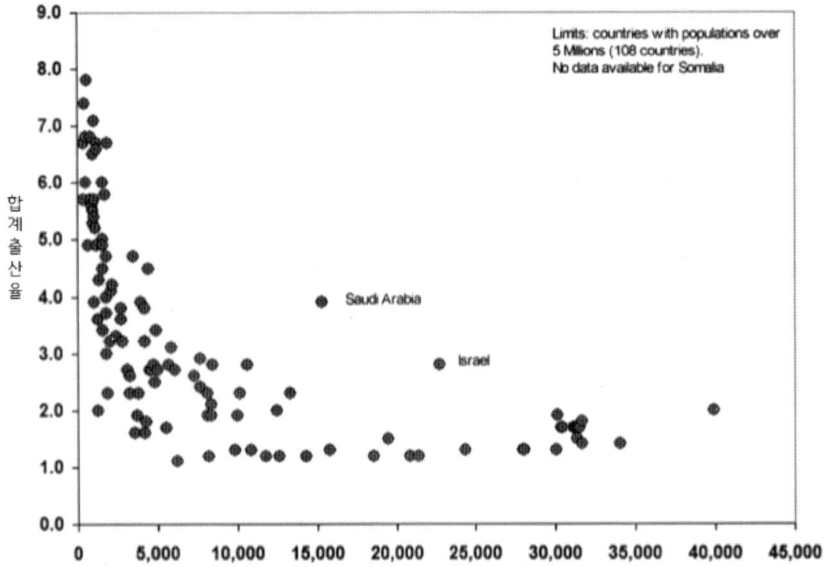

합계출산율 대 1인당 GDP(2004)

1인당 GDP (자료: CIA world fact book (www.cia.gov) 편하게 사용하면 됨. copyright 없음

이 분석은 더 부유한 나라의 여성들이 자녀를 더 적게 출산하는 경향이 있다는 출산율과 부와의 강한 연관성을 아주 분명하게 보여준다. 이와 달리, 우리는 한 나라에서 시간에 따른 출산율을 살펴볼 수도 있다.

연도	출산율
1970	2.43
1980	1.90
1990	1.64
2000	1.64
등등	

정부 통계학자들은 이 자료를 사용하여, 예를 들면 2050년에 인구를 예측할 수 있다. 많은 나라에서 출산율은 시간이 지나면서 감소해왔는데, 상대적으로 적은 수의 근로 연령의 성인들이 경제를 지속시키면서 또 돌보아야만 하는 고령 은퇴자들이 점점 더 늘어난 결과이다. 이런 종류의 인구통계학적 변화에 대한 계획을 세우는 것이 바로 통계가 정부의 중요한 부분인 이유다.

CHAPTER 6. 고등학교 수학 선생님이 알려준 그래프를 그리는 방법

1. 항상 선을 그릴 수 있는가?

선은, x가 연속형 변수라는 걸 가정한다. 즉, 많은 수의 서로 다른 값을 갖는다. 이것은 연령(복권의 사례에서) 또는 두통의 치료 전 수준(침술의 사례에서) 등에 적용된다. 그러나 때때로 우리가 사용하는 y를 설명하기 위한 변수 x는 범주형 변수다. 예를 들어, 성별과 복권 사이의 관계나 인종과 두통 점수 사이의 관계를 보여주는 선을 그리기는 어려울 것이다. 다른 말로, 선 그래프는 두 연속형(또는 양적) 변수 사이의 관계를 보기에는 매우 유용한데, 범주형 변수와 연속형 변수 간의 관계나, 두 범주형 변수 사이의 관계를 살피기에는 그다지 좋지 않다.

이를 위해 막대그래프가 유용하다. 예를 들어, 몇몇 나라의 유급 출산 휴가 기간을 보여주는 막대그래프가 있다.

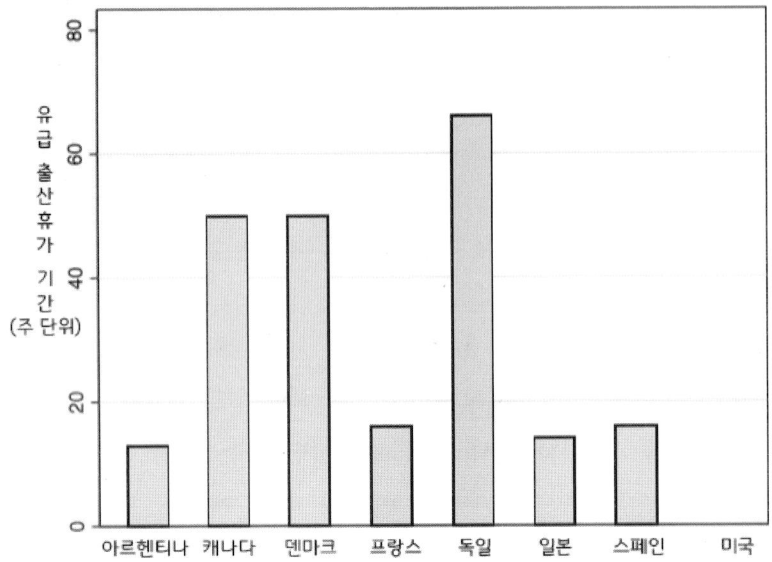

그림을 보면, 차이가 많이 나는 것을 바로 알 수 있는데, 어떤 나라들은 약 4개월을 의무화하고 있고, 다른 나라들은 약 1년을 의무화하는데, 미국은 유급 휴가가 전혀 없다는 것을 알 수 있다.

CHAPTER 7. 주사위 보드 게임과 헤모글로빈 수치 (정규분포)

1. 주사위 보드 게임과 같이 운에 달려있는 게임의 결과는 정말 정규분포인가?

사실은 아니다. 그것은 이항분포를 따른다. 그러나 관측 개수가 크고, 사건의 확률(예를 들어, 게임에서 이길 확률)이 0이나 1에 너무 가깝지 않다면 이항 분포는 결국 정규분포에 매우 가깝게 된다. 예를 들어, 1000개의 동전을 던지는 경우 이항분포를 사용하여 정확히 500개의 앞면이 나올 확률로 2.5225%를 얻을 수 있다. 정규분포를 사용하면 대신 2.5221%가 나온다. 대부분의 사람들은 0.0004% 때문에 논쟁하지 않을 것이므로, 따라서 정규분포를 적절한 근사치로 사용하는데 만족할 것이다.

2. 스웨덴 남성의 헤모글로빈 수치 그래프가 왜 완전히 부드러운 곡선을 따르지 않나?

히스토그램의 각 막대들은 비율을 나타낸다. 예를 들어, 중앙값에 가까운 15 gm/DL의 막대를 취하면 그래프에서 표본의 5% 미만(실제 숫자는 4.7%)의 헤모글로빈 수준이

15.0 gm/DL임을 알 수 있다. 다시 연구를 한다면, 남자들이 정확히 4.7%가 15.0 gm/DL의 헤모글로빈을 가진 것을 못 볼 수도 있는데, 그리 크게 벗어난 값은 아닐 것이다. 그래서 그래프의 각 막대는 당신이 연구를 실행할 때마다 조금씩 오르내릴 것이다. 통계학자들은 이것을 표본추출 변화라고 부른다.

CHAPTER 8. 정규분포가 정상적이라는데, 내 자료는 왜 정상이 아니지?

1. 로그 변환을 통해 모든 치우친 분포를 정규분포로 변환할 수 있는가?

자료의 분포는 자료를 만들어내는 기본 과정에 의존한다. '주사위 보드 게임'의 사례에서 게임에서 이기고 진 횟수에 대한 자료는 많은 수의 우연한 사건을 더함에 의존하며, 따라서 정규분포를 따른다. 전립선암의 사례에서는 곱셈이 연관된 과정에 의존하므로 소위 로그-정규분포를 얻는다. 이것은 그 자료들의 로그를 취하면 정규분포가 된다는 뜻이다.

그러나 자료가 만들어지는 수많은 다른 방법들이 있다. 예를 들면, 능력(ability)은 자주 지수분포라고 불리는 것을 따르는데, 그 단순한 예는 $y = 2^x$이다. 다수의 사람들에게 수학 시험을 치게 하고 마치는 데 시간이 얼마나 걸리는지 상상해 보자. 수학을 잘하는 사람일수록 시험을 더 빨리 마치게 되므로, 평균보다 두 배 정도 수학을 잘하는 사람은 반 정도의 시간 내에 마친다고 보는 것이 합리적이다. 우리가 수학 능력에 대한 지수분포를 만들고 시간을 '1/능력'으로 계산하면 다음을 구할 수 있다.

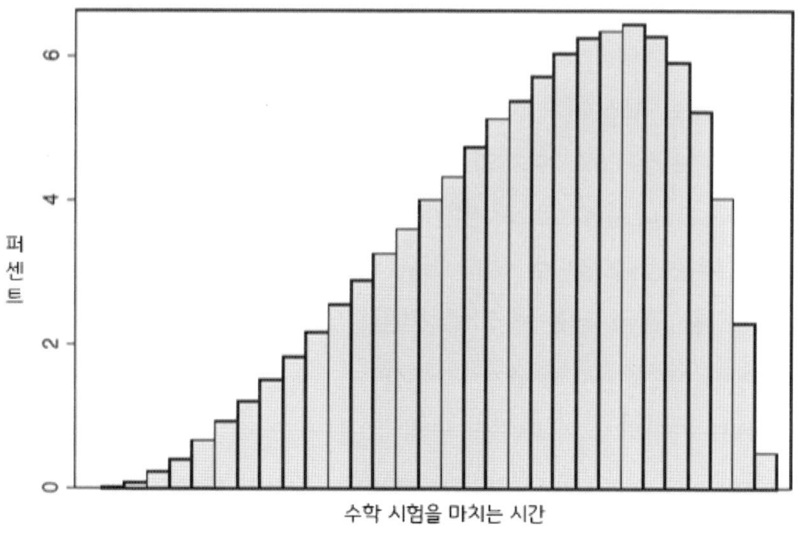

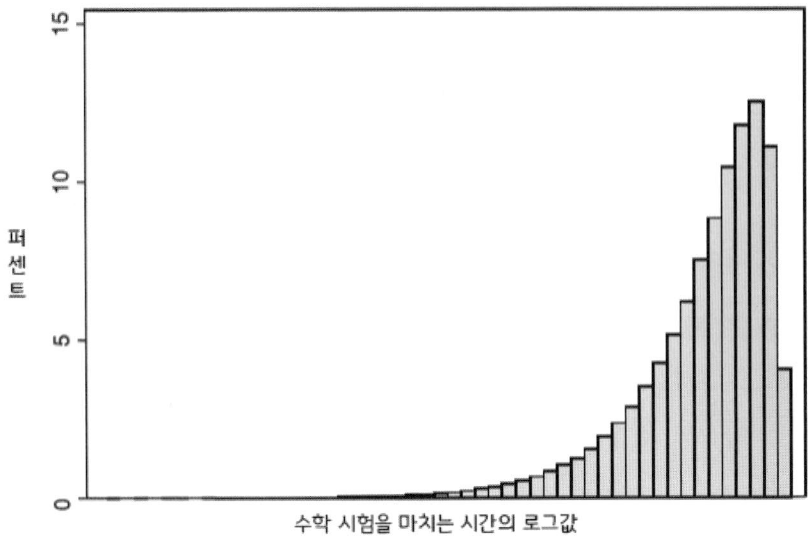

두 그래프 모두 정규분포와는 전혀 다르다. 로그 정규를 따르는 자료를 만들어 내는 과정에 대해서만 로그 변환을 통해 정규분포를 만들 수 있다. 또 다른 예를 들면, 임신 기간에 대한 자료를 살펴보라(참조: 4장. 빗나간 슛, 편파 판정). 이들 자료는 치우쳤는데 왜냐하면 예정일이 한두 주 지나면 의사가 개입하여 유도 분만을 하기 때문이다. 결과적으로, 여러 주 일찍 태어나는 아이들은 적지 않은데 비하여 여러 주가 지나 태어나는 아이는 거의 없다. 이런 자료들은 로그 정규분포를 따르지 아니하므로 로그 변환이 도움이 안 될 것이다.

2. **심화 활동: 어느 시점에** $\log(10)=1$ **말했다가, 나중에** e**도 언급했다. PSA 수치 그래프를 보면, PSA 수치의 값 10이 가장 흔한 PSA 수치에 근접해 있음을 알 수 있다. 그 다음에 로그 변환된 PSA 수치의 값의 그래프를 보면 가장 흔한 값이 2 부근임을 알 수 있다. 즉, 나의 로그 변환은 10을 1로 변환하는 것이 아니라, 2를 조금 넘는 숫자로 변환하였다. 왜 그럴까?**

로거리즘(줄여서 "로그")은 이렇게 작동한다. $\log_x(y)=z$ 이면 $x^z=y$이다. x값을 "밑" 이라고 한다. 간단하게 시작하기 위해 10을 밑으로 사용한다. 논문에 기록한 로그들의 예는 log(10) = 1, log(100) = 2, log(1000) = 3이다. 왜냐하면 $10^1=10$, $10^2=100$, $10^3=1000$이기 때문이다. $10^{1+2}=10^3$과 같이 로그에서는 곱셈을 덧셈으로 바꿔 쉽게 보여주기 때문에 10을 밑으로 사용했다.

통계학자는 10을 밑으로 사용하는 것을 좋아하지 않고, 2.71828182846 값을 갖는 수학 상수 e를 사용하여 로그 작업하기를 선호한다. 그 이유는 e가 성장 과정에서의 고유한 수학적 성질을 반영하기 때문이다. $e^{2.302}=10$이므로 e를 밑으로 하는 10의 로그는 2.302이다.

통계에 대해 알아야 할 모든 것은 끝났으므로, 원하는 경우 다음 장으로 넘어가기 바란다. 그런데, e는 정말 흥미로운 숫자이므로 조금 더 살펴보자.

먼저 e = 2.71828182846을 어떻게 얻는가? 실제로 e의 소수점 이하 자릿수는 무한히 계속된다. e의 기원을 생각할 수 있는 가장 좋은 방법은 은행이다. 은행에 $ 1000를 예치하고 100%의 연간 이자율을 약속받았다고 상상해 보자(매우 비현실적이지만 어림수를 사용하는 편이 더 쉽다). 또 은행에서 매년 말에 한 번만 계좌에 이자를 더해준다고 가정해보자. 그러면 12개월 후에는 처음보다 정확히 두 배의 돈을 받게 된다.

6개월 후에 은행에 가서 돈을 찾는다고 해보자. 원금 $1000에 반년 이자 $500을 더해 총 $1,500를 받는다. 그 다음 길 건너편 다른 은행으로 돈을 가져가 6개월 더 거기에 둔다. 6개월 동안 $1,500에 대한 이자는 $750로, 총 $2,250($1,500 + $750)가 된다. 이런 식으로 은행 4곳을 가게 되면 $1,000부터 시작해서 $1,000 × 1.25 = $1,250, $1,250 × 1.25 = $1,562.50, $1,562.50 × 1.25 = $1,953.13, $1,953.13 × 1.25 = $2,441가 된다.

자, 만약 매달 돈을 꺼내서 재투자한다면 얼마를 얻게 될 것인지 계산하고 싶다면, 12개의 개별적인 계산을 연속으로 했을 거다. 계산하는 데 시간이 좀 걸리기 때문에, 공식을 사용하는 것이 더 빠르다. 공식을 통해 총액(원금+이자) 느는 것을 계산하려면 원금을 1로 두고 계산한다(예를 들어, 2로 끝나게 되면 돈을 두 배로 커지는 것이다). 기간을 n이라 하자. 다음 식이 주어진다.

$$\text{총액} = (1+1\div n)^n$$

6개월 후 은행에서 돈을 찾아서 다시 투자한 경우 이 공식을 적용하면 $(1+1\div 2)^2$, 즉 1.5^2 또는 2.25를 얻는다. 이 값은 앞서 계산해 본 것이다 (원금 $1,000 에서 $2,250로 증가했다. 2.25의 증가율).

이자를 더 자주 계산할 경우는:

- 분기별: $(1+1 \div 4)^4 = 2.441$
- 월별: $(1+1 \div 12)^{12} = 2.613$
- 매일(주말포함): $(1+1 \div 365)^{365} = 2.714$

저축의 성장이 $e=$ 2.71828⋯에 점점 가까워지고 있음을 알 수 있다. e의 공식적인 정의는 n이 무한대에 가까워지는 $(1+1 \div n)^n$이다. 예를 들어, n=1,000,000 이라면 2.7182805가 된다. n을 1,000,000이라는 것은 성장을 1,000,000 개의 개별 기간으로 나눈 것을 뜻한다.

따라서 e는 시간이 매우 많이 나뉜 기간의 성장을 묘사한다. 이는 곧 성장이 지속적으로 일어나고 있다는 것과 같다. 결과적으로, 우리는 자연 세계 모든 곳에서 e를 볼 수 있다. 나선들(달팽이 껍질의 성장을 설명한다.), 방사능(붕괴는 성장의 반대임), 초음파가 신체 조직을 얼마나 멀리 투과하는지(신호의 강도가 붕괴되는 것으로 생각할 수 있음), 두 점 사이에 매달린 밧줄의 모양(줄이 고정된 곳에서 멀수록 중력이 더 커짐), 다리 밑의 아치(매달린 밧줄과 반대임). 정규분포의 공식도 e를 포함하는데, 이는 e가 반복 실험의 결과뿐만 아니라 굉장히 많은 자연 현상(예 : 스웨덴 중년 남성의 헤모글로빈, 주사위 보드 및 혈청 헤모글로빈 수치: 정규분포에 대한 생각 참조)을 설명하는데 도움이 됨을 뜻한다. 상수 e는 오일러의 항등식 $(e^{i\pi}+1=0)$에서도 발견된다. 이 방정식에서 주목할 점은 모든 숫자들을 얻는 방법인 "+1", 중요한 수학적 개념인 0과 함께 세 개의 서로 다른 수학 상수들(성장과 관련한 e, -1의 제곱근인 i, 원의 둘레를 지름으로 나눈 π)을 연결한 것이다. 수학자들은 우주의 깊은 수학적 조화를 보여주는 오일러의 항등식을 넘어 가보고 싶어 한다. 내가 그렇게 멀리 갈지 잘 모르지만 확실히 심오한 무언가에 대해 말한다.

CHAPTER 9. 나는 그 스웨터가 좋아. 어디까지가 "충분히 좋은" 핏일까?

1. **통계는 매우 정확해야 하는 게 아닌가? 우리는 "약 3분의 1"보다 "28.29%"를 더 선호하지 않는가?**

소수점 이하의 수를 많이 제시하는 것은 확실하게 과학적인 것처럼 보인다. 이것은 아마도 '코스모폴리탄'이나 '남성 건강'과 같은 잡지에서 가장 잘 볼 수 있다. 이 잡지들은 다음과 같은 기사를 싣는 경향이 있는데, 예를 들어 "남성의 48.2%는 첫 데이트에서 여성이 자신의 몫을 내겠다고 제안해야 한다고 생각한다."와 같은 것이다. 이유는 잘 모르겠지만 "약 절반"의 남성들이 여자가 돈을 내야 한다고 서술함으로써 그 "0.2%"는 과학적으로 진지한 분위기를 불어넣어 준다. 물론 우리가 알아야 할 요점은 "절반"이라는 것뿐이다. 실제 비율이 48.2%이든 50.0%이든 심지어 56.7%이든 간에 우리가 취할 행동이나 의견에는 어떤 차이도 없다.

"48.2%"의 또 다른 문제는 만약 그 조사가 내일도 반복된다면, 정확히 48.2%의 남성들이 계산서를 반으로 나누는 것에 대한 질문에 "그렇다"고 대답한다면 당신은 아마 매우 놀랄 것이다. 그것은 아마 53.9% 또는 45.7%일 것이다(아마 86.5%는 아닐 것이다.). 그래서 "48.2%"는 당신이 대체로 생각하는 정도의 표준오차를 제안한다.

그 기사에 있는 조사에 관한 나의 마지막 요점은 그들이 임의추출을 거의 사용하지 않는다는 것이다.

최근 내가 본 한 설문조사("우리의 결과는 현대적인 남성이 누구인지를 보여준다.")는 "56%의 남성들은 자신들이 주문한 음료에 남성성이나 성격이 반영된다."와 같은 조사결과를 보고했다. 이 조사는 웹사이트의 연결 링크로 실시되었으므로 (a) 인터넷을 사용하지 않는 남자, (b) 영어를 잘하지 못하는 남자, (c) 온라인에서 남성성 조사에 참여하는 것보다 더 의미 있는 일을 하는 사람은 제외되었다. 그래서 "남성의 56%가 알코올음료를 선택하는 것에 관해 고민하고 있다"는 말은 아니지만, "우연히 우리 웹사이트에 들어온 56%의 남성들은 매력적이고 옷을 제대로 입지 않은 여성의 사진에 호기심을 느꼈고, 그 후 설문지의 모든 버튼을 클릭할 수 있는 인내심을 가지고 있었다."

2. **시험 점수를 나타내는 히스토그램은 오른쪽으로 꼬리가 길다. 왜 그럴까?**

그 수치는 능력에 대한 어떤 척도이다. 능력에 대한 척도는 흔히 오른쪽으로 꼬리가 긴데, 이는 사람들이 자신이 잘하는 것을 좋아하기 때문이다. 예를 들어, 운동광, 컴퓨터 게임광 등). 그리고 연습을 통해 훨씬 더 발전하기 때문이다. 또 지식이 많을수록 더 많이 배우는 것이 용이하다. 영어만 할 때보다 프랑스어, 영어, 스페인어, 독일어를 할 줄 알면 이탈리아어를 배우는 것도 쉽다. 결과적으로, 당신은 정규분포를 통해 기대할 수 있는 것보다 더 높은 성취도를 일반적으로 볼 수 있다.

3. 일반적으로 "관측값의 95%가 평균을 기준으로 표준편차의 2배 이내의 범위에 있다."고 한다. 관측값의 95%가 표에서 어느 위치에 있는지를 계산하기 위해 표준편차에 2가 아닌 1.96을 곱했다. 아니 왜?

"관측값의 95%가 평균을 기준으로 표준편차의 2배 이내"라는 생각은 단지 경험에 의한 규칙이다. 정규분포의 평균을 기준으로 표준편차의 2배 이내에서 실제 관측 개수를 구하려면 몇 가지 복잡한 계산을 수행해야 한다. 적절한 공식에 수를 대입하면 실제로 관측값의 95.45%가 평균을 기준으로 표준편차의 2배 이내에 있고, 95%가 표준편차의 1.96배 이내에 있음을 알 수 있다. 그래서 눈으로 상황을 신속하게 파악하기 위해 "표준편차의 2배 이내"를 사용하고, 계산하는 경우에는 "표준편차의 1.96배"를 사용한다.

CHAPTER 10. 중년남성의 머리카락 길이 (표준오차)

1. "실험"이라고 여기서 기술한 것은 내가 파티에 가서 모든 남자의 머리카락 길이를 재는 것을 의미한다. 이 연구의 목적은 미국 남성의 일반적인 머리카락 길이를 추정하는 것이다. 연구 목적의 수행을 위해 데이터(파티에서 수집한 머리카락 길이)를 분석하기 위해서는 무엇을 가정해야 하는가?

주요 가정은 내가 갔던 뉴욕에서 열린 파티에 참석한 남성들이 미국 남성들의 임의추출 표본이라는 것이다. 이것은 매우 의심스러운 가정이다. 왜냐하면, 서로 다른 파티에는 서로 다른 종류의 남자들이 참석하기 때문이다. 그리고 어떤 남자들은 절대 외출하지 않는다. 미국 해병대 졸업식에서의 평균 머리카락 길이는 짧은 경향을 보인다. 샌프란시스코에서 열린 60년대 라이브 파티에 온 손님들은 아마도 나를 경찰이라고 손가락질할 것이다. 이것은 1936년 대선 결과에서 완전히 틀린 예측을 한 여론조사와 유사하다(참고: 4장. 빗나간 숫, 편파 판정). 여론조사 결과의 문제점은 조사 대상자가 평균보다 부유하고, 부유층의 투표 패턴은 전체 인구의 투표 패턴과 다르다는 것이었다. 임의추출은 통계에서 매우 중요한 아이디어이다. 만약 표본이 임의추출된 것이 아니라면, 추정값은 자주 편향될 것이다.

그런데 임의추출에 대한 빠른 정의를 원한다면, 이것을 시도해보라. 임의는 "예측할 수 없는 것"을 의미한다. 두 사람이 방으로 들어간다고 상상해봐라, 한 명은 추출된 것이고 한 명은 그렇지 않다, 그리고 당신은 두 사람 중 누가 추출된 것인지 예측해야 한다. 정확하게 추측할 확률이 50%와 거의 같다면, 임의추출된 표본이다. 대통령 선거의 경우에는 두 사람에게 그들의 재산에 관해 물어보고, 더 부자인 사람을 표본의 대상자라고 추측하자. 임의추출이 사용되지 않았음을 보여주는 그 당시의 50%의 사례보다 아마 당신이 더 옳을 것이다.

2. **통계와 파티는 무슨 관계가 있는가?**

우연히도, 현대 통계가 발전된 이유 중 하나는 맥주 때문이다. 일반적으로 통계 검정에서 가장 많이 사용되는 유형 중 하나가 t 검정이다. 이것은 더블린에 있는 기네스 양조장에서 일하면서 맥주 제조에 대한 품질 관리를 지원하는 통계적 방법을 개발한 윌리엄 셀리 고셋에 의해 개발되었다. 고셋은 "학생"이라는 이름을 자주 사용했기 때문에, t 검정을 "학생의 t 검정"이라고 부르기도 한다. 현대 통계의 창시자 중 한 명인 피셔는 자신의 초기 연구의 많은 부분에서 보리와 관련된 실험을 수행하였다. 예를 들어 어떤 품종의 보리가 가장 빨리 자라는지 알아보기 위한 실험을 분석하는 것이다. 보리 사용의 주목적은 맥주를 만드는 것이다.

CHAPTER 11. 비 오는 날 결혼식을 피하는 방법 (변동과 신뢰구간)

1. **학생들의 체질량지수를 추측할 때, 나는 개별 관측치의 95%가 약 (평균±2×표준편차) 범위 안에 있을 것이라고 말했다. 나는 "정리"에서 참고범위에 관해 비슷한 말을 했다. 여기서 나의 추측은 무엇인가?**

평균을 기준으로 특정 표준편차 이내에 있는 관측값의 비율에 관한 기술은 데이터가 거의 정규분포되어 있다는 가정에 의존한다(참고: 9장. 나는 그 스웨터가 좋아. 어디까지가 "충분히 좋은" 핏일까?). 운동선수들(300파운드의 몸무게를 가진 미식축구의 라인맨을 포함해서)을 제외하고 나면 남학생들의 체질량지수는 정규분포를 따른다(또는 적어도 내가 본 데이터 세트에서는 그러했다). 이것은 매우 편향되어 있는 성인의 체질량지수 분포(참고: 4장. 빗나간 슛, 편파 판정)와는 다소 다른 것이다.

2. **강사의 체질량지수 연구 결과에 관해 이야기할 때, 나는 "연구 결과의 95%는 (평균±2×표준오차) 범위 안에 있을 것이다."라고 말했다. 여기서 평균은 무엇인가? 표준오차는?**

평균은 모집단의 평균을 의미한다. 표준오차는 모집단의 표준편차를 표본 크기의 제곱근으로 나눈 값이다. 모집단의 평균과 모집단의 표준편차를 모수라고 한다. 그 강사는 스포츠를 하지 않는 남자 대학생들로부터 100개의 BMI의 데이터를 수집했다. 통계학자들은 이 BMI가 이론적으로 운동선수가 아닌 무한히 많은 남자 대학생 집단에서 임의추출 되었다고 추측한다. 이 모집단은 모집단의 모수인 어떤 평균과 표준편차를 가진다. 표본에서 100명의 학생의 몸무게에 관해 우리가 계산하는 평균과 표준편차는 이러한 모수의 추정값이다.

일반적인 분석에서 평균 또는 표준편차와 같은 모집단의 모수의 실제 값은 결코 알 수 없다. 그래서 “평균의 95%가 표준오차의 두 배 범위 안에 있다.”고 말하는 것은 이론적인 요약이다. 컴퓨터 시뮬레이션을 사용하여 쉽게 설명할 수 있다. 나는 소프트웨어에 모집단의 평균과 표준편차를 알려준다. 다수의 모의실험을 실행한다. 각 실험의 평균을 계산한다. 각 실험의 평균의 표준편차를 계산한다. 이것이 실험 결과의 표준편차이기 때문에 이것을 표준오차라고 말한다. 실험 평균들의 95%가 모집단의 평균을 기준으로 표준오차의 2배 이내에 있음을 보여준다.

실제 모집단 평균과 표준편차를 모르기 때문에 실험 결과를 해석할 때 약간의 주의가 필요하다. 100명의 학생을 측정하여 BMI 평균이 26.5, 표준편차가 2.5인 실험을 수행했다고 가정해보자. 그 다음에 표준오차를 0.25로 계산하여, 95%의 신뢰구간(26.5±0.25×2=26.0~27.0)을 계산할 수 있다. 표준오차를 구하려면 표본 크기의 제곱근으로 표준편차를 나눈다, 여기서 “이 실험을 많이 반복할 때, 평균 체질량지수가 26에서 27 사이인 것이 전체 횟수의 95%이다.” 라고는 말할 수 없다. 그 이유는 모집단의 평균과 표준편차를 사용하지 않고 실험에서 얻은 추정값을 사용하기 때문이다. 통계학자들은 95% 신뢰구간의 95%가 모집단의 평균을 포함한다고 신뢰구간을 정의하는 경향이 있다. 그것은 미묘한 점이 있긴 한데 너무 많이 걱정할 가치는 없다. 실험 결과에 관해 그럴듯한 값의 범위에서 신뢰구간을 생각하자.

CHAPTER 12. 통계적으로 같다고 해서 아무거나 하나를 선택하면 안 되는 이유 (신뢰구간)

1. **나는 여론조사에 관한 신뢰구간에 공화당이 승리할 가능성이 포함되었음에도, 만약 선거 결과에 관해 내기한다면 민주당에 돈을 걸어야 함을 주장했다. 이것은 그때 신뢰구간을 버리고 가장 좋아 보이는 것을 따라가야 한다는 것을 의미하는가?**

여기서 핵심 문구는 “만약 선거 결과에 관해 내기한다면” 이다. 만약 당신이 두 가지 대안 중 하나를 선택해야 한다면, 당신은 그것이 얼마나 더 나은지, 혹은 당신이 선택에 관해 얼마나 확신하는지에 상관없이 당신에게 최상의 결과를 가져올 가능성이 있는 것을 택해야 한다. 예를 들어 당신은 군인이고 적에게 사로잡혀 감옥에 들어갔다고 상상해보라. 당신은 간신히 감방을 탈출한 후, 감옥 내부를 통해 두 개의 문까지 갔다, 두 개의 문 중 하나는 바깥의 자유로, 다른 한 문은 교도관의 방, 곧 죽음으로 이어진다. 여기서 당신은 경비실의 문 중에서 51%가 맥주 냄새가 나며, 출구 문 중에서는 50%가 냄새가 난다는 연구를 기억하게 된다. 비록 이것이 판단의 근거로 썩 좋지는 않지만, 동전을 던져 선택하는 것보다는 맥주 냄새가 덜 나는 문을 선택하는 것이 낫다.

따라서 두 가지의 비슷한 대안 사이에서 결정을 내려야 할 때는 신뢰구간을 무시하게 된다. 그래도 어떤 결정을 강요받지 않거나, 대안들이 비슷하지 않다면 신뢰구간은 실제로 매우 유용하다.

첫째 이유는 어떤 결정을 항상 곧바로 내릴 필요가 없다. 당신이 컴퓨터 회사에서 일하고 있고, 두 가지 유형(“기존 제품”과 “신제품”)의 트랙패드 노트북 사용자 중 어떤 것을 더 선호하는지 알아보기 위한 연구를 수행했다고 가정해보라. 연구대상자 50명 중 30명(60%)이 새로운 트랙패드를 선호한다. 50명의 60%에 대한 신뢰구간은 45%~74%이다. 비록 사용자들이 새로운 트랙패드를 선호하는 것처럼 보이지만, 사실 더 많은 사람이 원래의 버전을 선호할 수도 있다. 당신이 이 결과를 상사에게 보고할 때, 그는 당신에게 노트북의 최신 모델의 생산이 여전히 몇 달 남았고 아직 결정을 내릴 필요가 없다고 말한다. 실제로 수백만 달러가 걸려 있다는 점을 고려하면, 최종 결정을 내리기 전에 더 많은 데이터를 수집할 필요가 있다. 50명 이상의 사용자를 대상으로 연구를 반복할 때, 35명이 새로운 트랙패드를 선호한다는 것을 알게 된다. 그러면 50 + 50 =

100이고 30 + 35 = 65가 된다. 여기서 나온 65%는 55%에서 74%의 신뢰구간에 들어 있다. 이제는 대부분 사용자가 기존의 트랙패드를 별로 선호할 것 같지 않으므로 새로운 트랙패드를 생산하도록 제안할 수 있다. 이것은 표본 크기를 증가시키면 신뢰구간 폭을 줄이는 방법을 보여주는 사례이다. 통계적으로 유의미한 결과를 얻을 때까지 관측값을 계속 추가한다면, 어떤 것을 결정할 때 조금만 주의하면 된다. 일반적인 요점은 다음과 같다. 증거가 충분하지 않고, 아직 결정을 내릴 필요가 없다면, 더 많은 증거를 확보한 다음에 결정을 내려라.

신뢰구간이 유용할 수 있는 또 다른 이유는 두 가지 대안적 결정이 유사하지 않을 때이다. 트랙패드의 사례에서, 새로운 트랙패드로 생산을 전환하는 것은 비용이 많이 들기 때문에 사용자는 정말로 많은 사람이 그것을 선호한다는 확신을 얻기 원한다. 상대적으로 기존의 트랙패드가 오랫동안 높은 인기를 누려왔고, 새로운 트랙패드의 디자인은 완전히 새로울 수 있다. 상사는 당연히 이런 말을 할 것이다. “봐, 우리의 노트북은 매우 인기가 높으므로 잠재한 고객들이 새 노트북을 선호할 것이라는 확신이 들지 않는 한 큰 디자인 변화는 추진하지 않을 거야.” 나의 분야인 의학 연구에서 또 다른 사례를 제시한다. 신약의 임상실험에서는 보통 신뢰구간에 관심이 많다. 새로운 약이 위약보다 실제로 더 나빠지는 가능성을 신뢰구간이 포함한다면, 우리는 그 시도가 “부정적”이었다고 말한다. 왜냐하면, 당신은 그것이 유익하다는 확실한 증거를 얻을 때까지는 새로운 약을 처방하지 않기 때문이다.

2. **선거 전의 여론조사에서는 전형적으로 약 1000명을 조사하지만, 조사원들이 아침부터 밖에 나가서 조사하지 않고, 그저 처음 만나는 1000명에게 물어본다면, 그들은 무엇을 하고 있는가?**

만약 당신의 첫 번째 대답이 “임의추출” 이었다면, 그것은 좋은 시작이다. 아침에 길거리를 오가는 사람들은 유권자의 대표적인 표본이 될 수 없다. 아마도 당신은 어린 자녀를 둔 부모들, 교대근무자, 은퇴자들을 많이 볼 것이고 이러한 그룹들이 아침에 일하는 사람들과 똑같이 투표하는 것은 어려울 것이다.

공교롭게도, 여론조사원들은 보통 무작위 표본을 구하기 위해 너무 열심히 노력하지는 않는다. 실제로 어떤 사람들은 무작위 표본이 이론적으로 정치에 관한 여론조사에 가능하지 않다고 주장한다. 만약 내가 뉴욕주에 있는 변호사들의 무작위 표본을 원한다면, 아마도 뉴욕변호사협회로부터 명단을 받은 후에 변호사들을 무작위로 고를 수 있을 것이다. 또는 내가 양키스타디움에서 무작위로 팬들의 표본을 수집하고 싶다면, 그 스타디움에 간 다음에 좌석의 각 구간에서 무작위로 선정된 10명의 사람에게 접근해야 한다. 하지만, 내가 여론조사를 하고 있다면, 나는 무작위로 유권자들을 선택할 수 없다. 왜냐하면, 선거는 아직 시작되지 않았기 때문이다. 누가 변호사인지, 그리고 누가 양키스타디움에 가는지 안다. 하지만 다가오는 선거에서 누가 투표할지는 모른다.

여론조사원들은 임의추출 대신 "가중표본추출법"을 사용한다. 예를 들어, 계산을 쉽게 하기 위해 비현실적인 숫자이긴 하지만 여론조사에 등록된 유권자는 600명이고 그중에서 3분의 2는 남성, 3분의 1은 여성이라고 하자. 400명의 남성 중에는 공화당 지지자가 300명, 민주당 지지자가 100명이고, 200명의 여성 중에는 민주당 지지자가 125명, 공화당 지지자가 75명이다. 민주당 지지자 225명에 비해 공화당 지지자는 375명이므로, 공화당이 62.5% 대 37.5%로 승리를 거둔다. 그러나 지난 상원의원 선거에서 투표한 사람의 3분의 2가 여성이고 3분의 1이 남성이었다고 상상해보라. 우리의 표본이 지난 선거의 투표 결과와 비슷한 양상을 가지려면, 여성이 유권자의 3분의 2를 차지하도록 여성을 두 번(2의 가중) 세어야 하고, 남성이 3분의 1을 차지하도록 그들을 반(0.5의 가중)으로 세어야 한다. 이것을 계산해보면 50%의 민주당 지지율과 50%의 공화당 지지율(통계적 동점이 아닌 진정한 동점)을 구할 수 있다. 실제로, 여론조사자들은 성별, 나이, 정당 가입 여부, 과거 투표 이력 등을 포함하여 상당히 더 정교한 가중치 부여 방식을 사용한다.

CHAPTER 13. 자전거를 타고 어느 길로 집에 갈까? (p-값의 필요성)

1. 나는 "혼잡한 도로를 이용하는 것이 더 빠르다."는 강력한 증거를 제공했다고 말했다. 왜 나는 그것을 증명했다고 말하지 않았을까?

"증명"은 과학자들이 자주 사용하는 단어는 아니다. 영화 밖에서는, 매우 소수의 과학자만이 "아하! 내 이론을 증명했소."라고 발표할 것이다. 또 영화 밖에서는 미친 듯이 헝클어진 회색 머리카락을 가지고 있거나, 거품이 나면서 밝고 붉은 액체가 들어있는 시험관을 가지고 실험하는 과학자는 거의 없다는 것을 주목하라. 통계학자들은 "증명"이라는 단어에 특히 주의를 기울인다. 왜냐하면, 그들은 데이터의 한계와 어떤 결과에서든 '우연'이 하는 중요한 역할을 잘 알기 때문이다. 통계학자들은 보통 공식들 사이의 수학적인 관계를 언급하기 위해서만 "증명"이라는 단어를 사용한다. 여기서 중요한 것은 수학 이론을 수행하기 위해 데이터를 사용하지 않기 때문에 데이터의 제한에 영향을 받지 않으며, 따라서 실제로 무언가를 "증명"했다고 주장할 수 있다. 데이터 세트에 통계 검정을 적용함으로써 무언가를 증명할 수 있다고 생각하는 것은 매우 어리석은 일이다.

2. **우리는 보통 "집단 간의 큰 차이"는 "작은 p-값"을 의미한다고 생각한다. 그러나 두 개의 서로 다른 경로 간의 이동 시간의 차이가 크지 않음에도 불구하고, 매우 작은 p-값 (p = 0.001)을 구했다. 어째서?**

p-값은 증거의 강도에 관한 것이고, 작은 p-값은 더 강력한 증거를 의미한다. 여기서 강력한 증거를 가질 수 있는 한 가지 방법은 데이터가 큰 차이를 가지는 것이다. 평균 이동 시간이 뒷골목에서는 1시간, 혼잡한 도로에서는 5분이었다면, 이것은 혼잡한 도로가 더 빠르다는 매우 확고한 입증으로 볼 수 있다. 따라서 작은 p-값이 나올 것이다. 또 증거가 많을수록 증거는 강하다고 볼 수 있다. 예를 들어, 백만 명의 남성과 백만 명의 여성에게 대통령에 대한 그들의 의견에 관해 물어본다면, 매우 작은 차이가 있더라도, 그것은 성별의 진정한 차이를 나타낸다고 말할 수 있다(이렇게 표본의 크기가 큰 경우에는 0.2%의 차이도 통계적으로 유의할 수 있다). 나는 2년간의 데이터, 즉 총 450여 차례의 이동을 조사함으로써 이동 시간의 차이에 대한 0.001의 p-값을 구하였다. 이동 횟수가 충분히 크므로, 비록 작지만 57초의 차이도 통계적으로 유의미하다.

따라서 p-값은 효과의 크기와 관측 개수에 따라 달라진다. 이것이 당신이 p-값을 보고 어떤 것이 중요한지 아닌지를 결정할 수 없는 한 가지 이유다. 효과는 존재한다. 당신이 효과를 어떻게 받아들일지는 그것의 크고 작음에 달려있다. 이것이 검정뿐만 아니라 추정이 필요한 일반적인 이유이다.

3. **만약 통계가 단지 가설을 검정하는 것에 관한 것이 아니라면, 통계를 사용할 수 있는 다른 것은 무엇인가?**

가설을 검증하는 것은 추론이다. 데이터를 분석할 때 통계학자들이 하는 또 다른 일은 추정이다. 2년 동안의 이동 시간에 관한 연구 결과를 보고할 때, 나는 "혼잡한 길을 통해 집에 가는 것이 더 빠르지만(p=0.001), 많이는 아니다."라는 강력한 증거를 제시했다. 평균적으로 57초를 단축시켰다. 0.001의 p-값은 집으로 갈 때 어느 길이 더 빠른지 추론할 수 있게 한다. 주도로가 "57초 더 빠른 것"은 추정값이다.

CHAPTER 14. 바싹 마른 칫솔, 양치했을까? (p-값의 정의)

1. 왜 우리는 귀무가설 하에서 데이터의 확률을 말하는가? 데이터에서 주어진 가설이 나타날 확률을 아는 것이 더 흥미롭지 않을까?

짧게 말하자면, 그렇다, 그 가설이 사실일 확률을 알면 더 좋다. 하지만 불행히도 전통적인 통계 검정은 그것을 말해주지 못한다. 한 가지 중요한 점은 데이터 세트를 분석할 때 연구 외부에서 들어오는 정보를 전혀 포함하지 않는다는 것이다. 가끔은 가설이 참이거나 거짓이라고 믿을 만한 아주 좋은 이유(당신의 연구 이외에)가 있다. 최근에 나는 특정 유형의 신장암이 다른 유형의 암보다 치명적일 가능성이 더 크다는 연구를 보여주었다(p=0.04). 나의 첫 번째 언급은 "우리는 그것을 이미 알고 있지 않은가?"이다. 이미 같은 내용을 제시하는 연구가 많이 발표되었고, 내가 정확히 기억한다면, 어떤 종류의 신장 종양이 왜 더 공격적인지를 정확히 조사하는 몇몇 동물 연구도 있었다. 한편, 모든 암은 기생충 감염 때문에 발생하며 특별한 "해충 박멸 장치"에 의해 치료될 수 있다는 견해도 있다. 만약 당신이 이 해충 박멸 장치들이 암을 0.04의 p-값으로 치료했다는 의학 연구를 보여준다면, 나는 아마도 이렇게 말할 것이다. "놀라운 일이지만, 그것은 말도 안 되는 가설이고, 이 p-값 말고는 그것이 사실이라고 믿을 이유가 전혀 없어. 그래서 고맙지만 사양할게, 나는 당분간 이 가설을 믿을 생각이 없어." 아마도 나는 이 연구가 잘 수행되었는지 알아볼 것이다. 통계적 분석은 가설이 사실일 가능성을 말해줄 수 없다. 왜냐하면, 데이터는 좋은 연구와 흠 있는 연구를 구별할 수 없기 때문이다.

데이터를 고려할 때 "주어진 데이터에서 귀무가설이 참일 확률"이라고 하지 않고 "귀무가설이 참일 경우 데이터의 확률"이라고 말하는 데는 또 다른 이유가 있다. 이것은 처음에 통계 검정의 바탕에 있는 수학이 어떻게 작용했는지로 거슬러 올라간다. 특정 가설이 참이라면 특정 결과의 확률을 계산할 수 있다. 동전을 네 번 던지는 시행에 관해 "이것은 편향적이지 않은 동전"이라는 가설을 세우는 간단한 사례를 제시한다. 예를 들어, 만약 그 가설이 참일 때 연속으로 네 번의 앞면이 나올 경우의 확률은 $1 \div 2^4 = 6.25\%$이고, 네 번 중 세 번이 앞면이 나올 경우의 확률은 $1 \div 2^4 \times 4 = 25\%$이다. 연속 변수에 관해서도 비슷한 계산을 할 수 있다. 예를 들어, "남성 선수의 평균 키는 6피트"라는 가설에 따라, 남성 선수들의 표본평균이 6피트 이상일 확률은 50%이다.

그러나 우리가 특정한 결과를 냈다는 가정 하에서 가설에 대한 확률을 계산할 수는 없다. 앞면이 네 번 연속으로 나온다면, 동전이 편향적이지 않을 확률은 얼마인가? 주어진 평균 키가 6피트 2인치인 경우에 모집단의 평균 키가 6피트일 확률은 얼마인가? 이것을 해결할 방법은 명확하지 않다. 문제는 가능한 가설의 수가 무한하다는 것이다(예를 들어, 동전은 편파적이지 않다, 동전은 60:40으로 치우쳐져 있다, 동전은 69.999999:30.000001으로 치우쳐져 있다, 등 또한 평균 키는 6피트, 평균 키는 6피트 0.001인치, 평균 키는 2000피트 등).

그런데, 가설의 확률을 추정하려고 하는 통계학, 베이지안 통계학이라는 특별한 분야가 있다. 간략히 말하면 베이지안 통계학자들은 연구의 데이터를 이용하기 전에 가설의 주관적인 확률을 언급하는 것으로 시작한다. 그런 다음에 그들은 데이터에 따라 이 사전 확률을 업데이트한다. 부정적인 데이터는 가설이 참일 가능성을 낮추고, 긍정적인 데이터는 가설이 참일 가능성을 높인다. 가설에 대한 사전 확률을 명시하는 어려움 때문에 대부분의 통계 영역에서 베이지안 방법이 아직은 소수의 주장에 머물러 있다.

2. **여기 몇 가지 연구 질문이 있다. 이들 각각에 대한 귀무가설의 예를 제시해보자.**

a. **의무적인 재교육이 장기 실업에 영향을 미치는가?**

귀무가설 예: 복지 수급자에게 의무적으로 적용된 직업훈련에 관해 전후의 장기취업률에는 차이가 없다.

b. **뉴욕에서 택시를 잡을 때, 흑인 남성이 백인 남성보다 더 어려움을 겪고 있는가?**

귀무가설 예: 택시를 잡는 시간은 흑인 남성과 백인 남성이 같다.

c. **전국적으로, 전체 출생아 중 약 28%가 제왕절개 수술을 통해 태어난다. 뉴욕주의 병원들의 제왕절개 비율이 평균보다 높은가?**

귀무가설 예: 뉴욕주의 제왕절개 수술 비율은 28%이다.

d. **방과 후 프로그램은 예술, 음악, 드라마 또는 댄스 활동에 학생들의 참여를 증가시키는가?**

귀무가설 예: 방과후 프로그램이 있는 학교와 방과후 프로그램이 없는 학교 간에 예술, 음악, 드라마, 춤에 대한 학생들의 참여에는 차이가 없다.

e. **새로운 유형의 독성이 낮은 화학요법을 처방받은 환자들은 적어도 표준적인 (그리고 불쾌한) 화학요법의 약만큼 반응률이 좋은가?**

귀무가설 예: 표준 항암화학요법에 대한 응답률이 새로운 화학요법에 대한 응답률보다 높다.

두 가지의 의견: 첫째, 위의 귀무가설들은 예에 불과하며 종종 어떤 특정한 질문에 관해서 여러 가지 다른 귀무가설들이 가능하다. 예를 들어, 질문 (d)의 경우, "예술, 음악, 드라마, 춤에 대한 학생들의 참여에 있어서 학교 프로그램이 소개되기 전의 수업 시간과 뉴욕시 학교에의 도입 후의 수업 시간을 비교했을 때 차이가 없다."는 귀무가설도 있을 수 있다. 또한 "방과후 프로그램의 장소를 제공받은 아이들은 장소를 제공받지 못한 아이들과 같은 수준으로 예술, 음악, 드라마, 춤에 참여한다."라는 것은 어떤가. 이 세 가지 가설은 각각 다른 연구 설계를 반영하며, 같은 기간 동안 서로 다른 학교를 비교하고, 같은 기간 동안 같은 학교에 있는 서로 다른 학생들을 비교한다. 연구 가설과 연구 설계 사이의 연계는 연구 방법론의 중심 개념이다.

두 번째 의견은 (e)에 대한 귀무가설은 그룹 사이에 차이가 있다는 것이다. 이것은 귀무가설이 자주 "집단 간 차이 없음"의 관점에서 정의되기 때문에 다소 특이하다. 새로운 약보다 표준적인 암 치료법이 더 낫다는 귀무가설을 제시하는 이유는 만약 이 귀무가설이 사실이라면, 아무것도 변하지 않기 때문에, 평소에 하던 것을 계속하면서 일반적인 치료를 진행하기 때문이다. 이것은 다소 특이한 경우이므로 머리를 싸매면서까지 걱정할 필요는 없다. 귀무가설을 설정하는 것이 상당히 어렵다는 것을 보여주기 위해 나는 그것을 제시하였다. 아마도 우리는 다음을 예상해야 한다. 우리는 추론 통계를 모든 종류의 과학 분야에 적용하기 때문에 모든 종류의 서로 다른 과학적 질문들에 관해 귀무가설이 필요하다. 우리가 모든 가능한 과학적 질문들을 한 문장으로 정의할 수 있다면, 그건 매우 놀라운 일이다.

CHAPTER 15. 마이클 조던은 귀무가설을 채택하지 않을 것 같은데… (p-값의 해석)

1. **통계적 유의성을 논할 때, 나는 0.05보다 작은 p-값을 "통계적으로 유의함"으로, 0.05 이상의 p-값을 "통계적으로 유의하지 않음"이라고 반복적으로 기술했다. 0.049999의 p-값은 항상 통계적으로 유의하며, 0.050001의 p-값은 통계적으로 절대 유의하지 않은 것이 사실인가?**

통계적 유의성에 관해 가장 일반적으로 사용되는 임계값은 0.05이다. 내가 0.05보다 작은 p-값을 "통계적으로 유의함"이라고 하고 0.05보다 큰 p-값을 "유의하지 않음"이라고 말하는 이유가 여기에 있다. 그러나 이론적으로 당신은 자신이 원하는 통계적 유의성의 수준을 정할 수 있다. 이 수준을 α(알파)라고 한다. α를 0.01로 설정하면 p-값이 0.01 미만일 때 통계적으로 유의하다고 할 수 있다. 따라서 α가 0.01이라면, p-값이 0.04999일 때 귀무가설을 기각할 수 없다. 이와 비교하여 α가 0.1이면 0.050001의 p-값은 통계적으로 유의하고 귀무가설을 기각할 것이다. "통계적 유의성에 관해 가장 일반적으로 사용되는 임계값은 0.05"라고 말하는 것은 "가장 일반적으로 사용되는 값은 0.05"라고 말하는 것과 같다. 이론상으로는 0.03869를 설정할 수 있지만, 이것은 결코 실제로 행해지지 않는다.

덧붙여 말하면, 분석을 실행하기 전에 먼저 자신의 α를 설정하는 것이 중요하다. 나는 가끔 "집단 간의 차이에 대한 p-값은 0.0684이었다. 따라서 우리의 결과는 0.07 수준에서 통계적으로 유의하다."와 같은 결과들을 본 적이 있다. 요컨대 p-값을 구한 후에 α를 설정하면 항상 통계적으로 유의한 결과가 보장된다.

2. 왜 마이클 조던과 같이 한 나의 실험 결과에서 유의하지 않은 p-값이 나왔다고 생각하는가?

당신이 공정한 연구를 했다고 가정하고, 유의하지 않은 p-값이 나온 것은 두 가지 이유가 있다. 첫째, 확실하게 귀무가설이 참이라는 것이다. 둘째, 귀무가설이 거짓이지만, 당신은 아직 그것을 기각할 충분한 증거를 가지고 있지 않다는 것이다.

p-값에 대한 여러 가지 생각 중 하나는 그것이 귀무가설에 반하는 증거의 강도를 나타낸다는 것이다. p-값은 크지만 귀무가설이 거짓이라고 믿는다면, 당신이 할 수 있는 한 가지 선택은 가서 더 많은 증거를 수집하는 것이다. 농구 실험의 경우에서는 나와 마이클 조던, 두 사람 모두에게 자유투를 더 던질 것을 요구한다는 의미이다. 예를 들어, 만약 우리 둘 다 7개를 추가로 더 던졌고, 나는 3개를 명중시켰는데 그가 6개를 명중시켰다면, 조던은 전체 14개 중 13개를, 나는 전체 14개 중 6개를 넣은 것이다. 이 차이는 통계적으로 유의미하다($p=0.013$).

통계학자는 귀무가설이 참인지 거짓인지에 관계없이 표본의 크기가 작은 경우에는 p-값이 크게 나타나는 경우가 많다고 설명한다. 실제로 통계학자의 연구 중 중요한 부분은 거짓인 귀무가설을 기각할 수 있는 좋은 기회를 가지기 위해 얼마나 큰 실험 횟수가 필요한지를 정확히 알아내는 것이다(참고: 17장. 친구와의 만남 (표본의 크기, 표준 오차, 검정력)).

3. **저지방 식단이 유방암에 미치는 영향에 관해 어떤 결론을 내려야 할까?**

저지방 식단 실험에 관한 나의 견해는 그 결과가 매우 고무적이라는 것이다, 그것은 암 발생 위험이 10% 감소하는 것은 매우 중요하다는 것을 근거로 하고 있다. 하지만, 그 결과는 식이요법이 유방암에 미치는 영향에 관하여 우리가 정말로 확신할 만큼 충분히 강하지 않았다. 지방은 거의 영향을 미치지 않거나 어쩌면 방어적인 것일 수도 있다. 따라서 어떻게 해서든지 확신을 하기 위해서는 더 많은 데이터가 반드시 필요하다. 그럴 때, 우리는 다른 실험을 하지 않고 단지 주변에서 기다리는 것만으로도 더 많은 데이터를 수집할 수 있다. 더 많은 여성이 시간이 지남에 따라 유방암에 걸릴 것이고 우리는 이 여성들이 저지방 또는 표준 다이어트 그룹 중 어디에 배정되었는지를 다시 확인할 수 있다. 나는 일단 데이터들이 수집되면 이 실험을 하는 과학자들은 앞으로 몇 년 안에 결과를 업데이트할 것을 추측한다.

4. **형사재판과 p-값의 연관성은 무엇인가?**

누군가 차를 훔친 혐의를 받고 있다고 하고, 그 사건은 재판에 회부된다. 배심원단은 "유죄" 또는 "무죄"의 두 평결 중 하나만 결정할 수 있다. 대략적으로 말해서 유죄 평결은 "배심원단은 피고가 차를 훔쳤다는 사실을 의심 없이 합당하게 생각한다."는 것을 의미한다. "무죄" 평결은 "배심원단은 피고가 차를 훔쳤다는 사실이 합당하지 못하고 의심이 든다."는 것을 의미한다. 무죄 평결은 없다. 통계적 가설검정은 형사재판과 매우 유사하다. 형사재판에서 "유죄"와 "무죄"라고 말하듯이 통계 검정에서는 "귀무가설을 기각한다." "귀무가설을 기각하지 않는다."라고 말한다. 그리고 "배심원이 그에게 무죄 판결을 내렸기 때문에 그는 무죄다."라고 말할 수 없듯이, 당신은 "p-값이 0.05 이상이고, 귀무가설이 기각되지 않기 때문에 귀무가설은 참이다."라고 말할 수 없다.

CHAPTER 16. 스포츠와 비즈니스의 차이점 (t 검정과 윌콕슨 검정)

1. 통계 검정은 모수와 비모수라는 두 가지 특성 중 하나로 이루어진다는 것을 들어봤을 것이다. t 검정은 모수 검정이고 윌콕슨 검정은 비모수 검정이다. "모수"는 무엇을 의미하며 왜 윌콕슨 검정은 모수가 아니고 t 검정은 맞을까?

모수 통계는 연구 데이터가 어떤 특정한 값을 가진 이론적 분포에서 추출된다는 가정을 기반으로 하는 통계적 방법으로 정의된다. 이러한 특정한 값을 모수라고 하는데, 평균, 표준편차, 비율 등은 모두 모수의 예다.

100마리의 양의 무게로 구성된 어떤 데이터 세트가 있다고 가정하자. 그리고 모수 통계 분석을 하려고 한다. 여기서 이 양들의 무게는 이론적으로 무한히 큰 양의 무리로부터 무작위로 추출된 것으로 추정한다. 이 모집단은 특정한 평균과 표준편차를 가지는데, 이것은 모집단의 모수이다. 표본에서 100마리의 양의 무게에 관해 우리가 계산하는 평균과 표준편차는 이러한 모수의 추정값이다.

자전거 경주와 관련된 연구에서, t 검정을 사용하여 p-값을 구하기 위해, 먼저 그룹 평균 간의 차이에 대한 추정값을 계산한 다음, 이 추정값을 표준오차로 나누었다. 표준오차 공식은 마사지를 받은 그룹과 통제 그룹의 표준편차를 포함한다. 그래서 t 검정을 실시하기 위해서는 평균과 표준편차를 계산해야 한다. 이것들은 마사지 받는 자전거 선수와 마사지 받지 않는 자전거 선수의 이론적인 분포에서의 모수에 대한 추정값이다. 이와는 대조적으로 윌콕슨 검정에서는 p-값을 구하기 위해 단순히 순위를 더했을 뿐이며, 어떠한 모수의 추정값을 계산할 필요가 없었다. 윌콕슨 검정에서 p-값을 제시할 때 중앙값을 나타내도록 선택할 수 있지만, 검정을 실행하기 위해 중앙값을 계산할 필요는 없다. 따라서 t 검정은 모수적이고 윌콕슨 검정은 비모수적이다.

다음 그림은 모수 통계에 관한 생각의 흐름을 간략히 나타낸 것이다.

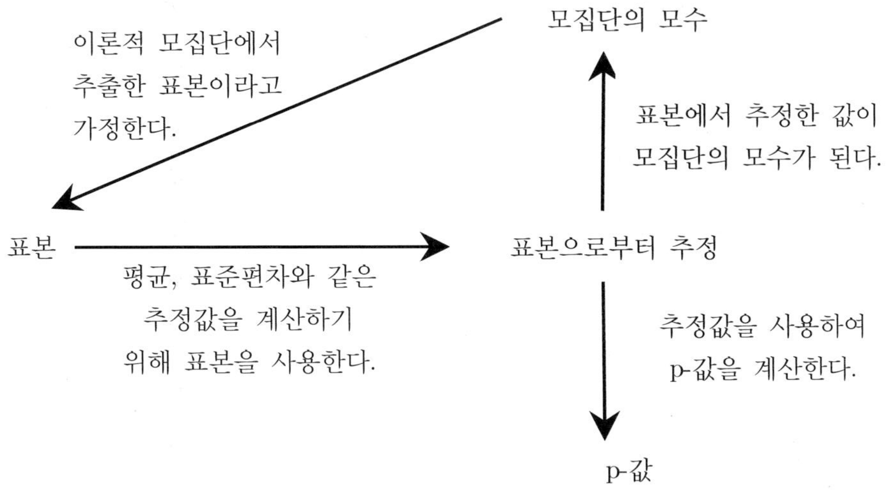

비모수 통계에 대한 유사한 그림은 매우 간단하다.

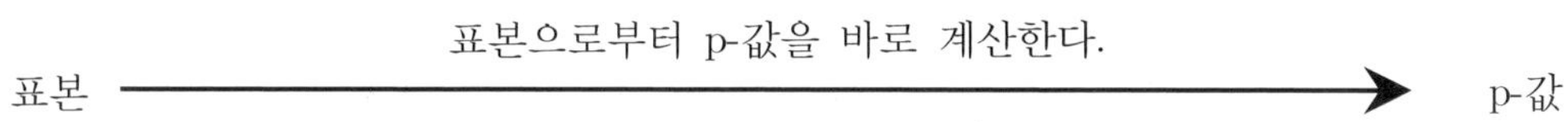

비모수 통계적 검정에서 p-값을 제시할 때 연구자들은 정확성을 높이기 위해 중앙값이나 사분위수범위와 같은 모수를 함께 나타내는 경우가 많다.

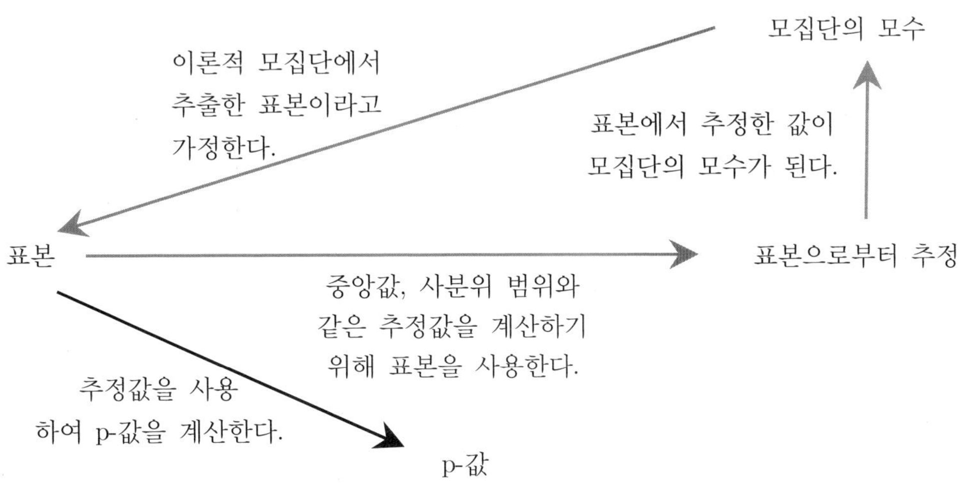

그림의 상단의 선은 비모수 통계 검정의 고유 부분도 아니고 필요한 부분도 아니기 때문에 회색으로 표시했다.

2. **자전거 시합 후의 회복에서 마사지의 가치에 대한 실험을 통해 어떤 결론을 내리겠는가?**

p-값이 0.05를 훨씬 초과했기 때문에 우리는 마사지가 사이클 타임을 단축한다고 단정해서는 안 되며, 결과적으로 마사지의 효과가 없다는 귀무가설을 기각할 수 없다. 반면에, 우리는 마사지가 효과 없다고 말하고 싶지 않을 것이다. 왜냐하면, 그것은 여러분이 원하지 않는 귀무가설을 받아들이는 것이기 때문이다(참고: 15장. 마이클 조던은 귀무가설을 채택하지 않을 것 같은데…. (p-값의 해석)). 핵심은 중요한 추정값과 그것의 신뢰구간을 살펴보는 것이다. 우리는 마사지가 자전거 타기 시간을 1분 정도 줄여주지만, 최대 5분까지도 단축할 수 있는 것으로 추정했다. 자전거를 타는 사람들은 시간을 몇 초라도 단축하기 위해 더 가벼운 장비를 사는 것에 많은 돈을 쓴다. 5분은 고사하고 1분이라도 엄청난 차이가 난다. 그래서 우리는 이 연구가 어느 쪽이든 해답을 줄 만큼 정확하지 않기 때문에 추가적인 연구가 필요하다고 결론을 내린다. 우리가 정확한 결과를 얻지 못한 이유를 찾는 것은 어렵지 않다. 이 연구는 매우 작았고, 작은 연구들은 전형적으로 넓은 신뢰구간을 가진다.

CHAPTER 17. 친구와의 만남 (표본의 크기, 표준오차, 검정력)

1. **가설검정을 사용하여 연구에 필요한 표본의 크기를 계산할 때는 찾고자 하는 귀무가설에서의 모수와의 차이인 효과의 크기를 미리 정해야 한다. 효과의 크기는 어떻게 정하는가?**

효과 크기의 작은 차이는 표본 크기의 큰 차이로 이어지기 때문에 신중하게 선택해야 한다. 역제곱의 법칙을 적용해보면, 찾으려는 효과의 크기를 절반으로 줄일 때 필요한 표본의 크기는 4배로 증가한다.

일반적인 오류로서 연구의 기대 측면에서 효과의 크기를 수정하는 사례가 있다. 일반 감기에 대한 새로운 감기약 연구를 사례로 든다. 약을 복용한 20명의 환자를 대상으로 연구자들이 사전 준비 조사를 해 본 결과, 17명(85%)이 48시간 내에 완치되었다고 가정해보자. 대조군에서는 50%의 완치율을, 약을 복용한 그룹에서는 85%의 완치율을 예상하는 이상적인 실험을 설계하려고 한다. 이러한 실험에는 약 80명의 환자가 필요하다. 그러나 약을 복용한 그룹에서는 40명 중 28명(70%)이, 대조군에서는 40명 중 20명(50%)이 완치된 것으로 실험의 결과가 제시되었다고 하자. 비록 제시된 가정이 그 약을 아주 좋아 보이게 하지만, 대부분 사람은 그 결과가 유의하지 않더라도 조기 완치의 가능성을 50%에서 70%로 높이는 데 매우 관심이 있을 것이다.

이것은 우리가 관심을 가질 만한 최소 효과를 고려하여 효과의 크기를 결정해야 한다는 것을 시사한다. 다음은 그 사례이다.

- 의사는 감기약으로 인한 비용과 부작용을 고려할 때 완치율을 최소 65%까지 높일 필요가 있다고 말할지도 모른다. 만약 완치율이 겨우 60%로 향상되었다면, 아마도 약을 구입할 가치가 없을 것이다.
- 학습에서의 성별 차이에 관심이 많은 심리학자는 어떤 시험에서 여학생과 남학생의 점수 차가 10점 이하라면, 그들이 거의 같은 점수를 받았다고 말할 것이다.
- 어떤 사회학자는 정치적 태도를 조사하는 설문에 보수주의자와 진보주의자가 서로 다른 답을 제시하는지를 분석할 수도 있다. 그는 3점 이상의 차이에 관심을 가질 수 있다. 따라서 의사, 심리학자, 사회학자는 각각 15%, 10점, 3점 정도의 효과의 크기로 그들의 실험을 설계할 것이다.

2. **연구가 귀무가설을 기각하는 데 실패하는 일이 종종 일어난다. 이렇게 되면 연구자들은 대체로 이 "부정적인" 결과에 관해 비난할 누군가를 찾기 시작한다. "어쨌든 그 연구의 검정력은 얼마인가?"는 공통적인 질문이다. 이것은 합리적인 질문인가?**

나의 견해로는 검정력은 어떤 결과를 얻기 전에, 연구를 설계할 때 당신이 미리 고려하는 것이다. 검정력은 귀무가설을 정확하게 기각할 확률이다. 이제 연구가 끝나고, 당신은 그 영점을 거부하지 않았기 때문에 그 확률은 0이라는 것을 알 것이다. "방금 분석한 연구의 검정력은 무엇이었습니까?"라고 질문하는 것은 9회 초에 폭투로 인해 메츠가 7차전에서 패한 다음 날에 "메츠가 애틀랜타를 상대로 좋은 기회를 잡았다고 생각하십니까?"라고 질문하는 것과 같다.

연구가 끝날 때 고려해야 할 것은 신뢰구간이다. 신뢰구간이 흥미로운 결과를 포함한다면, 추가적인 연구를 할 가치가 있다. 그리고 정말로 그것이 더 알고 싶을 것이다. 심리치료사는 말한다. 과거에 대해 누구를 탓하든 상관없다. 중요한 것은 미래에 당신이 그것에 관해 무엇을 하느냐이다.

간단한 예로, 감기약 실험에서 약이 완치율을 15% 정도 높인다면 사용할 가치가 있을 것이라고 기술했다. 다음 표는 가능하다고 생각되는 실험 결과를 몇 가지 나타낸 것인데, 모두 그룹 간에 통계적으로 유의한 차이가 없음을 보여준다.

시행	환자 수	통제 그룹에서의 완치율	약을 복용한 그룹에서의 완치율	두 그룹간의 차이	95% 신뢰구간
a	360	50%	50%	0%	-10% ~ 10%
b	200	60%	50%	-10%	-24% ~ 4%
c	480	50%	58%	8%	-1% ~ 17%
d	100	50%	62%	12%	-7% ~ 31%

실험 a와 b의 결과에서, 신뢰구간의 상한(약의 가능한 최선의 효과에 대한 추정값)이 15% 미만이기 때문에 약을 사용할 가치가 없다고 결론 내릴 것이다. 실험 c와 d는 유용하다고 생각하는 완치율을 15%까지 증가시킬 수 있는 가능성을 신뢰구간이 포함하고 있으므로 약을 다시 처방하도록 권장할 수 있다.

3. 연구를 계획할 때 항상 표본의 크기 계산을 수행해야 하는가?

그 대답이 사실 "아니오."라는 것에 놀랄지도 모른다. 오직 과학적인 측면에서 이야기하자면, 연구는 표본 크기가 증가함에 따라 점점 더 향상된다. 왜냐하면, 검정력이 증가하고 신뢰구간이 좁아지기 때문이다. 따라서 감기약의 이상적인 실험에서는 감기에 걸린 세계의 모든 사람이 포함될 것이고, 정치적 태도에 관한 이상적인 연구에서는 미국의 모든 자유주의자와 보수주의자에게 설문지를 줄 것이다. 일반적으로 수백만 개의 표본 크기를 가지고 연구를 하지 않는 이유는 돈이 너무 많이 들고 시간이 너무 오래 걸리기 때문이다.

게다가 너무 규모가 큰 연구는 윤리적으로 의심스러운 부분이 있다. 나의 전공인 암 연구 분야에서 좋은 사례를 찾을 수 있다. 과학적인 관점에서 엄격히 말하면, 새로운 화학요법 약품의 시험은 그 효과에 대한 정확한 추정값을 제시하기 위해 가능한 한 커야 한다. 하지만, 화학요법 시험에 참여하는 모든 환자는 당신에게 어떤 비용을 요구한다. 만약 그 약이 효과가 없다면 당신은 정당한 이유 없이 환자에게 화학요법의 고통을 겪게 했고, 만약 그 약이 암을 퇴치하는 것에 도움이 된다면, 새로운 환자의 결과가 나올 때까지 당신은 연구 결과를 발표할 수 있는 날짜를 늦춰야 한다. 따라서 전 세계에 있는 수백 명의 환자는 그들의 암이 너무 퍼지기 전에 효과적인 치료를 아마도 받지 못할 것이다.

공식적인 표본의 크기 계산의 요점은 유익과 손해의 균형을 맞추는 것이다. 한편으로는 큰 크기의 표본으로부터 정확한 결과를 얻을 수 있는 과학적 유익이 있지만, 다른 한 편으로는 시간, 돈, 잃어버린 기회라는 측면에서의 대규모 연구는 많은 것을 지불해야 한다. 표본의 크기 계산이 항상 필요하지 않은 이유는 일부 연구의 경우에는 표본의 크기를 증가시키는 데 비용이 크게 들지 않기 때문이다. 이미 수집된 데이터를 분석하는 경우에는 전체 데이터 세트 또는 일부만 다운로드하므로 추가적인 시간과 비용이 들지 않는다. 많은 경제 관련 연구들이 표본의 크기 계산을 필요로 하지 않는 이유가 여기에 있다. 즉, 이자율, 실업률 또는 인플레이션과 같은 것들에 대한 데이터는 이미 이용할 수 있다.

표본의 크기를 증가시키는 것에 대한 단점이 없었던 또 다른 사례를 제시한다. 일부 의학 연구자들은 에이즈 환자들에게서 채취되어 병원 냉장고에 보관되어 있는 모발 표본을 검사하고 싶어 했다. 연구자들은 모발에서 미량 수준의 에이즈 방지 약물이 탐지될 것이라는 가설을 세우고 환자들이 얼마나 오래 생존하는지를 예측할 것이다. 지금은 모발 검사를 위해 실험실을 세우는 데 많은 시간과 비용이 들지만, 개별 모발 표본을 검사하는 것은 매우 빠르고 사실상 비용이 들지 않는다. 게다가 이 검사는 모발을 손상하지 않으므로 표본을 다시 냉장고에 넣고 나중에 다른 사람이 또 연구할 수도 있다. 따라서 연구자들은 보관된 500여 개의 머리카락 표본을 모두 검사할 수 있도록 병원 윤리위원회에 요청했다. 윤리위원회가 그들의 요청을 거절하고 표본의 크기 계산을 요구했을 때, 연구자들은 모든 표본을 검사하는 것에 문제점이 없다고 지적했다. 그것은 많은 비용과 시간이 소요되지 않는다. 어떤 환자도 해를 입을 수 없으며, 어떤 연구 데이터도 미래의 과학자들에게 손실되지 않는다. 너무나 어처구니없이 윤리위원회는 표본의 크기 계산이 부족하다는 이유로 이들의 요청을 다시 거절했다.

이것은 통계에 대한 일반적으로 좋은 관점을 제시한다. 즉 통계는 당신이 따라야 할 규칙들이 아니라 당신이 사물을 알아내는 데 도움을 주는 도구들의 집합이다. 어떤 통계 도구를 사용하는지(심지어 당신이 항상 하나만 사용하는지), 이런 것들은 당신이 찾고자 하는 내용에 따라 달라진다. 연구자들이 표본의 크기 계산은 그들이 필요로 하는 도구가 아니라고 말한 것은 전적으로 옳았다. 윤리위원회가 통계는 일련의 규칙이라고 믿은 것은 잘못이며, 그중 하나는 "표본의 크기 계산을 항상 수행해야 한다."고 기술한 것이다.

4. **심화 활동: 조사 연구의 검정력을 살펴볼 때, 나는 95% 신뢰구간의 상한에 대한 분포를 제시하였다. 나는 이 한계가 50% 미만이면(귀무가설에 대한 값), 그 결과는 통계적으로 유의할 것이라고 말했다. 이처럼 나는 이 분포가 통계적으로 유의미한 결과와 동일하다고 주장했다. 이것은 실제로 옳을까?**

완전히 그렇다고 할 수는 않지만, 이 특정한 경우에서 그것은 매우 큰 실제의 차이를 만들지 않는다. 시험 변경에 찬성하는 학생의 비율이 50%라는 것이 이 연구의 귀무가설이다. 연구에서 관찰된 비율이 50%보다 상당히 높거나 낮은 경우에 귀무가설을 기각한다. 즉, 다음의 경우에 귀무가설을 기각한다.

- 95% 신뢰구간 상한이 50% 미만임

 또는

- 95% 신뢰구간 하한이 50% 이상임

도표에서 나는 상한에 대한 분포만 제시하였지만, "50% 미만의 결과의 비율"도 "통계적으로 유의한 결과의 비율"이라고 할 수 있다. 기술적으로, 그 비율은 하한이 50% 이상이었던 시간도 포함해야 한다. 그러나 이는 이 특정한 조사 연구에서는 극히 드문 일이다. $y = 0.121x_1 - 13.6x_2 + 0.020x_3 - 0.87$와 같은 회귀 방정식의 경우, y는 x의 값에 따라 달라지므로 y를 종속변수(반응변수)이라고 한다. x가 종속변수가 아니며 그리고 전혀 독립적이지 않기 때문에 왜 x가 독립적이라고 불리는지 100% 확신할 수 없다. 예를 들어, 100명의 조사 응답자 중 적어도 61명이 새로운 시험에 찬성한다면 95% 신뢰구간의 하한이 50%를 초과할 것이다. 시험에 찬성하는 실제 비율이 38%일 경우, 새 시험에서 100명 중 61명이 새 시험에 찬성할 확률은 약 350,000분의 1 정도이다.

CHAPTER 18. 시카고를 방문하기 좋은 시기는? (선형 및 로지스틱 회귀)

1. **실제로는 아무도 나이, 성별, 훈련거리를 이용하여 마라톤 시간을 예측하려고 하지 않는다. 대신 무엇을 사용하겠는가?**

마라톤 선수들은 대개 스스로의 기록이 어떠할 지 잘 알고 있다. 선수들은 나이, 성별, 훈련 거리가 아니라 이전 기록을 바탕으로 예측한다. 그리고 훈련이 어땠는지, 부상을 입었는지에 따라 예상 기록을 조정한다. 마라톤에 처음 도전하는 사람이라면 짧은 거리, 예를 들면 하프 마라톤에서 시간을 재고, 그걸 기준으로 기록을 예상한다. 즉 하프 마라톤에서 나온 기록을 두 배로 하고 15분 정도를 더한다.

이건 아주 중요한 문제이다. 무언가를 예측하고 싶다면, 어떤 것을 예측변수로 사용할지 고민해 보아야 한다. 예측변수를 선택할 때는 각양각색의 사고방식이 충돌하면서 격렬한 논쟁이 일어난다. 예를 들어, 자료를 보기 전에 예측변수를 미리 설정해야 할까? 혹은 자료에 따라 예측변수를 선택해야 할까? 나는 전자를 선호한다. 마라톤 사례는 예측의 다른 면도 보여준다. 일반적으로 차이를 만드는 것은 신상 정보가 아니라 각 개인의 상태이다. 마라톤의 경우, 나이와 성별은 이전 기록만큼 유의미하지 않다. 고통에 대한 연구에서, 환자의 1년 후 고통 수준을 예측하는 것은 환자의 나이, 고통의 종류, 치료의 종류가 아니라 현재의 고통 수준이다. 암에서 생존 확률에 가장 큰 차이를 만드는 것은 치료 전에 암이 얼마나 멀리 퍼져 있는가이다. 누군가의 대학 학점을 추측하고 싶다면, 고등학교 내신을 보라.

2. $y = b_1x_1 + b_2x_2 + c$**와 같은 회귀식에서** c**를 절편 또는 상수라고 한다. 그 이유는?**

나는 c를 주로 상수라 부른다. c는 x의 값에 상관없이 모든 사람의 점수에 더해진 값임을 강조하기 위해서다. 마라톤 사례에서, 상수는 262분이었는데, 선수의 나이, 성별, 훈련 방법에 상관없이 기록에 262분이 더해진다. 또한 c는 x가 0일 때 y축과 만나는 점이므로 절편이라 부르기도 한다.

예를 들어, $y = -0.062x^2 + 1.8x + 2.6$라는 회귀방정식을 생각해보자. 방정식에 x^2이 포함되어 있기 때문에 다음 그래프와 같이 비선형(즉 곡선)이 된다.

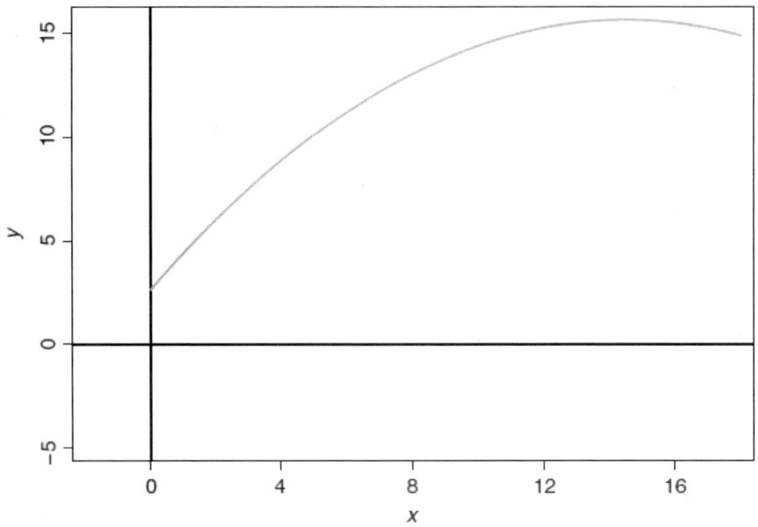

여기서 절편은 2.6이며, 회귀선이 y축과 $y = 2.6$에서 만나는 것을 볼 수 있다.

다음은 심화 활동을 위한 것으로, 회귀 상수에 관심이 없다면 건너뛰어도 된다. 다만 절편을 사용하면 주의해야 할 때가 있다. 위 그래프의 자료가 다이어트에 관한 연구에서 조사한 것이라 하자. y는 줄어든 체중의 양이고 x는 식단을 조절한 주이고, 회귀식은 $y = -0.062x^2 + 1.8x + 2.6$였다. 이 회귀식에 따르면 조사 대상자는 다이어트에 돌입하는 순간 2.6파운드를 감량하게 된다. 그러므로 회귀식을 $y = -0.060x^2 + 2.1x$로 조정하는 것이 더 적절할 것이다.

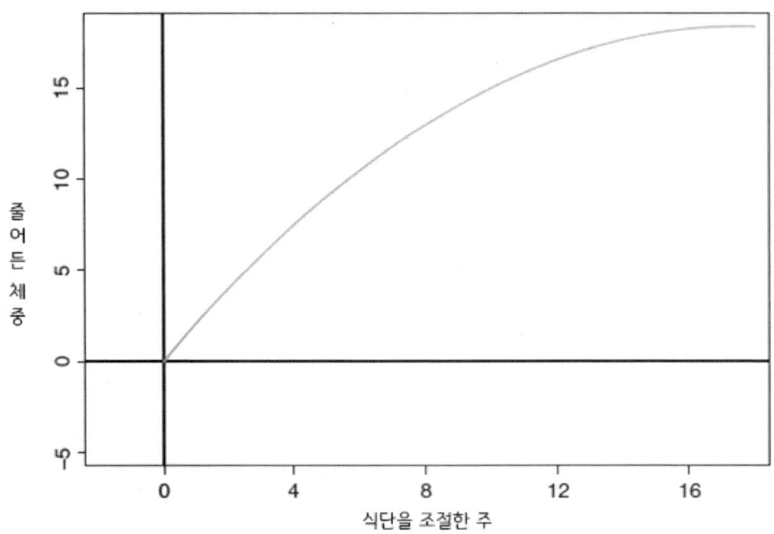

나는 상수를 강제로 0으로 두어 이 회귀 방정식을 얻었다. 통계학자들 사이에서 언제 상수를 강제로 0으로 두어야 할지 논란이 있긴 하지만, 다이어트 예시와 같은 경우 상수를 0으로 두어야 할 것은 명백하다.

3. y**를 종속변수라고 하고** x**는 독립변수라고 불리는 이유가 무엇이라 생각하는가?**

예를 들면, 교육(x)과 부모의 소득(x)의 관점에서 청소년 범죄(y)를 예측하려 할 때, 소득과 교육은 서로 독립적이지 않다. 때문에 나는 x에 대해 예측변수라는 용어를 선호한다. 범죄는 종속변수, 교육과 부모의 소득은 예측변수이다. x를 공변량이라 부르기도 한다. 하지만 나는 공변량을 "회귀분석에서 사용하고 싶지만 큰 관심은 없는 것"을 의미하기 위해 사용한다. 예를 들어, 직업상 담배 연기에 노출되는 것(x)이 폐암(y) 사이에 관련이 있는지 연구한다고 하자. 흡연자는 폐암 발병률이 더 높으므로, 우리는 조사 대상자가 흡연하는지도 고려하고 싶을 것이다. 하지만 우리의 연구 목적은 흡연이 암에 미치는 영향이 아니다. 이건 이미 충분히 알려진 사실이다. 그래서 나는 폐암을 종속변수, 직업 상 담배에 노출되는 것은 예측변수, 흡연 여부를 공변량이라 부른다.

4. **마라톤 달리기 예에서, 단순 회귀분석에서 "여자"의 계수는 24로, 즉 마라톤을 뛰는 데 여성들이 남성보다 24분이 더 걸린다. 다중 회귀분석에서 계수는 23분이었다. 이 두 계수의 차이를 어떻게 설명할 수 있을까?**

단순 회귀분석에서 우리는 성별만 고려했다. 계수 24의 의미는 다음과 같다. 남자와 여자를 무작위로 선택한다. 나이나 훈련 거리 등 다른 것은 무시하라. 그러면 남자가 여자보다 24분 더 빨리 완주할 것이다"

한편, 다중 회귀분석에서는 나이와 훈련 거리를 고려한다. 따라서 계수 23의 의미는 다음과 같다. 만약 남자와 여자가 있고, 그들의 나이와 훈련 거리가 같다면, 남자가 여자보다 23분 더 빨리 완주할 것이다."

두 계수가 왜 다른지 생각해보면 매우 흥미롭다. 표본 속의 여성은 남성보다 훈련 거리가 짧은 경향이 있었다. 24분의 차이는, 부분적으로는 여성이 남성보다 느리게 뛰기 때문이고, 부분적으로는 여성이 훈련을 덜 하기 때문이다. 다중 회귀분석의 계수는 훈련 거리를 반영한 마라톤 기록의 차이며, 남성과 여성의 달리기 속도의 순수 차이에 더 가까워진다.

5. 심화 활동: 로지스틱 회귀분석의 로그 오즈는? 통계학자들은 로지스틱 회귀의 계수 대신에 어떤 것을 보고하는 경향이 있는가?

로지스틱 회귀분석에서 y는 로그오즈이다. 예를 들어 본문에서 전립선암에 대한 회귀식은 $y = 0.121x_1 - 13.6x_2 + 0.020x_3 - 0.87$이고, x_1이 4, x_2가 0.25, x_3가 58이면 y는 -2.63으로 계산된다. 이는 해당 남성이 암에 걸릴 로그오즈가 −2.63이라는 뜻이다.

이것이 무엇을 의미하는지 이해하려면 우선 오즈를 이해해야 한다. A의 확률은 A가 발생한 횟수를 총 관측 횟수로 나눈 것이다. 만약 어린이 1000명 중에 750명이 시험을 통과했다면, 시험을 통과할 확률은 $750 \div 1000 = 75\%$이다. A의 오즈는 A가 발생한 횟수를 A가 발생하지 않은 횟수로 나눈 것이다. 따라서 아이가 시험을 통과할 오즈는 $750 \div 250 = 3$이다. 확률과 오즈에 대한 예시는 다음과 같다.

사건의 확률 (예, 시험을 통과)	사건이 일어나지 않을 확률 (예, 시험에서 떨어짐)	사건의 오즈
50%	50%	1.0000
25%	75%	0.3333
10%	90%	0.1111
90%	10%	9.0000
5%	95%	0.0526
1%	99%	0.0101

한 가지 우리가 알 수 있는 것은 어떤 일이 자주 일어나지 않을 때, 오즈와 확률이 비슷하다는 것이다. 예를 들어 확률이 5%(0.05)일 때, 오즈는 0.0526이다.

확률과 오즈 사이의 공식은 $\text{오즈} = \text{확률} \div (1 - \text{확률})$이다. 계산을 약간 해보면 $\text{확률} = \text{오즈} \div (1 + \text{오즈})$를 얻을 수 있다. 하지만 로지스틱 회귀분석은 오즈가 아니라 로그오즈($\log_e \text{오즈}$)를 제공한다. 로그오즈를 이용해 확률을 계산해내려면, 먼저 e를 로그오즈 거듭제곱해야 한다. 예시에서 로그오즈는 −2.63이었고 오즈는 $e^{-2.63} = 0.072$이다. 그러면 확률은 $0.072 \div (1 + 0.072) = 0.067$로 약 7%이다. 컴퓨터 프로그램에서 $e^{-2.63}$를 계산할 때는 exp(-2.63)이라고 입력하면 된다. 확률을 계산할 때는 $\exp(-2.63)/(1 + \exp(-2.63))$으로 입력하면 된다.

로지스틱 회귀분석의 계수만 봐서는 의미가 와 닿지 않는다. 그래서 통계학자들은 계수 대신에 오즈비를 제시한다. 오즈비는 e를 계수만큼 거듭제곱하여 구할 수 있다. 예를 들어, PSA에 대한 계수가 0.121이면 오즈비는 $e^{0.121}=1.13$이다. 이는 PSA 수준이 1씩 증가할 때, 암 발생 오즈가 1.13배씩 증가한다는 것을 뜻한다. 즉, 오즈가 8%에서 9%로 오즈는 위험에 대한 대략적인 이해를 할 때 유용하다.

간단한 예시를 살펴보자. 당신은 채용 과정에서의 차별에 대해 연구하고 있고, 사람들의 합격 여부를 조사해 보았다. 후보자 모두가 충분한 자질을 갖췄다고 할 때, 회귀방정식은 다음과 같았다.

$$y = \text{당락의로그오즈} = -0.223 \times \text{아프리카계 미국인} - 0.105 \times \text{여성} - 0.020 \times \text{나이} - 1$$

이 식에서 오즈비는 아프리카계 미국인일 경우 $e^{-0.223}=0.8$, 여성일 경우 $e^{-0.105}=0.9$, 나이가 한 살 더 많을 경우 $e^{-0.020}=0.98$이다. 오즈비가 1보다 작으면 합격이 힘들다는 것을 의미하고, 오즈비가 1보다 크면 합격할 가능성이 높다는 것을 의미한다. 아프리카계 미국인의 오즈비가 0.8이라는 것은, 다른 모든 조건이 같을 때 아프리카계 미국인이라면 합격할 확률이 20% 더 낮다는 것을 의미한다. 이 연구에 따르면 아프리카계 미국인, 여성, 그리고 노인이 실제로 채용 과정에서 차별을 당하는 것으로 보인다. 또한 차별이 여성이나 노인보다 아프리카계 미국인들에게 더 심한 것처럼 보인다. 하지만 주의하자. 나이에 대한 오즈비는 '한 살' 더 많을 경우 0.98이다. 다른 경쟁자보다 한 살만 많다면 합격할 오즈는 0.98, 즉 2% 낮다. 두 살 많다면 오즈는 4% 낮고, 스무 살 많으면 오즈는 1/3 토막도 안 된다. 그래서 채용 과정에서 성별과 인종보다 나이에 따른 차별이 더 심하다.

CHAPTER 19. 내 조수는 머리를 깎았나? (회귀분석 및 교락요인)

1. **다중 회귀분석에서 패스트푸드는 소득, 성별, 교육, 운동을 통제한 후에도 비만과 연관이 있었다. 패스트푸드를 먹으면 비만이 된다고 단정할 수 있을까?**

통계 자료에서 인과관계를 추론하는 것은 매우 어렵다. 가장 큰 이유는 본문에서 이야기했다시피, 교락 때문이다. 예를 들어, 20세기 초 독일의 황새 개체수와 출산율을 나타낸 다음 그림을 보자.

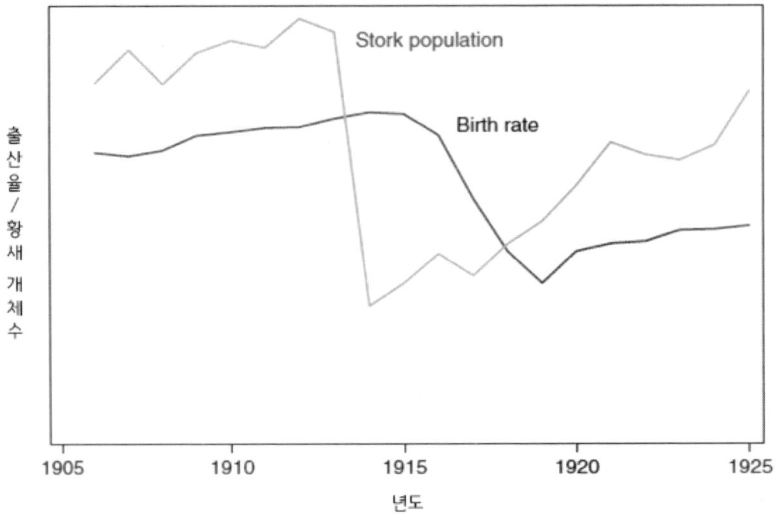

황새 개체수와 출산율 사이에는 분명 매우 강한 관계가 있다. 실제로 황새의 개체수가 줄어든 직후 출산율이 떨어진다. 진짜 황새가 아이를 물어다 주나 보다. 여기서 교락요인은 제1차 세계대전이다. 황새들이 살던 들판에서 매일같이 폭탄을 터뜨리니 황새 개체군이 급감하였고, 남편이 죽으니 아내도 임신을 할 수가 없었다. 그러자 얼마 후 출산율도 감소하였다.

통계적 결과만으로 원인을 알아내기 어려운 또 다른 이유는 연애와 비슷하다. 마리와 크레이그는 사귀고 있다. 그런데 어떻게 사귀게 됐을까? 마리가 먼저 사귀자고 했나? 아니면 크레이그가 먼저 번호를 물어봤나? 이처럼, 두 변수 사이에 관계가 있을 때 어떤 것이 원인인지 알기는 어렵다. 어떤 자료에 따르면, 건강에 나쁜 식습관을 갖고 있을수록 심장병의 비율이 낮다고 한다. 고칼로리에 설탕 범벅으로 먹는 것이 심장에 좋아서 그럴까? 가장 그럴듯한 설명은 심장병 환자들이 식단을 관리받기 때문이다. 만약 고칼로리 음식을 극도로 기피하는 남자가 있다면, 그건 아마 고칼로리 음식을 계속 먹다간 죽을 지도 모른다는 진단을 받았기 때문일 거다.

덧붙이자면, 예측변수와 종속변수라는 용어에 속지 말자. 마라톤 사례(참고: 제 18장. 시카고를 방문하기 좋은 시기는? (선형 및 로지스틱 회귀))에서는 훈련 거리를 늘리는 것이 마라톤 기록을 앞당기는 원인이 될 것이다. 그런데 다음을 생각해 보자.

$$y = \text{마라톤 기록} = b_1 \times \text{훈련거리} + b_2 \times \text{나이} + b_3 \times \text{성별}.$$

이 식에서 훈련 거리에 대한 p-값은 아래의 식에서 마라톤 기록에 대한 p-값과 동일하다. 즉, 어떤 변수를 예측변수라 부른다고 해서, 그 변수가 종속변수에 영향을 미치는 것은 아니다.

$$y = \text{훈련거리} = b_1 \times \text{마라톤 기록} + b_2 \times \text{나이} + b_3 \times \text{성별}.$$

아직도 모르겠다면, 그냥 외우자. "상관관계와 인과관계는 다른 것이다" 그래도 조심하자. 수년 간 담배회사는 흡연자의 폐암 발병률이 높은 것은 인과관계가 아니라 상관관계일 뿐이라며, 흡연이 폐암을 유발한다는 사실을 부정했다. 하지만 흡연과 암 간의 연관성에 대해서는 너무 많은 증거가 있다. 예를 들어, 담배 연기를 화학적으로 분석해보면 각종 발암물질을 포함하고 있다. 그리고 담배 연기에 노출된 동물이 폐종양에 걸렸다는 연구 결과도 있다. 동물뿐만 아니라, 인간을 대상으로 한 연구는 셀 수 없이 많다. 흡연자들이 폐암 발병률을 높이는 행동 패턴이 갖고 있어서, 그 행동 패턴 때문에 폐암 발병률이 높은 것이라는 가정도 그럴 듯하다. 하지만 이 가정은 왜 계속 흡연한 사람보다 금연에 성공한 사람이 폐암 발병률이 더 낮은지, 왜 흡연자의 발병률이 더 높은지, 왜 폐암 발병률과 흡연률이 비례하는지, 왜 국가별 폐암 발병률이 국가별 흡연 비율에 비례하는지 등을 설명하지 못한다. 또한 흡연자들이 입술, 혀, 목, 폐와 같이 담배 연기와 직접적으로 접촉하는 신체 부위에서 주로 암이 걸리는 이유도 설명하지 못한다.

다시 말하지만, 통계는 흡연이 폐암을 유발하는지 아닌지에 대한 답을 주지 않는다. 그 답은 과학이 준다. 통계는 과학적 결론을 도출하는 데 도움을 주는 것이다. 즉, 통계가 과학적 결론을 결정하지는 않는다.

2. **정확하게 측정할 수 없는 것의 예로 식단과 운동을 제시했었다. 사람들에게 그들이 먹은 모든 것과 그들이 하는 모든 운동에 대해 일기를 쓰도록 하면 어떨까?**

할 수야 있겠지만 별 도움은 안 될 것이다. 오늘 고칼로리 음식을 먹지 않았더라도 그 사람은 비만일 수 있다. 몸무게에서 중요한 것은 지난 몇 년 동안 무엇을 먹고 얼마나 운동했느냐이다. 그 사람이 현재 무얼 먹는지 측정할 수는 있지만, 2-30년 동안 무얼 먹었는지 복기하라고 하는 것은 불가능하다. 마찬가지로, 여태까지 얼마나 어떻게 운동했는지를 정확히 측정하는 것은 불가능하다.

3. **심화 활동**: 0.334**의 계수와** 0.121**의 표준오차를 보고했다. 내가 어떻게** 1.40**의 오즈비를 얻었을까? 내가 어떻게 신뢰구간을 얻었을까?**

오즈비는 e를 계수만큼 제곱한 것이다($e^{0.334} = 1.40$). 계수에 대한 신뢰구간은 계수에 1.96×표준오차를 더하고 뺀 것이다(0.097, 0.571) 오즈비에 대한 신뢰구간은 $e^{0.097} = 1.10$에서 $e^{0.571} = 1.77$이다.

CHAPTER 20. 아이가 기침하면 아내는 호들갑을 떨고 나는 무시한다. (특이도 및 민감도)

1. **아이들 건강에 대한 아내와 나의 접근법을 비교하는 실험에서, 우리의 진단과 의사의 진단을 비교했다. 나는 실제로 "아픈 아이들** 50**명 가운데, 아내는** 49**명을 아프다고 진단했다"고 말했다. 더 정확히 말하자면, "의사가 아프다고 진단한 아이들** 50**명 가운데, 아내는** 49**명을 아프다고 진단했다"이다. 즉 "의사가 아프다고 진단한"을 "실제로 아픈" 것으로 보았다. 하지만 의사가 항상 옳을까?**

글쎄, 의사가 항상 옳지는 않다. 문제는 민감도를 측정하려면, 실제로 병에 걸린 환자들 중에서 양성 반응을 보인 사람의 비율을 알아야 하기 때문에, "실제로 병에 걸렸는지"를 알아야 한다. 다시 말해, 민감도와 특이도를 판정 결과를 "진실"과 비교하는 것인데, 이 "진실"이 다소 모호하다는 것이다. 너무 철학적으로 생각하지는 말고, 무엇이 진실인지 어떻게 알 수 있을까?

통계학자들은 "골드 스탠더드"를 사용해 이 문제를 해결하고자 한다. "골드 스탠더드"는 진단 검사와 비교할 대안 검사를 선택하고, 이 골드 스탠더드를 일단 진실이라고 가정한다.

암 연구 사례를 살펴보자. 우리는 혈액 속에 특정 단백질의 수치가 높으면 전립선암인지 조사하고자 한다. 전립선암 여부를 알아내는 가장 좋은 방법은 조직검사이다. 생체검사는 전립선 조직에 주사 바늘을 삽입해 전립선 조직의 샘플을 채취한 다음, 채취한 샘플을 현미경으로 관찰해 암세포가 있는지 확인하는 것이다. 이 조직검사 결과와 혈액검사의 결과를 비교하여, 혈액검사의 민감도와 특이도를 계산할 수 있다. 하지만 우연히 종양이 아닌 건강한 세포만 채취하는 경우 등 조직검사가 100% 정확하지는 않다. 남자가 전립선암에 걸렸는지 알아내는 확실하고도 유일한 방법은 전립선을 떼어 토막 낸 다음 현미경으로 검사하는 것이다. 하지만 그 어떤 남자도 전립선암이 없는데 전립선을 제거하고 싶어 하지 않는다. 그래서 우리는 생체검사를 "골드 스탠더드"라고 부를 뿐이다.

2. **두 가지 진단 테스트 중 어느 것이 더 나은지 민감도와 특이도는 말해주는가?**

민감도와 특이도를 사용해 진단검사를 비교할 수 있을 때가 있다. 한 검사가 다른 검사보다 민감도와 특이도가 더 높을 경우가 그 예이다. 또는 두 검사의 민감도는 동일한데 한 검사의 특이도가 더 높을 경우, 어떤 것이 더 좋은지를 가려낼 수 있다.

검사	민감도	특이도
A	80%	40%
B	80%	50%

민감도는 검사A와 B과 같으므로, 검사B는 검사A 만큼 실제로 아픈 사람을 잘 가려내지만, 특이도는 검사A 보다 더 높으므로 건강한 사람에게 오진을 내리는 경우는 더 적다. 그러므로 검사B가 더 좋은 검사이다. 반대의 경우도 같다. 만약 두 검사가 특이도는 동일한데 검사A의 민감도가 더 좋다면, 검사A가 더 좋은 검사일 것이다.

민감도와 특이도로 진단검사를 판단하는 마지막 사례는, 민감도와 특이도가 아래와 같이 서로 대칭일 때다.

검사	민감도	특이도
A	85%	40%
B	40%	85%

이 때 우리는 민감도와 특이도 가운데 무엇이 더 중요한지 결정해야 한다.

하지만 민감도와 특이도가 정확히 대칭인 경우는 매우 예외적이다. 보통은 다음과 같다. 민감도보다 특이도가 더 중요한 상황이고 그 값이 다음과 같을 때를 생각해보자.

검사	민감도	특이도
A	85%	40%
B	80%	50%

민감도가 더 중요한 상황이라 했으므로, 아마 검사A를 더 선호할 것이다. 하지만 특이도가 10%나 낮은데 민감도가 5% 높은 것이 그만한 가치가 있을까? 어려운 문제다.

CHAPTER 21. 세일, 믿을 수 있어? (통계적 의사결정)

1. **의사는 회귀방정식을 사용하여 헬렌의 심장마비 위험이 8%라고 계산했다. 의사는 콜레스테롤을 낮추는 약을 복용하면 심장마비 위험이 25% 감소할 것이라고 했다. 하지만 그 약은 헬렌의 암 발병률을 0.5%까지 높인다. 만약 헬렌이 그 약을 복용한다면 심장마비의 위험은 절대적으로 얼마나 감소하는가? 헬렌은 그 약을 복용해야 한다고 생각하는가? 만약 헬렌의 심장마비 위험이 2%라면 어떨까?**

상대적 위험과 절대적 위험을 비교할 때는 간단한 공식 몇 가지를 생각해보면 쉽다.

의사는 심장마비 위험이 25% 감소할 것이라 했다. 이는 상대적 위험률 감소이다. 상대적 위험률은 다음과 같다.

$$\text{상대적 위험률} = 100\% - \text{상대적위험률 감소}$$

위 사례의 경우 상대적 위험률은 100% - 25% = 75%가 된다. 상대적 위험률의 정의는 다음과 같다.

$$\text{상대적위험률} = \frac{\text{약물복용의 위험률}}{\text{약물미복용의 위험률}}$$

이것은 다음을 뜻한다.

$$\text{약물복용의 위험률} = \text{약물미복용의 위험률} \times \text{상대적위험률}$$

약을 복용하지 않을 경우 헬렌이 심장마비를 일으킬 (절대적)위험률은 8%이다. 따라서 헬렌이 약을 복용할 경우 (절대적)위험률은 $8\% \times 75\% = 6\%$이다. 절대 위험률의 차이는 다음과 같이 구할 수 있다.

$$\text{절대위험률차이} = \text{약물복용의 위험률} - \text{약물미복용위험률}$$

위 사례의 경우 절대 위험률의 차이는 $6\% - 8\% = -2\%$이다. 따라서 암 발병률의 증가량(0.5%)보다 심장마비 위험률의 감소량(2%)이 더 크다. 헬렌이 심장마비보다 암에 걸리는 것을 대략 3~4배 훨씬 더 나쁘다고 생각하지 않는 한, 헬렌은 그 약을 복용해야 한다.

하지만 약의 효과는 그리 크지 않다. 암의 발병률에 관한 문제는 제쳐두더라도, 절대적 위험률이 8%이라면, 여성 100명 당 92명은 약을 복용하지 않아도 심장마비가 없고, 6명은 약을 복용해도 심장마비에 걸린다. 약을 복용해서 효과를 보는 사람은 여성 100명 중 2명뿐이다. 다른 말로 하면, 여성 50명이 그 약을 먹어야 겨우 1명이 효과를 본다는 것이다. 이를 치료에 필요한 수라고 하며, $1 \div$ 절대위험률차이로 계산한다.

만약 헬렌의 심장마비 위험률이 2%라면, 약물을 복용할 경우 위험률은 $2\% \times 75\% = 1.5\%$이고, 절대 위험률 차이는 $2\% - 1.5\% = 0.5\%$이다. 즉, 심장마비 위험률 감소량과 암의 발병률 증가량이 정확히 같다. 그러므로 헬렌은 굳이 약을 복용하지는 않을 것이다. 여기서 상대적 위험률 감소는 동일했다(25%). 30% 할인 예시에서도 살펴보았지만, 상대적 위험률은 의사결정을 할 때 별 쓸모가 없다.

2. **나는 의사결정 분석의 예시로 의학 분야를 예로 들었다. 그러나 의사결정 분석은 의학에서 발전된 것이 아니라, 통계라는 다른 분야에서 발전된 것이다. 어떤 것이 있을까?**

의사결정 분석은 비즈니스에서 의사결정을 돕기 위해 시작되었다. 사업가가 직감에 따라 움직이는 것이 아니라, 가능한 경우의 수를 모두 파악하고, 각각의 이익과 확률을 계산하는 것이다. 예를 들어, 본문에 제시한 의사결정 나무에서 "골수이식"이라는 결정 대신에 "신제품의 시장화"를 넣고, "표준 화학요법" 대신에 "기존 제품 라인 유지"를 넣는다. "좋은 반응"과 "반응 없음"은 "증가한 제품 판매량"과 "판매량 변화 없음"으로 바꾼다. 그리고 각 경우의 이익을 계산하는 것이다.

3. **의사결정 분석은 널리 이용되지 않는다. 왜 아니라고 생각해?**

의사결정 나무를 완성하려면, 확률과 결과값을 알아야 한다. 예를 들어, 골수이식에서 사망위험률은 10%이고 치료를 완수할 확률은 60%였다. 생존 기간은 나쁜 반응은 10개월, 좋은 반응은 60개월이었다. 이 숫자들은 과학 문헌에서 얻을 수 있었다. 하지만 이런 숫자들을 구할 수 없거나 정확히 알려지지 않은 경우가 많다. 예를 들어, 전립선암에 대한 조직검사를 언제 받아야 하는지에 대해서 의견이 분분하다. 그래서 검사를 "조기에" 받는 것과 "나중에" 받는 것을 비교하는 의사결정 나무를 만들고자 한다. 그러려면 조직검사에서 전립선암을 놓쳤을 경우 남성의 생존율과 불필요한 검사가 삶의 질에 미치는 영향을 고려해야 한다. 하지만 이 두 가지는 의사들 간에도 상당한 의견 차이가 있다. 즉 정확히 알려진 바가 없다는 의미이다.

의사결정 분석이 거의 사용되지 않는 또 다른 이유는 통계학의 실태와 관련이 있다. 실제 의사결정 분석은 책에서 소개한 것보다 훨씬 더 어렵고 복잡하다. 그래서 의사결정 분석을 사용하려면 매우 전문적인 훈련이 필요하다. 하지만 대부분의 통계학과에는 이와 관련된 과목이 개설되어 있지 않고, 그래서 이에 대한 지식을 갖춘 통계학자들도 거의 없다.

CHAPTER 22. 토미 존의 세 가지 실수 (네 가지 통계적 오류)

1. **오류투성이 문장에 4개 혹은 4.5개의 오류가 있다고 말했다. 그 반쪽 오류는 뭘까?**

문장에서 집단 간에 "기저" 나이가 다르지 않았다고 했다. 이 실험은 통증에 대한 것이었고, 보통 통증 실험은 모든 환자를 동일한 기간 동안 연구한다. 예를 들어, 환자가 기초 설문지를 작성하고, 받아온 약(혹은 위약)을 매일 복용한 6주 후 쯤에 두 번째 설문지를 작성한다. 따라서 다른 치료 집단의 환자들이 다른 비율로 늙지 않는 한, "기저" 나이를 비교했다고 말할 이유가 없다.

CHAPTER 23. 너무 많은 p-값을 어떻게 할까? (하나의 질문에 대한 하나의 통계적 검정)

1. **우리의 회귀분석은 약물의 용량과 면역기능 사이의 연관성에 대해 어떻게 가정하는가?**

회귀방정식은 $y = 0.30x + 10.2$이었다. 이것을 그래프로 그리면 일직선이다. 즉 우리는 투여량과 면역력 사이에 선형적인 연관성이 있다고 가정했다. 회귀식을 구하는 데 사용한 데이터는 다음과 같다.

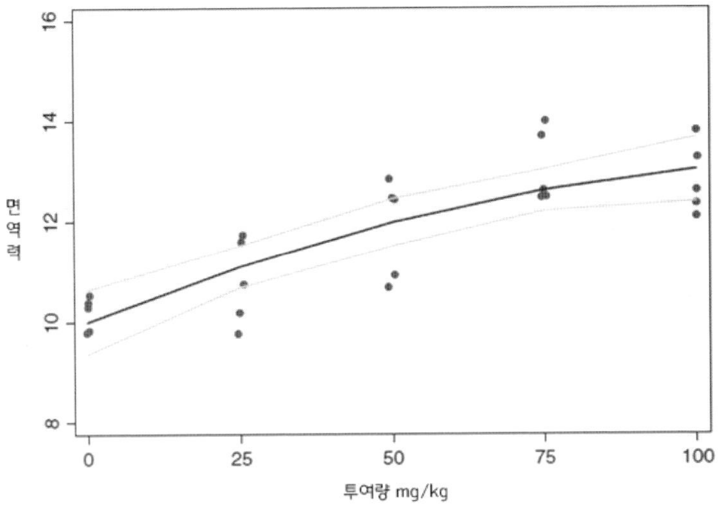

그래프를 보니 선형관계를 가정하는 것이 허무맹랑한 것은 아니었나 보다. "눈대중" 말고 더 확실한 방법으로 확인해보자. 우선 비선형 관계를 가정 하에 이차항을 추가하여 $y = ax^2 + bx + c$라는 회귀식을 만들어보자. 이 때 이차항의 계수 a는 -0.00018이고 표준오차는 0.000148이다. 계수가 표준오차보다 그리 크지 않으므로, 이차항의 계수는 통계적으로 유의하지 않다(p-값은 실제로 0.2이다). 따라서 투여량이 100mg/kg 이하인 경우, 투여량과 면역 점수 간에는 비선형 관계라는 증거가 없다고 진술할 수 있다.

한 가지 더 짚고 가자면, 지터에 대해 살펴보자. 쥐들 중에는 같은 양을 투여 받고 비슷한 면역 점수를 기록한 쥐들이 있을 것이다. 그래프 상에서는 해당 점들이 밀집해 있는 형태로 나타났을 테고. 지터는 점을 분산시켜 더 쉽게 볼 수 있도록 하는 잡음 같은 것이다.

2. **면역연구를 하던 사람들은 투여량이 50mg이든 25mg이든 유의미한 차이가 없다는 것을 발견했다. 이것이 정말로 "50과 25 사이에는 차이가 없다"는 의미일까?**

투여량 50과 25 사이의 면역 점수를 비교하는 t 검정의 귀무가설은 두 투여량이 면역에 미치는 영향이 동일하다는 것이다. 통계적으로 유의한 p-값이 나왔다면, 귀무가설을 기각하고 50과 25가 다른 영향을 미친다고 결론내릴 것이다. 반면에, p-값이 높으면 귀무가설을 기각할 수 없다는 것을 의미한다. 하지만 귀무가설을 수용한다는 이야기는 아니다(참고: 15장. 마이클 조던은 귀무가설을 채택하지 않을 것 같은데…. (p-값의 해석)). 차이가 있음을 증명할 수 없는 것과 차이가 없음을 증명하는 것은 다르다.

CHAPTER 24. TV 카메라맨과의 대화 (의미 있는 숫자를 제공하지 않는 통계분석)

1. **빈곤율과 범죄율 자료의 경우, 회귀분석이 상관분석보다 더 의미 있는 숫자를 준다는 것을 관찰했다. 또 다른 대안은 숫자를 주지 않는 것도 있다. 특정 숫자 없이 어떻게 데이터를 분석할 수 있을까?**

그래프를 그리는 방법도 있다. 각 지역의 데이터, 회귀선, 회귀선의 95% 신뢰구간을 보여주는 그래프를 그리는 것이다.

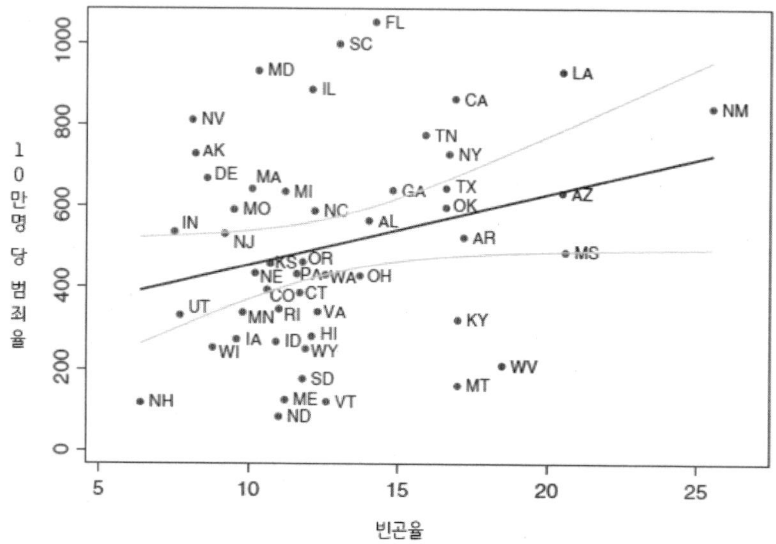

이 그래프의 좋은 점은 빈곤율과 범죄율 사이의 관계가 강하지 않음을 보여줄 뿐만 아니라, 범죄율이 낮은 곳이 어디인지도 보여준다는 것이다. 범죄율이 낮은 지역(뉴햄프셔, 노스다코타, 버몬트, 메인, 몬태나)은 목가적인 반면, 범죄율이 높은 주들(플로리다, 일리노이, 메릴랜드, 캘리포니아)은 도시적이다. 만약 대도시 구역에 거주하는 인구비율에 대한 회귀분석을 실행한다면, 다음과 같은 결과를 얻을 수 있다.

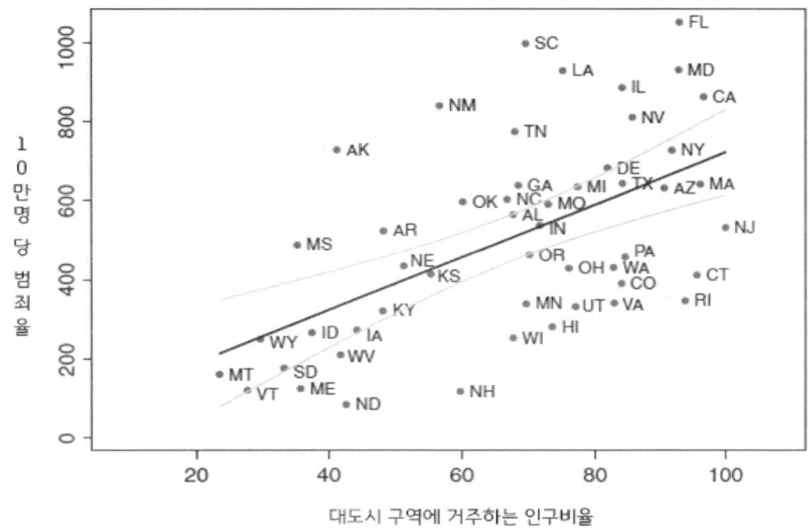

확실히 대도시 구역에 거주하는 인구비율이 빈곤율보다 범죄율을 더 잘 설명하는 것 같다. 어떤 사람들은 대도시 구역 인구비율과 빈곤율이 범죄율을 설명하는 추정치(예를 들면 결정계수 R^2)를 각각 계산해서 비교해 보라고 한다. 나는 '굳이?' 싶다. 우리의 목표는 어떤 것이 "최고의 예측변수"인지 가려내는 것이 아니라, 의존변수(y = 폭력범죄)를 최대한 이해하는 것이다. 따라서 각 변수에 대해 개별적으로 상관분석이나 회귀분석을 실행하는 것보다, 여러 변수를 한 번에 고려하여 다중 회귀분석을 하는 것이 좋다.

$$\text{인구 100,000당 폭력범죄수} = 22.2 \times \text{빈곤상태의 주거주자 비율} - 9.8 \times \text{대학교육을 받은 주거주자 비율} - 5.6 \times \text{대도시 거주 주거주자 비율} - 3.2 \times \text{중위소득}(\$000's) + 548$$

이 다중 회귀분석을 통해 강력 범죄와 관련된 요인을 보다 완벽하게 파악할 수 있다. 또한 교락요인에 의한 문제를 다룰 때도 유용하다(참고: 19장. 내 조수는 머리를 깎았나? (회귀분석 및 교락요인). 예를 들어, 범죄율과 소득만 보면 중위소득이 증가하면 범죄도 증가하는 것처럼 보인다. 그러나 중위 소득과 도시에 거주하는 것 사이에는 강한 연관성이 있으며, 농촌 지역은 중위소득이 낮은 경향이 있다. 그래서 도시에 거주한다는 요인 조정하면, 소득이 증가하면 오히려 조금이지만 범죄율이 낮아지는 것을 볼 수 있다.

부수적으로, “대도시에 거주한다”고 해서 시내의 아파트에 산다는 것은 아니다. 정부는 “대도시 구역”을 도시이거나 도시와 긴밀하게 연결된 지역으로 정의한다. 예를 들면, 지역의 주민 대부분이 근처 도시로 통근하는 경우과 해당된다. 뉴저지 중 일부는 시골이지만, 뉴저지의 모든 지역은 뉴저지의 중심 도시(트렌튼과 뉴어크)나 다른 주의 도시(뉴욕이나 필라델피아)와 긴밀하게 연결되어 있다. 따라서 뉴저지는 대도시 구역으로 분류된다.

그래프에 대해 한 가지 더 짚고 가자면, 나는 지터를 추가했다. 지역 중에는 범죄율과 빈곤율, 대도시 거주비율이 유사한 지역들이 있었다. 해당 지역을 나타내는 점들은 뭉쳐 있었을 것이다. 23장의 답 1에서 지적했듯이, 지터는 점을 더 쉽게 볼 수 있도록 분산시키는 임의잡음이다.

2. **당신은 카이제곱, 분산분석 또는 상관분석을 사용하지 말아야 하는가?**

현직 통계학자로서 나는 세 기법을 모두 사용한다. 실제로 카이제곱 검정은 꽤 많이 사용한다. 정확히 말하면 카이제곱 검정보다는 피셔의 정확검정(Fisher’s exact test)을 더 많이 사용하지만, 두 검정의 차이는 중요하지 않다. 하지만 카이제곱은 p-값을 제공할 뿐이며, 추정치를 추가적으로 계산해야 한다는 걸 항상 유념하고 있다. 예를 들어 종교와 결혼 자료의 경우, 나는 표를 제시하고 p-값을 제시한 후, 다음과 같이 말할 것이다. “이러한 결과를 설명하기 위해 같은 종교인 친구들의 수 항목을 ‘전부’, ‘대부분’과 ‘절반’, ‘절반이하’로 묶어 분류했다, 그리고 다른 종교 간 결혼에 대한 태도 항목을 ‘전혀 신경쓰지 않는다’와 ‘신경이 쓰인다’로 묶어 분류했다.” 그리고 나서 본문에 기술했던 추정치를 제공할 것이다. 즉, 그룹 간 차이는 18%, 95% 신뢰구간은 13% ~ 22%이다.

분산분석은 관찰연구를 할 때 가끔씩 사용한다. 예전에 어떤 의사가 자신이 수술한 환자들을 추적 조사해서 얻은 데이터를 본 적이 있다. 그 의사는 세 가지 수술법의 결과 간에 차이가 있는지 알고 싶어 했다. 내가 가장 먼저 한 일은 각 수술을 받은 환자들 사이에 본래부터 차이가 있는지 검사해 보았다. 만약 그렇다면 수술법이 아니라 본래 갖고 있던 특성 때문에 수술 결과에 차이가 있는 걸 수도 있으니 말이다. 내가 검사한 요소 중의 하나는 나이였다. 연속적인 종속변수(나이)를 세 집단에 대해 비교해야 하므로, 분산분석법을 사용했다.

상관계수는 서로 다른 예측변수 간의 관계를 조사하면서 가장 많이 사용한다. 예전에 암에 걸렸음을 보여주는 단백질이 있는지 연구한 적이 있다. 그러다 어떤 두 단백질이 매우 높은 상관관계(0.95)를 갖고 있다는 사실을 발견했다. 한 단백질의 수준을 측정하면 나머지 단백질의 수준이 얼마가 될지 정확하게 예측할 수 있었다. 그래서 의사가 두 단백질을 모두 측정할 필요는 없고, 하나만 측정하면 된다고 결론지었다.

통계학자들은 자료를 이해하는 데 도움이 되는 여러 도구를 개발했다. 그 도구 중에 쓸모없는 것은 없다. 연장에 비유해서 말하자면, 나는 드라이버를 자주 사용하고, 쇠파이프는 겨우 한두 번 사용해봤다. 하지만 어떤 사람이 자기는 쇠파이프는 매일 쓰지만 드라이버는 거의 사용하지 않는다고 하면, 음... 조폭인가? 통계도 이와 같다. 우리는 맡은 업무에 유용한 도구를 사용해야 한다.

3. 상관분석은 정말 영화 촬영에 "2.8"이 걸리는 것과 같은 의미 없는 숫자인가?

상관관계가 실제적인 의미를 알려주기는 한다. 그 의미가 통계학자에게만 와 닿아서 그렇지. 첫 번째는 "설명된 변동"이다. 상관계수의 제곱인 R^2은 한 변수가 다른 변수의 변동을 얼마나 설명하는지를 알려준다. 0.27의 제곱은 0.07이므로, 빈곤율과 범죄율의 간의 상관계수 0.27은 빈곤율 차이가 범죄율 차이의 7%를 설명한다는 것을 의미한다. 하지만 범죄율의 약 93%를 설명하지 않는다는 의미이므로 이 수치는 크지 않다. 다중 회귀분석에서도 R^2을 계산할 수 있다. 위 사례인 소득, 빈곤율, 대도시 거주비율, 교육 수준을 이용해 범죄율 예측하기에서의 R^2은 약 50%이다.

상관관계의 두 번째 의미는 표준편차와 관련된다. 빈곤율과 범죄율 간의 상관계수 0.27은 빈곤율이 1 표준편차만큼 증가하면 범죄율이 0.27 표준편차만큼 증가한다는 의미이다. 아마 크게 와 닿지는 않을 것이다. 회귀계수와 대비되게 말이다. 회귀계수는 빈곤율이 1% 증가하면 강력범죄가 인구 10만 명당 17건 더 발생한다는 의미였다. "17건의 강력범죄"이라 하면 폭력에 노출된 사람들이 떠오르면서 그 의미가 더 와 닿는다. "표준화된 차이 0.27"이라 하면 별로 실감이 나지 않는다.

4. 범죄자료에 대한 추론에 관심이 있는가? 우리의 분석에서 p-값을 보고해야 하는가? 신뢰구간은 어떠한가?

우리는 귀무가설이 사실일 경우 어떤 결과를 얻을지 상상함으로써 p-값을 산출하고,

연구를 여러 번 반복했다(참고: 14장. 바짝 마른 칫솔, 양치했을까? (p-값의 정의)). 마찬가지로 95% 신뢰도는 “연구가 더 많은 횟수로 반복된 경우 95% 신뢰구간 중 95%가 실제 추정치를 포함할 것”으로 정의된다. 이 모든 것은 우리가 연구를 반복할 때, 결과가 바뀔 수 있다는 가정 하에 있다. 이는 여론조사(참고: 12장. 통계적으로 같다고 해서 아무거나 하나를 선택하면 안 되는 이유 (신뢰구간))나 남성의 머리카락 길이에 대한 연구(참고: 10장. 중년남성의 머리카락 길이 (표준오차))에서 확실히 사실로 판명된다. 왜냐하면 표본으로부터 평균과 비율을 계산하고 있기 때문이다. 일단 다른 표본을 선택하면 다른 답을 얻을 수 있을 것이다.

하지만 범죄율 사례의 경우, 우리가 사용한 자료는 1996년 지역별 범죄 통계이다(미국은 50개의 주(지역)로 구성된다). 우리는 주(지역) 모집단에서 50개를 표본 추출한 것이 아니라, 모든 자료를 갖고 있다. 연구를 여러 번 반복하더라도 정확히 같은 결과를 얻을 것이다. 결론적으로, p-값과 신뢰구간을 제시하는 것은 넌센스이다.

자, 기억하자. 표본이 아닌 모집단에 대한 자료를 갖고 있다면, 신뢰구간과 p-값을 보고하지 않는다. 이것을 잘 보여주는 사례로 네이슨의 4학년 반친구들을 생각해보자. 그 반에는 남학생 14명과 여학생 12명이 있었다. 이 수치를 컴퓨터에 입력하면, 컴퓨터는 네이슨 반의 46%가 여학생이며, 여학생 비율의 95% 신뢰구간은 27%에서 67%라고 말한다. 컴퓨터가 이렇게나 멍청하다. 바보같은 질문에 더 바보같은 대답이다. 이걸 보고 ‘여학생의 비율은 46%로 추정되며, 많으면 67% 작으면 27%일 것이다’라고 말하지 마시길. 여학생의 비율은 그냥 46%이다. 또 겨울방학 동안 남학생 한명이 전학을 갔다고 하자. 컴퓨터는 맥네마의 쌍체표본 검정을 사용하여, 겨울방학 전후에 여학생 비율이 차이가 없다는 귀무가설에 대해 p-값 0.8을 보고한다. 따라서 귀무가설을 기각하지 못하며, 학급 내 성비가 변화했다는 증거가 불충분하다는 등의 소리를 하는 것이다.

우리는 위의 컴퓨터처럼 말하지 않는다. 그렇게 하지 않는 이유는 왜 통계를 일상생활에서는 사용하지 않는지 떠올려보면 이해가 된다. 퍼치카페의 가격이 올랐다거나, 다리가 교통체증으로 막혔다거나, 페기네 파티에 엄청 많은 사람이 왔다고 말할 때, 우리는 표본을 다루고 있지 않다. 우리는 얻을 수 있는 모든 데이터를 가지고 있다. 즉, 우리는 모집단을 다루고 있다. 그러므로 신뢰구간 따위는 생략하고 자신 있게 말한다.

CHAPTER 25. 플로리다에 사는 93살 샘 할아버지는 320kg? (회귀분석에서 범하기 쉬운 두 가지 실수)

1. **샘의 달리기 기록 시간에 대한 회귀분석은 5개의 자료를 이용했다, 바로 12, 14, 16, 18, 20살 일 때의 달리기 기록 이었다. 이에 대해 어떻게 생각하는가?**

교과서에서 회귀분석에 변수를 몇 개나 추가할 수 있는지가 관찰값의 수에 달렸고, 로지스틱 회귀분석이라면 사건의 수에 달렸다는 것을 본 적 있을 것이다. 그리고 하나의 예측변수에 최소 10개의 데이터가 필요하다는 것도 들은 적 있을 것이다. 샘의 달리기 사례의 경우, 5개의 데이터와 2개의 예측변수인 연령과 연령^{2}이 있으므로 분명 문제가 있다. 이것을 과대적합(overfit)이라 한다. 이것은 회귀방정식이 현재 자료에는 적합하겠지만 새로운 자료가 주어지면 효과가 없다는 것을 의미한다.

나는 이 문제를 "과대적합"이나 "변수 당 사건"과 같은 통계적인 용어로 설명하고 싶지는 않다. 이건 그냥 당연하고 논리적인 이야기다. 조그만 걸 가지고 거대한 걸 설명하려 하지 마라. 간단한 예로, 음식, 분위기, 서비스 중 식당이 성공하는 데 무엇이 가장 중요한지 연구하고자 한다. 그리고 동네에 있는 식당을 자료로 사용하였다. 식당이 5곳 밖에 없다는 것만 빼면.

식당	음식	분위기	서비스	성공?
알디라	훌륭함	좋음	괜찮음	매우
투부츠	적당함	좋음	훌륭함	매우
애플우드	훌륭함	괜찮음	좋음	중간
송	좋음	훌륭함	괜찮음	매우
코코테	좋음	좋음	좋음	아님

당신은 알디라와 코코테를 비교하며 음식이 가장 중요하다고 할지도 모른다. 하지만 투부츠는 음식이 그저 그런데도 성공했다. 애플우드와 송을 비교하면 분위기가 정말 중요하다고 느끼겠지만, 그럼 왜 코코테가 망했는지 설명할 수 없다. 즉, 우리는 세 가지 가설에 대해 자료가 충분치 않다.

2. **나는 샘이 93세에 0.5톤의 아령을 든다는 것을 어떻게 알아냈을까?**

샘은 16살 때 160파운드, 18살 때 180파운드짜리 아령을 들었다. 0세의 아기는 아령을 들 수 없다고 가정하면, $\text{벤츠프레스}(lbs) = 10 \times \text{나이}(\text{년})$라는 식을 얻을 수 있다. 이 식에 따르면 샘은 93살에 930파운드 아령을 들 수 있다.

3. **심화 활동: y는 거리 당 시간(초)이고 x는 나이를 나타낼 때 회귀식이 $y = 1.429x^2 - 54.2x + 784$이었다. x^2의 계수(1.429)는 소수점 셋째 자리까지 명시한 반면, x의 계수(54.2)는 소수점 첫째 자리만 명시했다. 그 이유는 무엇일까?**

x는 나이이고 x^2은 나이^2이다. 제곱을 하면 숫자가 매우 커질 수 있다. 만약 나이가 50세라면 나이^2의 계수에 2500을 곱해야 한다. x^2의 계수를 1.429가 아닌 1.43이라 했을 때, y는 2.5초가 차이난다. 반면 x의 계수를 54.21이 아닌 54.2라 하면 y는 0.5초 차이 밖에 나지 않는다.

CHAPTER 26. 마이크도 결국에는 결혼할걸. (평균으로의 회귀)

1. **평균으로의 회귀는 마이크가 미혼인 이유를 설명해 주는가?**

사실 설명해 주지 못한다. 이 장의 제목은 허위광고였다. 내가 평균으로의 회귀를 이용해 설명하고자 했던 건 왜 마이크의 룸메이트가 결혼을 하고 이사를 나가는 지였다. 대부분의 30대는 결혼을 해서 아내와 함께 산다. 그러므로 "아내와 함께 사는 것"이 "평균"이다. 마이크는 미혼인 친구들에게만 방을 빌려주었다. 즉 그들은 평균에서 벗어난 사람들이었다. 마이크의 룸메이트들을 살펴보면, 각 개인들이 평균으로 회귀한 것뿐이다.

그럼 마이크는 왜 아직 미혼이냐 하면, 제대로 된 사람을 아직 못 만났기 때문이다. 아니면 이렇게 설명할 수도 있다. 만약 마이크가 미혼이 아니었다면, 마이크는 방을 빌려줄 일도 없었을 테고, 설령 빌려줬다 한들 룸메이트의 결혼에 관심도 없었을 것이다. 나한테 하소연하지도 않았겠지. 이건 인류의 보편적 원리 중 하나이다. 그 입장이 아니면 관심조차 갖지 않는다.

2. **선형 회귀분석, 로지스틱 회귀분석과 평균으로의 회귀의 관련성은 무엇인가?**

선형 회귀분석과 평균으로의 회귀는 별개의 것이다. 둘 다 "회귀"라는 단어를 포함하는 것은 우연의 일치에 불과하다. 하지만 이 두 용어는 사실 역사적 기원이 같다. 19세기 당시 유전학은 우생학이었다. 우생학이란 선택적 번식을 통해 인류가 진화할 수 있다고 믿는 것이다. 우생학을 창시한 영국의 과학자 프랜시스 갈튼은 부모의 키와 성인 자녀의 키 사이의 관계를 알아내고자 하였다. 그는 키가 큰 부모들의 아이가 키가 크긴 하지만, 부모만큼 크지는 않다는 것을 발견했다. 키가 작은 부모들도 마찬가지였다. 갈튼은 이것을 "평범함으로의 회귀"라고 불렀다. 동시에 갈튼은 부모의 키와 자식의 키 사이의 관계를 기술하면서 다음과 같은 방정식을 썼다.

$$y = \text{평균 키와 자녀의 키의 차이} = \text{평균키와 부모의 키 차이의 } 2/3.$$

예를 들어, 만약 부모가 평균보다 3인치 더 크다면, 자식은 평균보다 2인치 더 클 것이다. 이 방정식이 "평범함으로의 회귀"에 대한 것이었으므로, "회귀 방정식"으로 불렸고 그 용어가 고착되었다. 사라진 것은 특정 인종만 번식시키고자 한 우생학과 '평범함'이라는 단어이다. 통계학자는 "평범함으로의 회귀"를 "평균으로의 회귀"로 바꾸었다. "마이크의 회귀"는 아직 널리 통용되지는 않지만, 곧 유명해질 거다.

CHAPTER 27. O.J. 심슨, 샐리 클라크, 조지, 나 (조건부확률)

1. **한 사건이 다른 사건에 대한 정보를 제공하지 않는다면 두 사건을 독립이라고 설명했다. 마찬가지로, 한 변수가 다른 변수에 대한 정보를 제공하지 않는다면 두 변수는 독립이다. 독립성은 t 검정 또는 카이제곱 검정과 같은 통계적 검정과 무슨 관계인가?**

대부분의 일반적인 통계 검정은 데이터가 독립이라고 가정한다. 독립이 아닌 데이터에 대해서 이러한 검정을 적용하는 것은 매우 일반적인 오류이다. 그 대표적인 예는 반복 측정이다. 예를 들어, 상점의 디자인이 구매 습관에 미치는 영향을 알아보기 위해서 동일한 의류가게의 두 매장에서의 판매량을 비교했다고 가정해 보자. 그리고 다음과 같은 데이터를 얻었다.

	아틀란틱 정류장 입구	브로드웨이 의류매장 입구
월요일	$2,800	$4,400
화요일	$2,600	$4,300
수요일	$3,200	$4,700
목요일	$3,000	$4,500
금요일	$3,900	$5,700
토요일	$6,000	$7,200
일요일	$5,400	$7,000

당신은 아마 t 검정이나 윌콕슨(Wilcoxon) 검정으로 이 판매 데이터를 비교하려 할 것이다. 참고로 두 검정 모두에서 약 0.045의 p-값을 얻었다. 그러나 이것은 어느 날의 한 매장의 판매가 다른 날의 그 매장의 판매와 독립이 아니라는 것을 깜빡한 것이다. 즉, 만약 당신에게 월요일의 판매 수치를 말해주면 화요일의 판매 수치에 대해 합리적인 추측을 할 수 있을 것이다. 왜 여기에서는 t 검정이 적합하지 않은지를 생각할 수 있는 가장 쉬운 방법은 통계에 대한 모든 생각을 그만 두는 것이다. 당신이 의류 회사의 CEO이고 매장 관리자 중 한 명이 입구에 의류 랙을 설치하는 것이 좋다고 주장하는 데이터를 가져왔다면 당신은 뭐라고 할 것인가? 당신은 아마도 "데이터가 너무 적어. 단지 두 개의 매장에 대한 데이터만 보여주면서, 맨해튼 미드 타운에 있는 매장이 브루클린에 있는 쇼핑몰에 있는 매장보다 더 나은 것은 별로 놀랍지 않아."라고 말할 것이다. 이것을 통계적 언어로 변환하면, 당신은 14개의 독립 데이터를 갖고 있지 않고, 독립이 아닌 7개의 데이터 포인트로 이루어진 2개의 데이터 셋을 가지고 있다.

독립이 아닌 또 다른 예는 어떤 것이 여러 개인에게 동시에 영향을 주는 경우이다. 곱셈표를 암기하는 것이 초등학교의 수학 점수에 영향을 미치는지 여부를 결정하기 위한 연구 사례를 살펴보자. 한 가지 방법은 두 반을 비교하는 것인데, 한 반은 선생님이 학생들에게 곱셈표를 외우도록 격려하고 다른 한 반은 그렇게 하지 않는 것이다. 만약 각 반에 25명의 학생이 있다면 전체 50개의 점수가 있다. 그러나 이 데이터는 독립적이지 않다. 만약 한 반의 한 아이가 아주 잘 했다면, 선생님은 유능하고 그 반의 다른 아이도 잘 했다고 생각할 것이다. 결론적으로 t 검정이나 윌콕슨 검정에 단순히 50개의 숫자를 입력할 수는 없다.

물론 이 모든 것이 실험설계로 귀결된다. 매장의 판매는 입구가 열려있거나 의류 선반이 있는지 여부 이외에 다른 여러 가지 요소들과 관련되기 때문에 두 개의 매장만 포함하도록 매장의 구조에 대한 연구를 설계하는 것은 어리석은 일이다. 마찬가지로 선생님이 모든 방면에서 서로 다르기 때문에 두 선생님의 결과에서 어떤 차이가 특정 교수 기법 사용에 기인한 차이로 간주하기는 어렵다.

2. **본문에서 나는 메도우스 교수의 주장을 "8500명 중 약 1명만이 요람사로 사망한다. 그러므로 2명이 요람사할 가능성은 1/8500 곱하기 1/8500 또는 7300만 명 중에 1명이다."라고 설명하였다. 나는 "7300만분의 1"이라는 숫자를 (a) 유아가 요람사로 죽을 확률은 형제자매가 죽을 확률과 무관하다고 가정하고, (b) 아이들이 살해되었을 가능성에 대해서는 거의 말하지 않는다고 지적했다. 하지만 훨씬 더 근본적인 수학 문제가 있다. 무엇이라고 생각하는가?**

당신은 8500 곱하기 8500이 7300만이 아니라 7200만에 더 가깝다는 것을 알았을 것이다. 나는 메도우에 대해서 다음과 같이 말하고 싶다. "통계를 할 줄 몰라? 기본적인 수학조차 할 수 없어!" 하지만 나는 법원의 사건에 대한 문서 사본이 없어서 그가 실제로 무엇이라 말했는지 정확히 알지 못한다. 그럼에도 불구하고 샐리 클라크 사건에 대한 많은 신문 기사에서 기본적인 곱셈 오류가 반복되었다는 것은 흥미롭다.

3, **샐리 클라크 사건은 '검사의 오류'의 예로 묘사되어 왔다. 이것이 무엇이라고 생각하는가?**

검찰의 오류는 다음과 같다.

- 내가 제공한 증거를 바탕으로 샤피로(Shapiro)가 결백할 가능성은 거의 없다.
- 따라서 샤피로는 유죄이다.

이 주장의 문제점은 두 가지 가능성이 있다는 것이다. 샤피로는 결백하거나 샤피로는 유죄이다. 우리는 이들 중 하나의 가능성을 보고 다른 것에 대한 결론을 도출할 수 없다. 대신에 각각의 확률을 비교해야 한다.

예를 들어, 강도사건이 발생했고 샤피로의 것과 일치하는 일부 DNA가 사건 현장에서 수집되었다고 생각해보자. 하지만, 강도 사건 당시 샤피로는 수천 마일 떨어진 도시에 있으면서 전국 경찰관 협회에 프레젠테이션을 하고 있었던 것으로 밝혀졌다. 샤피로의 DNA가 범죄 현장에서 채취한 샘플과 일치할 가능성은 거의 없다. 검찰의 오류는 샤피로가 그런 이유만으로 유죄라고 결론내린 것이다. 그러나 샤피로가 세계에서 가장 완벽한 알리바이를 갖고 있다는 점을 감안하면 범행을 저질렀을 가능성은 더욱 희박하다. 따라서 우리는 두 가지 가능성 중에서 가능성이 높은 것을 선택하여 샤피로는 결백하다고 선언한다.

검찰의 오류는 음모론에서 종종 발견된다. 셰익스피어의 작품이 윌리엄 셰익스피어가 아닌 다른 사람에 의해 쓰여졌다고 생각해 보자. 진짜 그의 작품이냐? 라는 셰익스피어에 대한 논쟁은 그가 비교적 낮은 계층의 사람이고 그와 같은 배경을 가진 누군가가 세속적이고 화려한 희곡을 썼을 가능성은 희박해 보인다는 것이다. 따라서 그의 희곡은 가령 옥스퍼드 17세 백작이라는 사회적 지위가 높은 사람에 의해 쓰여진 것이 틀림없었다. 적어도 이것은 옥스퍼드 백작이 셰익스피어의 희곡 일부가 쓰여지기 전에 죽었다는 것을 깨닫기 전까지는 괜찮았다. 어쩌면 옥스퍼드 백작이 죽은 후에 작품을 썼다는 사실보다는 셰익스피어가 정말 셰익스피어였을 가능성이 더 높은 것 같다. 하지만 어떻게 옥스퍼드 백작이 관속에서 잉크와 종이를 얻었을까?

이것은 검찰의 오류의 좋은 예이다.

- 윌리엄 셰익스피어가 이 모든 훌륭한 희곡을 썼을 가능성은 거의 없다.
- 따라서 윌리엄 셰익스피어는 셰익스피어의 희곡의 저자가 아니다.

반론은 다양한 다른 이론이 있으며 어떤 이론이 더 합리적인지를 주목해야 한다.

- 윌리엄 셰익스피어가 훌륭한 희곡을 모두 썼을 수는 없다.
- 옥스퍼드 백작이 죽은 후에 작품을 쓰는 것은 불가능하다.
- 따라서 셰익스피어의 작품은 옥스퍼드 백작보다 셰익스피어가 썼을 가능성이 더 높다.

셰익스피어 자신도 검찰의 오류에 대한 좋은 예를 보여준다. 작품 오델로에서 주인공은 백인 여자(데스데모나: Desdemona)와 결혼하는 짙은 피부의 무어인이다. 데스데모나의 아버지인 브라반티오(Brabantio)는 그의 딸이 자신의 자유 의지로 흑인과 결혼하기를 선택했다고 믿을 수 없었기 때문에 오델로가 주술을 사용했다고 고발하였다. 그는 베니스의 상원의원들 앞에서 다음과 같이 말했다.

She is abused, stol'n from me, and corrupted
By spells and medicines bought of mountebanks;
For nature so preposterously to err,
Being not deficient, blind, or lame of sense,
Sans witchcraft could not.

대충 번역하면, 앞을 못 보거나 어리석지 않은 그리고 전혀 감각이 없지 않은 백인 여성이 흑인과 만나서 함께 할 가능성은 거의 없다는 것이다. 이것은 자연법칙에 대한 오류이다. 그러므로 분명히 오델로는 마법을 사용하여 돌팔이 의사에게 구입한 물약을 데스데모나에게 주었을 것이다. 이것은 검찰의 오류와 꽤 유사하다. 데스데모나는 실제로 오델로를 좋아하였다는 한 가지의 가능성이 거의 없으므로, 오델로가 마법을 사용하였다는 다른 하나가 사실이어야 한다.

CHAPTER 28. 소년의 데이트 신청을 소녀가 거절하다. (다중검정)

1. **부분군 분석은 주로 의학 연구에 문제가 되는가**?

의사들이 부분군에 집착하는 것처럼 보이기 때문에 나는 본문에서 의학적 예를 사용하였다. 그러나 부분군 분석은 여러 통계 분야에서 널리 사용되고 있다. 사회학에서는 연구원들이 전체 범죄에 대한 정책 변경의 전반적인 영향뿐만 아니라 범죄 유형에 따른 영향에 관심이 있을 수 있다. 교육 심리학자는 남학생과 여학생 각각의 교수법에 의한 효과에 관심이 있고, 생물학자는 아종에 따라서 결과를 나눌 수 있다.

다중 검사를 위한 가장 어려운 영역 중 하나는 유전학이다. 모든 사람이 수천 개의 유전자를 가지고 있고, 그것들은 키, 지능 또는 운동 능력 같은 특성과 상관관계가 있을 가능성이 크다. 전형적인 유전학 연구는 1만 5천개의 유전자를 검사하고 그 중 5%인 약 750개 정도가 우연히 우리가 조사하는 형질과 통계적으로 유의미한 연관성이 있을 것으로 기대된다. 유전학 연구자들은 이러한 문제를 다루기 위해 특별한 통계분석을 사용해야 하지만 항상 제대로 하는 것은 아니다.

그러나 가장 불필요한 부분군 분석을 사용하는 분야는 스포츠이다. 타율은 타자에 대한 의미 있는 수치이지만 내야수와 외야수의 평균을 따로 보는 것이 합리적이라고 생각한다. 하지만 우리는 어떤 내야수가 올스타전 휴식 이후 가장 높은 타율을 가졌는지 궁금한가? 야구에서 볼넷을 얻어내는 것이 중요한 것은 틀림없지만 누가 9회에 가장 많은 볼넷을 얻었는지 관심을 가져야 하는가? 내가 가장 좋아하는 예는 NFL 디비전 플레이오프 게임에서 원정팀이 동부 표준시 지역에서 열린 이전의 8경기를 모두 졌다고 보도한 것이다. 하지만 그들은 그 대결에서 이겼다.

2. **모든 임상시험의 환자수가 신약 그룹과 대조군 그룹처럼 각 그룹에서 동일한가? 임상시험에는 남성과 여성의 수가 정확히 같은가?**

아니다. 인간을 대상으로 한 연구는 결코 그렇게 깔끔하게 이루어지지는 않는다. 심지어 각 그룹에서의 동일한 수는 말할 것도 없고, 연구에서 정확한 환자 수를 얻는 것도 쉽지 않다. 예를 들어, 2000명의 환자를 대상으로 한 연구를 진행 중이고, 2월 첫째 주 목요일 오전 11시에 2000번째 환자까지 마침내 모집되었다고 가정해보자. 나는 그때 미팅을 하고 있는데 오후 3시가 되어서야 그 메시지를 받을 수 있고, 내가 임상시험에 참여하고 있는 모든 의사에게 이메일을 보내 환자의 참여를 중단하라고 하면 그들은 환자 모집을 중단한다. 하지만 오후 3시에 의사는 이 이메일을 읽지 않고 진료소에 앉아 환자에게 중요하고 새로운 의학 연구에 참여하도록 유도하고 있다. 따라서 의사가 이 이메일을 읽었을 때까지 적어도 몇 명의 환자를 더 받아서 연구에 참여하는 환자가 아마 2000명 이상이 되었을 것이다. 특히 자신의 이메일 주소를 변경해서 다음 수요일까지 메시지를 받지 못한 존스 박사의 경우도 여기에 해당한다. 그 후에 연구에 참여한 일부 환자는 실제 자격이 없었고, 병의 재발이 발견되기 전에 일부 환자가 사망 또는 거주지를 옮긴 경우도 있었다.

이러한 것들은 통계를 이해하기 쉽게 하지만 실제 연구를 시작할 때는 깔끔하게 떨어지는 숫자를 기대하지는 마라.

3. **심화 활동: 이 장의 표에서는 귀무가설이 참일 경우 주어진 검정 횟수 중 적어도 하나가 통계적으로 유의할 확률을 보여준다. 나는 $1-0.95^n$이라는 공식을 사용하여 이 숫자들을 계산했다. 여기서 n은 검정의 수이다. 이는 "모든 시험에서 p-값이 0.05를 이상일 확률은 얼마인가"(이것은 0.95^n이다)라고 말한 다음 "하나 이상의 시험에서 $p<0.05$를 가질 확률은 1에서 그 확률을 뺀 것, 즉 $1-0.95^n$이라고 말한 것과 같다." 본문에서 암시했듯이 이 공식은 지나치게 단순화된 것이다. 왜일까?**

여러 사건(예를 들어, 동전을 두 번 던져서 두 번 모두 앞면이 나오는 사건)의 확률을 각 사건의 확률을 각각 곱해서 구하는 것은 일반적이다(즉, 0.5×0.5). 이것은 서로 다른 사건이 독립일 때, 즉, 한 사건에 대한 정보가 주어졌을 때, 다른 사건의 가능성을 추측할 수 없는 경우, 정확한 확률을 제공한다. 이것은 동전 던지기의 경우에도 마찬가지이다. 내가 방금 앞면을 얻었다면 이것이 다음에 무엇이 나올지를 예측하는데 도움이 되지 않는다.

다른 유형의 부분군은 독립이 아닌 경우이다. 연령대(노인과 청소년)와 성별(남성과 여성)을 부분군으로 각각 분석하는 경우 두 분석에서 이들은 다른 방식으로 나누어졌을 뿐 실제로 동일한 사람들이다. 따라서 부분군 분석 결과는 더 이상 독립이 아니다. 예를 들어, 약물이 효과가 없지만 임상시험에서 우연히 약물을 복용한 남성이 위약을 복용한 남성보다 통계적으로 더 나은 결과를 보였다고 가정하자. 여성들 사이에도 통계적으로 유의한 차이가 있을 가능성이 있냐고 물었다면 당신의 추론은 다음과 같다.

- 우리는 이 약물이 효과가 없다는 것을 알고 있으므로 실험에서 두 집단 간에 차이가 없다는 귀무가설은 사실이다.
- 귀무가설이 참인 경우, 약물 그룹과 위약 그룹 간에 통계적으로 유의한 차이가 있을 확률은 0.05이다.
- 남성이 여성이 아니므로 남성에 대한 부분군 분석결과는 관련이 없다.
- 그러므로 여성의 부분군 분석에서 약물 그룹과 위약 그룹 간에 통계적으로 유의한 차이가 있을 확률은 0.05이다.

그러나 내가 여러분에게 노인들에 대한 부분군 분석 결과에 대해 물어보면 어떻게 되는가?

- 우리는 이 약물이 효과가 없다는 것을 알고 있으므로 실험에서 두 집단 간에 차이가 없다는 귀무가설은 사실이다.
- 귀무가설이 참인 경우, 약물 그룹과 위약 그룹 간에 통계적으로 유의한 차이가 있을 확률은 0.05이다.
- 노인의 부분군 분석에서 약물 그룹과 위약 그룹 간에 통계적으로 유의한 차이가 있을 확률은 0.05이다.
- 그러나 노인들 중 일부는 남성이므로 약물을 복용한 남성이 위약을 복용한 남성보

다 더 나은 것으로 알고 있다.

- 따라서 노인의 부분군 분석에서 약물 그룹과 위약 그룹 간에 통계적으로 유의한 차이가 있을 확률은 0.05보다 약간 높다.

다시 말해서 “노인에게 약물의 효과는 무엇인가?”라는 부분군 분석의 결과는 “남성에게 약물의 효과가 무엇인가?”라는 부분군 분석의 결과와 무관하지 않다. 두 분석 중 적어도 하나는 통계적으로 유의할 확률 또는 두 분석 모두 통계적으로 유의하거나 두 분석 모두 통계적으로 유의하지 않을 확률을 구하기 위해서 단순히 각 확률을 곱할 수는 없다. 여기서는 다루지 않겠지만 조금 더 복잡한 작업이 필요하다.

CHAPTER 29. 나에게 절대 일어나지 않는 것들 (p-값을 비교하면 안 되는 이유)

1. **왜 더 강한 효과가 더 높은 p-값을 초래하고, 아무런 효과가 없다는 귀무가설에 반하는 증거는 줄어들 수 있을까? 본문의 택시, 영화, 엔진 부품, 혈압약과 같은 네 가지 예시에 대한 p-값의 차이를 어떻게 설명하겠는가?**

우리는 아마 더 강한 효과에 대해 p-값은 더 낮아질 것으로 예상할 수 있으며, 어쩌면 이것은 당연한 것이다. 일반적으로 항상 그렇지 않은 이유를 생각할 필요는 없겠지만, p-값에 영향을 줄 수 있는 모든 사항을 고려해야 한다.

a. 표본의 크기: 대단위 연구는 더 많은 증거를 제공한다. 만약 귀무가설이 거짓이라면 대단위 연구는 소단위 연구보다 더 낮은 p-값을 가지는 경향이 있다.

b. 표준편차: 변동이 클수록 신뢰도는 낮아진다. 즉, 신뢰구간이 더 넓어진다. 표본편차가 클수록 p-값이 높아진다.

c. 연구 설계: 다른 연구는 연구 설계의 차이에 의해서 다른 결과를 가질 수 있다. 즉, 결함이 있는 연구는 잘못된 결론을 초래할 수 있다.

d. 가능성: p-값은 연구를 반복할 때마다 달라지며 우연히 더 강한 효과가 더 높은 p-값과 연관이 있을 가능성도 꽤 있다. 실제로 혈압 시험에서 아무런 효과가 없는 약물이 위약에 비해 통계적으로 유의한 p-값을 가질 수 있으며, 매우 효과적인 약물은 유의하지 않을 수 있다.

이제 위의 사항을 p-값을 비교하는 네 가지 예제에 각각 적용해보자.

a. 표본의 크기: 대부분의 엔진에는 움직이지 않는 부품보다 움직이는 부품이 더 많다. 부품이 많을수록 표본이 크다는 뜻이며, 이는 더 많은 증거와 더 낮은 p-값을 의미한다.

b. 표준편차: 혈압 예제에서, 신약 A는 거의 모든 사람에게서 혈압을 상당히 예측 가능하게 감소시켰다. 참고로 평균 감소는 6.5이고 표준편차는 0.5이다. 신약 B에 대한 반응은 훨씬 다양했지만 감소량은 더 컸다. 참고로 혈압 평균 감소는 15이고 표준편차 12.5이다. 신약 A의 표준편차가 신약 B보다 훨씬 적기 때문에 "표준 치료보다 신약이 더 효과적이지 않다"는 귀무가설에 대한 p-값이 더 작다.

c. 연구 설계: 택시 예제에서 저자는 완전히 다른 두 가지 연구를 비교했다. 참고로 하나는 시카고의 블로그즈이고 다른 하나는 뉴욕의 스미스이다. 연구 간의 차이가 시간, 도시의 일부, 참가자의 옷차림, 나이, 신체적 크기, 연도 등을 포함한 다른 결과를 초래할 수 있는 다양한 이유가 있다. 한 연구는 뉴욕에서 그리고 다른 연구는 시카고에서 수행되었다는 사실은 두 연구에서 가능한 많은 차이 중 하나일 뿐이다.

d. 가능성: 영화에 대한 연구에서는 "영화 속 폭력에 대한 태도는 연령에 따라 변한다"는 귀무가설에 대한 p-값이 여성의 경우 0.002이고 남성의 경우는 0.005이다. 실제로 이 p-값들은 거의 비슷하다. 예를 들어, 남성 200명과 여성 200명이 있는데 그 중 절반은 더 나이가 많고 절반은 더 젊을 때, 이들 중 한 사람이 답변을 변경하면 p-값의 차이가 0.002와 0.005사이에 있을 수 있다. 따라서 이 작은 차이로 남자보다 여자에게서 더 두드러지는 효과를 나타낸다고 해석하는 것은 조금은 과한 면이 있다.

2. 어떤 효과가 다른 효과보다 강한지 어떻게 검정할 수 있을까? 예를 들어, 영화 속 폭력에 대한 여성의 태도가 남성보다 나이가 들수록 더 많이 변하는지를 어떻게 검정할 것인가?

이 장의 핵심 요점 중 하나는 가설을 검정하려면 두 개의 다른 p-값을 비교하는 대신 단일 p-값이 필요하다는 것이다. 한 효과가 다른 효과보다 강한 지에 대한 가설을 검정하기 위해 사용하는 것을 교호작용(Interaction) 검정이라고 한다. 성별과 같은 한 예측변수가 연령과 같은 다른 예측변수의 효과에 차이를 만든다고 생각하면 교호작용 항은 두 예측변수를 곱한 것이다. 예를 들어 다음과 같은 자료가 있다.

여성 (여성이면 1, 남성이면 0)	나이	교호작용	영화 속에 너무 많은 폭력 유무 (있으면 1, 없으면 0)
1	62	62	1
0	34	0	0
1	25	25	0
기타			

교호작용 항은 Female × Age으로, 여성의 경우 Age가 되고 남성의 경우 0이다. 다음 단계는 로지스틱 회귀모형 y = 영화 속 폭력에 대한 태도 = b_1× Age + b_2 × Female + b_3 × Interaction term이다. 교호작용의 계수인 b_3에 대한 p-값은 남성보다 여성에게서 영화 속 폭력에 대한 태도가 나이에 따라 변하는지 여부를 검정한다. 이 자료에서 교호작용에 대한 p-값은 0.7이므로 귀무가설에 대한 증거가 거의 없다. 또한 그래프는 이러한 종류의 자료를 설명하는 좋은 방법이다.

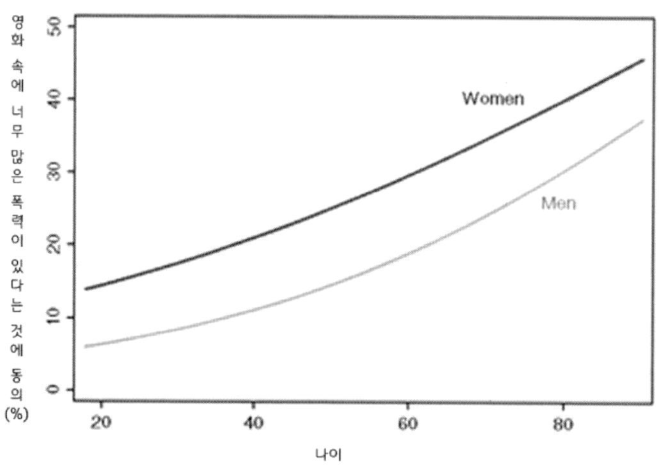

분명히 여성은 남성보다 영화 속 폭력에 대해 더 부정적인 태도를 보이는 경향이 있다. 나이에 따라 태도가 변한다는 것도 분명하다. 그러나 여성의 태도가 남성과 다르게 나이에 따라 변한다는 것은 분명하지 않다.

다음은 상호작용이 어떤 의미인지를 이해하는데 도움이 되는 고전적인 예이다. 일부 새로운 암 약물은 암 세포 표면의 수용체에 고정되어 작용한다. 그러나 일부 암에는 수용체가 없다. 쥐 약물 연구에서 다음과 같은 자료를 가져왔다. 이 연구에서는 쥐에게 암세포를 주입한 다음 그 중 절반만 약물로 치료하고 20일 후에 종양의 크기를 측정하였다.

쥐의 수	약물 투여 여부	암의 수용체 유무	평균 종양 크기
4	예	아니오	20.2mm
4	예	예	7.0mm
4	아니오	아니오	21.2mm
4	아니오	예	19.7mm

이 약물은 수용체가 없는 암에는 효과가 없는 것으로 보이며, 그 자체로는 수용체가 종양 크기에 아무런 영향을 미치지 않는 것으로 보인다. 암이 줄어드는 유일한 시기는 약물을 투여하고 암에 수용체가 있을 때이다. 한 가지 분석은 수용체가 있는 암과 수용체가 없는 암에서 약물의 효과를 개별적으로 보는 것이다. 분석에서 얻은 p-값이 각각 0.02와 0.6이다. 그러나 이것은 "약물의 효과가 수용체의 유무에 의존하지 않는다"라는 하나의 귀무가설을 검정하기 위한 두 개의 p-값이다. 대안은 선형 회귀모형 y = 종양의 크기 = $b_1 \times$ Drug + $b_2 \times$ Receptor + $b_3 \times$ Interaction term 이다. 여기에서 교호작용 항이 Drug × Receptor인 경우이다. 즉, 쥐에게 수용체가 있고 약물이 제공된 경우는 1이고 그렇지 않은 경우는 0이다. 이 데이터를 가지고 분석을 해서, 계수 b_1과 b_2가 통계적으로 유의하지 않고 b_3가 통계적으로 유의한 결과를 얻었다면 이는 약물이 수용체가 있는 암 환자에게만 효과가 있음을 시사한다.

CHAPTER 30. 마라톤에서 우승하는 방법 (시간에 따른 측정 오류)

1. **직무만족도 조사에서 나온 자료를 어떻게 분석해야 한다고 생각하는가?**

올바른 분석은 랜드마크 분석이라는 다소 이상한 이름을 가지고 있지만, 원칙적으로 매우 간단하다. 짐작할 수 있듯이 설정된 시간(랜드마크)에 시간 측정을 시작하면 된다. 직원들은 3개월 동안 근무를 마치고 나서 설문을 작성하므로 이때 시간을 시작한다. 3개원 전에 그만둔 사람과 늦게 설문을 작성한 사람은 분석에서 제외한다.

그러면 그래프는 다음과 같다.

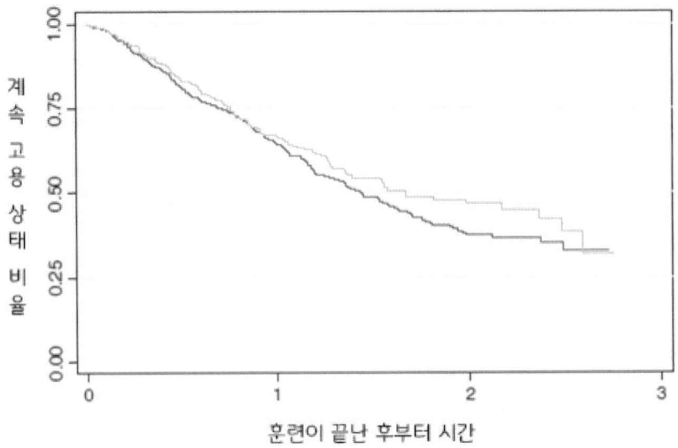

모집 날짜가 아니라 직업 훈련이 끝난 후 시간을 측정하기 때문에 전체 그래프가 왼쪽으로 이동한다. 또한 두 곡선이 서로 더 가까우므로 두 집단 간에 유의한 차이가 없음을 알 수 있다.

2. 리드타임 편향을 어떻게 처리해야 할까?

다른 많은 과학적 문제와 마찬가지로 리드타임 편향 문제는 통제그룹으로 가장 잘 해결된다. 선별 검사를 받은 사람이 선별 검사를 받지 않은 사람보다 암으로 사망할 가능성이 적다면, 선별 검사가 도움이 되었다는 꽤 괜찮은 증거가 될 것이다. 내 동료이기도 했던 한 연구원은 폐암 검진의 경우 검진을 받은 사람이 검진을 받지 않은 사람보다 더 오래 사는 것을 아니라고 하였다.

또 폐암 검진에 관한 연구를 발표한 연구자들은 아무에게도 말도 하지 않았지만 폐암을 발견할 수 있는 장치에 대한 특허를 보유하고 있으며 담배 업계의 돈을 사용하여 실험을 진행한 것으로 밝혀졌고, 누가 무엇 때문에 사망했는지를 보고할 때 전적으로 솔직하지 않았다. 이제 나는 일반적으로 "간단한 조작으로 기인할 수 있다는 음모를 탓하지는 않는다"는 입장을 취한다. 그럼에도 불구하고 나쁜 통계를 볼 때 누가 이익을 얻을지 궁금해 할 가치는 있다.

CHAPTER 31. 과연 통계에 "규칙"이 있는가?

1. **그렇다면 통계에는 옳고 그름이 없다는 말인가? 엉터리 분석을 하더라도 무슨 일이든 상관없이 시험에서 100점을 얻으면 된다는 뜻인가?**

당신이 진정한 과학자라면 당신의 시험에 관한 실험을 하고 무슨 일이 일어나는지 볼 수 있을 것 같지만 나는 그것을 제안하지는 않을 것이다. 나는 모든 철학을 얻고 진리에 대한 절대적이고 상대적인 이론들에 대해 토론할 수 있다(예를 들어, 현실이 상대적이더라도 여전히 현실이라고 말할 수 있다). 또는 나는 "항상 모든 사람들에게 진실이란 것과 반대되는 것은 아무런 일도 아닌 것"이라는 점을 지적할 수 있다. 한 그룹의 사람들이 그 그룹의 구성원에게 특정 방식으로 행동하도록 요구하고 그렇게 하지 않으면 책망하는 것은 아주 합리적이다. 이에 대한 좋은 예제가 결투이다. 이것은 한때 합법적이었지만 지금은 아니다. 옳고 그름에 대한 생각이 시간이 지남에 따라 바뀔 수 있음을 보여준다. 하지만 그것이 20걸음을 걸은 후 권총을 발사해도 된다는 것은 아니다.

그러나 내가 당신에게 남겨줄 수 있는 메시지가 단 하나만 있다면, 그것은 비록 옳은 것이 하나만 있는 것이 아니더라도 여전히 많은 잘못된 것들이 있다는 것이다. 당신은 제임스 뷰캐넌(James Buchanan)이 미국 역사상 최악의 대통령 중 한 명이라고 생각하고 나는 그가 불가능한 상황에서 부당하게 비난을 받았다고 생각한다면, 우리 둘 다 옳을지도 모른다고 생각했다. 만약 제임스 뷰캐넌이 대통령 선거에 출마하기 전에 도넛 같은 옷을 차려입고 스웨덴에서 광범위하게 여행한 아조레스(Azores)에서 태어난 여자라고 생각했다면, 더 이상의 말이 필요 없다. 당신이 틀렸을 것이다. 그에 비해, 나는 임상시험 결과를 분석하는 더 좋은 방법과 나쁜 방법에 대한 논문을 쓴 적이 있다. 그러나 나는 회귀분석이 좋지만, 당신은 분산분석을 더 좋아하는 것처럼 일부 방법에 대한 합리적인 의견 불일치에 대한 여지가 있다는 것을 인정하지만, 어떤 부분은 완전히 틀렸다고 말할 것이다.

2. **교과서뿐만 아니라 상당히 많은 통계교사들도 한쪽으로 치우친 편향된 자료에 대한 t 검정은 피해야 한다고 주장한다. 그들이 틀렸는가?**

아니다. 실제로는 편향된 자료에 대해서 윌콕슨 검정을 대신 사용하는 것이 좋은 선택이다. 그러나 연구 결과에 따르면 데이터가 편향되어 있어도 t 검정을 사용하는 것이 괜찮은 특별한 상황이 있다는 것이다. 이 점은 두 가지 중요한 것을 시사한다. (a) 통계는 일련의 규칙이 아니라 연구의 대상이며 (b) 입문 교과서가 해결할 수 있는 것보다 훨씬 복잡한 경우가 많다. 또한 그것들은 매우 흥미롭기 때문에 추가적인 통계학 수업을 듣는 것을 고려해 보는 것이 좋다.

3. **본문에서 나는 통계에 관한 규칙, 법률, 계명이 없다고 말했는데, 당신은 최근의 통계 연구가 무엇을 보여주는지 알아야 한다. 이것은 모든 과학자들이 간단한 통계 분석을 수행하기 전에 통계 저널을 찾아볼 필요가 있다는 것을 암시하는가?**

아니다. 하지만 나는 그들이 분석을 설명하기 위해 일부 교과서나 웹 기반의 자료를 사용했을 것이라 생각한다. 그리고 이러한 자료가 최신 증거에 기반하였기를 바란다. 이것은 여전히 그들의 대학 교과서를 사용하고 있는 펄 하버(Pear Harbor) 이후에 졸업한 과학자에게는 해당하지 않을 수도 있다.

실제로 그들의 대학 교과서가 몇 년 이상 전에 출판이 되었다면 더더욱 그러하다. 여기에 실제 이야기가 있다. 몇 년 동안 나는 대학 교과서에서 분석하는 방법을 찾았다. 이 책은 내가 대학원 공부를 시작하기 4년 전에 발간되었으며 대학을 다닌 시간을 고려하면 약 10년 전의 글이었다. 이 책에서 권장하는 분석이 비효율적인 것은 어쩌면 아주 당연한 일이다. 그래서 나는 저자에게 편지를 썼다. 저자는 상황이 바뀌고 있다는 것에 동의했으며 더 많은 최신 기술을 설명하는 검토 논문을 작성하기로 했다. 이 기사는 다른 과학자들에 의해서 널리 인용되었다.

어쨌든 이번 장은 통계분석 수행과 관련하여 어떤 일을 하는 처방전이 아니다. 통계는 석판에 새겨진 일련의 강력하고 빠른 규칙이 아니라 시간이 지남에 따라 변하는 과학이라는 사실이다.

CHAPTER 32. 쓰레기를 넣으면 쓰레기가 나온다. (입력 데이터의 중요성)

1. **심화 활동: 첫 데이트에서 통계 프로그래밍에 관한 이야기를 꺼내지 말아야 한다는 사실 외에 내가 그것에 대해 알아야 할 것이 있는가?**

학위 논문, 과학 논문 또는 경영보고서 같은 중요한 목적을 위해서 통계분석을 고려하지 않는 한 아마도 그렇지는 않을 것이다.

오늘날 통계분석을 실행하는 거의 모든 사람이 이러한 일들을 위해 컴퓨터를 사용한다.

전문 통계 소프트웨어를 사용한 분석을 실행하려면 다음 세 가지 중 하나를 선택해라.

a. "ttest handwriting_score, by (extra_teaching)."과 같은 명령을 입력한다.

b. 프로그램에서 풀다운 메뉴를 사용하여 "ttest"를 찾은 다음 대화 상자의 변수 목록에서 "handwriting_score"와 "extra_teaching"을 선택한다.

c. 별도의 프로그래밍 파일에 하나 이상의 명령을 입력한 다음 프로그래밍 파일을 실행한다.

대부분의 전문적인 통계학자는 옵션 (a) 또는 (b)를 거의 사용하지 않으며, 항상 모든 분석을 직접 프로그래밍한다. 간단한 예로, 소프트웨어 패키지 STATA용으로 작성된 코드가 있다. 세부 사항을 이해할 필요는 없으며 단지 전체적인 개념을 이해하면 된다.

```
clear
*load up the data set
use "handwriting data.dta", clear
*exclude children from this analysis if they recently joined the school
*this exclusion is described on page 4 of the study protocol
*"Recent" means less than 3 months
drop if time_at_school < 3
*children with missing data assumed not to have received extra teaching
*"extra_teaching==." means "no data for the extra teaching variable"
replace extra_teaching = 0 if extra_teaching ==.
*now run the ttest
ttest handwriting_score, by(extra_teaching)
*print out the results, rounding to a single decimal place
"r()" means result. E.g. "r(se)" means, give the standard error
display "The difference between groups is: " round(r(mean1) - r(mean2),.1)
display "The 95% confidence interval is ",
display round(r(mean1) - r(mean2)-r(se)*1.96),.1),
display " to ",
display round(r(mean1) - r(mean2)+r(se)*1.96),.1)
```

몇 가지 알아 두어야 할 사항이 있다. 행 2, 4, 5, 6 등의 *는 설명을 나타낸다. 컴퓨터는 이러한 라인을 무시하지만, 프로그래머가 수행하는 작업과 이유를 추적하는데 매우 유용하다. 코드의 절반가량이 주석이기 때문에 이 코드의 비트는 꽤 전형적이다. 사실, 실제 코드의 거의 모든 라인이 주의 깊게 설명되어 있다. 또한 코드에는 데이터 파일을 여는 명령어(3행)가 포함되어 있다. 올바른 데이터 세트에 대해 분석을 실행하려면 이 방법이 중요하다.

또 다른 요점은 행 15-19에서 *t* 검정 결과를 인쇄한다는 것이다.

t 검정에 대한 통계 소프트웨어의 일반적인 출력 결과는 다음과 같다.

```
              Obs    Mean     Std. Err.     Std. Dev.      [95% Conf.
                                                            Interval]
Group1        30     2.21     .1971801      1.08        1.806721  2.613279
Group2        30      1.566   .1811136      .992        1.195581  1.936419
combined      60     1.888    .1391911      1.078169    1.609479  2.166521
Diff                  .644    .2677352                  .1080698  1.17993

diff = mean(Group1) - mean(Group2)                             t = 2.4054
Ho: diff = 0                                    degrees of freedom = 58
Ha: diff < 0                Ha: diff != 0                 Ha: diff > 0
Pr(T < t) = 0.9903          Pr(T > t) = 0.0194      Pr(T > t) = 0.0097
```

이것은 다소 혼란스럽고, 이것을 워드 프로세서에 이를 붙여 넣을 때 실수를 저지르기가 얼마나 쉬운지를 알 수 있다. 그러나 프로그래밍 코드는 다음과 같은 것을 인쇄한다.

The difference between groups is 0.6. The 95% confidence interval is 0.1 to 1.2.

여기서 가장 중요한 문제는 재현성이다. 분석을 재현하려면 코드를 다시 로드하고 “go”를 누르면 정확하게 동일한 결과를 얻을 수 있다.

마지막으로 코드를 작성하는 것이 시간 낭비처럼 보이고 실제로도 그렇지만 장기적으로는 많은 시간이 절약됩니다. 예를 들어, 코드가 연구에 사용되었고 저자가 출판을 위해 과학 저널에 결과를 보냈다고 가정하자. 저널의 편집자들이 그 연구의 결과를 좋아한다고 답변을 했지만, 그 결과가 학교에 새로 입학한 학생들을 제외하는 것에 대하여 민감한지에 관심이 있을 수 있다. 즉, 모든 학생을 포함하거나 새로운 학생의 기준이 3

개월에서 1개월로 변경되면 그 결과가 바뀔 것인가? 이를 확인하려면 코드의 행 7을 변경하고 다시 실행하면 된다. 시간이 전혀 오래 걸리지 않고 100% 정확할 것이다. 이에 비해 코드가 없으면 수동으로 데이터를 로드한 후, 실험 한 달 이내에 학교에 온 학생을 제외하는 명령을 입력하고 추가 교육을 받지 않아서 누락된 학생을 정의하는 다른 명령을 입력한다. 그리고 풀다운 메뉴에서 t 검정을 선택한 후 오른쪽 체크 상자를 선택한 다음 인쇄물의 오른쪽 비트를 잘라서 붙여 넣는다. 이것은 시간이 오래 걸릴 뿐 아니라 실수하기도 쉽다.

CHAPTER 33. 무언가를 의미하는 숫자 (수학과 과학의 연결)

1. **조나스는 시장에 가서 무게가** 10 **파운드인 수박 한 개와 무게가** 2.5 **파운드인 사과** 9**개를 구입하였다. 그는 과일의 평균 무게를** 12.5 ÷ 10 = 1.25 **파운드로 계산하였다. 이 통계에 대해 어떻게 생각하는가?**

평균과 같은 통계를 계산하는 한 가지 이유는 어떤 것을 이해하는데 도움이 되기 때문이다. 예를 들어, 독서 연구에 참여하는 어린이의 평균 연령이 15세이고 표준편차가 0.5인 경우, 즉시 이것이 중학교 프로젝트라는 것을 알 수 있을 것이다. 평균을 계산하는 또 다른 이유는 그것이 집으로 가는 가장 좋은 경로, 내년 예산을 위해 얼마를 따로 준비해야 하는지 또는 진통제가 효과가 있을 만큼 충분히 강한지 여부 등을 결정하는데 도움이 되기 때문이다.

과일의 평균 무게 1.25 파운드가 무엇을 의미하는지 또는 그것이 어떻게 사용될 수 있는지는 확실하지 않다. 1.25 파운드의 평균은 우리에게 조나스가 구입한 과일의 종류에 대한 어떤 정보를 제공하는가? 어떤 과일도 무게가 1.25 파운드 근처가 아니고 또한 조나스가 표준편차가 3이라고 보고했다고 해서 우리가 과일의 95%가 평균의 2배 표준편차 이내에 있을 것이라고 말할 수는 없을 것이다. 왜냐하면 이런 무게를 가지는 과일은 없기 때문이다. 우리는 또한 어떤 유용한 목적으로 평균을 사용할 수 없다. 예를 들어, 평균은 조나스가 20개의 과일을 샀는데 그의 가방 무게가 얼마인지에 대한 답을 주지 않는다. 왜냐하면 그가 만약 과일을 20개 사더라도 여전히 수박은 1개만 살 것이기 때문이다. 조나스가 산 과일의 평균 무게는 추상적인 수학 계산에 지나지 않으며 실생활에서는 거의 사용되지 않거나 의미가 없다.

당신은 아마 "아, 그건 바보 같아. 아무도 수박과 사과의 무게를 평균화하지는 않아."

라고 생각할지 모른다. 그러나 실제로 이런 종류의 일은 종종 일어난다. 예를 들어, 병원의 두 의사가 특정 종류의 암 수술 후 회복에 관한 모든 출판된 과학 논문을 검토하였다. 그들은 각 연구에서 보고된 회복률을 계산한 다음 평균을 얻었다. 지금은 평균 회복률을 계산하는 것이 통계적으로 매우 복잡한 것으로 판명되었고, 메타분석이라는 특수한 기술을 사용해야 한다. 수개월에 걸친 노력 끝에 나는 결과를 보고 모든 난해한 통계에 대한 의견을 제시하도록 초대되었다. 나는 통계를 아예 보지도 않았다. 거의 모든 과학 논문에서 회복은 완전히 다르게 정의되었으므로 결과를 결합하고 평균을 취하는 것은 사과와 수박이 들어 있는 가방의 무게를 측정하고 과일의 평균 무게를 계산하는 것과 다를 바가 없었다.

2. **외과의사는 "비만은 생존에 어떤 영향을 미칠 수 있다"라고 결론지었다. "may", "might", "could"와 같은 단어는 종종 과학적 연구의 결론에서 발견된다. 과학자들은 왜 이 단어들을 사용하지 않아야 하는가?**

문제가 무엇인지에 상관없이 어떤 연구를 생각해 보고 가능한 결론을 내린다. 다음은 내가 방금 생각한 것이다. 학생들은 "스토리 통계"를 읽고 다른 통계 교과서에서 보다 더 많은 통계를 배운다. 이제 결론을 내리고 "may", "might" 또는 "could"와 같은 단어를 추가하고 무엇을 얻을 수 있는지 보아라. 나의 결론은 "학생들이 스토리 통계를 읽고 더 많은 통계를 배울 수 있을지 모른다"가 된다. 이 결론에 대해 흥미로운 점은 나는 당신이 당신 자신의 사례에서 동일한 것을 찾을 수 있다고 확신한다는 것이고 이것이 "내 책이 엄청나다"와 같은 어떤 도발적인 것을 말하고 있지만, 사실은 아무것도 말하지 않았다. 이것은 우리가 허위로 판명한 경우를 제외하고는 모든 경우에 해당된다. 예를 들어, 피플(People) 메거진이 통계 지식을 얻기에 좋은 자료가 아님을 입증하기 위한 연구를 한 사람이 아무도 없기 때문에 "학생들은 피플 메거진을 읽으면서 더 많은 통계를 배울 수 있다"라고 확신할 수 있다. 어떤 의미에서는 "학생들은 수업시간에서보다 소파에서 컴퓨터 게임을 하면서 더 많은 통계를 배울 수 있을지 모른다."도 사실일 수 있다.

"may"와 같은 단어는 실제로 두 가지 다른 방식으로 모호하다. 예를 들어 "허벅지 근육을 스트레칭하면 단거리 속도가 빨라질 수도 있다."라고 말했다면 이것은 "스트레칭이 단거리 속도를 빠르게 하는지는 확실하지 않다"나 "단거리 속도는 분명 향상되지만 모든 사람에게 도움이 되지는 않을 수 있다. 따라서 그것이 도움이 될지는 확실하지 않다"의 의미일 것이다.

과학 논문의 결론에서 "may" 또는 "may"와 같은 단어를 사용하는 것은 어쩌면 연구가 완전히 시간 낭비인 것을 의미할 수도 있다. 수천 건의 자동차 사고에 대한 자료를 분석하고 "휴대전화 사용으로 도로 교통사고의 위험이 증가할 수도 있다"라고 결론을 내렸다고 가정하여보자. 우리는 이미 알고 있는 것처럼 만약 휴대전화로 통화하는 것이 나무와 충돌하게 될 위험을 증가시키지 않을 수 있다면 이러한 연구를 시작부터 하지 않았을 것이다. 이것은 내 연구 분야인 암 연구에서 특히 고통스럽다. 나는 "제2차 화학요법이 암 생존을 향상시킬 수 있다"라는 결론을 내린 대규모 임상시험에 대한 보고서를 본 적이 있다. 물론 더 많은 화학요법이 암 생존을 향상시킬 수 있다. 그것은 어쩌면 당연한 것이다. 화학요법은 암세포를 죽인다. 그래서 당신은 우리가 이미 알고 있는 것을 발견하기 위해서 추가적인 화학요법의 수고를 통해 수백 명의 환자를 배치했는가?

"may", "may" 및 "could"와 같은 단어가 인기 있는 이유는 저자가 어떠한 책임도 지지 않기 때문이다. "제2차 화학요법이 암 생존을 향상시킬 수 있다"라고 결론을 내고 다른 사람이 그렇지 않다는 것을 증명하는 훨씬 더 나은 연구를 한다면, 항상 "저는 추가 화학요법이 확실히 효과가 있다고 말한 적이 없다. 단지 그럴 수도 있다고 했다."라고 말할 수 있다. 이것은 사기꾼들이 살아가면서 하는 그런 종류의 일이다. "이 단순한 부동산 속임수는 당신에게 수천 달러를 벌게 해줄 수 있다"라고 주장하면서 당신의 돈을 가져가고 가치 있는 것은 가르쳐 주지 않는다. 그리고 나서 "나는 내 프로그램이 돈을 벌어 줄 것이라고 말하지 않았다. 다만 돈을 벌어 줄 수도 있을 것이다"라고 말하면서 자신을 변호할 수 있다.

우리는 과학이 빠른 성과를 보는 구조와는 다르기를 원합니다. 그렇다면 과학자들은 자기의 결론에 책임을 지고 "무엇인가 사실일 수도 있다"거나 "사실일지도 모른다"라는 말만은 피해야 한다.

참고문헌

참고문헌

Chapter 6

43쪽. 막대그래프: results of a clinical trial of acupuncture for headache. Vickers, Andrew et al., (2004, March). "Acupuncture for chronic headache in primary care: large, pragmatic, randomized trial." British Medical Journal, 328(7442): 744. Reproduced with permission from BMJ Publishing Group Ltd.

44쪽. 그래프: the reduction of headache during acupuncture. Trial and discussion of data on the same page. Vickers, Andrew et al, (2004, March). "Acupuncture for chronic headache in primary care: large, pragmatic, randomized trial." British Medical Journal, 328 (7442): 744. Reproduced with permission from BMJ Publishing Group Ltd.

Chapter 7

48~53쪽, "Why Does Chutes and Ladders Explain Hemoglobin Levels? Some Thoughts on the Normal Distribution." Medscape; WebMD, 111 8th Avenue, New York, NY 10011.

50쪽 아래그래프: distribution of hemoglobin in a cohort of Swedish men. O'Brien, M. et al, "Pretreatment Prostate-Specific Antigen (PSA) Velocity and Doubling Time Are Associated With Outcome but Neither Improves Prediction of Outcome Beyond Pretreatment PSA Alone in Patients Treated With Radical Prostatectomy." Journal of Clinical Oncology 2009 0: JCO.2008.19.9794 © 2008 American Society of Clinical Oncology. All rights reserved.

Chapter 8

54~58쪽, "If the Normal Distribution is So Normal, Then How Come My Data Never Are?" Medscape; WebMD, 111 8th Avenue, New York, NY 10011.

Chapter 11

72~76쪽, "Statistical Ties and Why You Shouldn't Wear One." Medscape; WebMD, 111 8th Avenue, New York, NY 10011.

Page 75, Citation and discussion of prostate surgery study. Parsons, J. Kellogg et al, (2004, January). "Complications of abdominal urologic laparoscopy: longitudinal five-year analysis." Urology, 63(1), 27-32.

Chapter 13

82~84쪽, "To p or Not to p." Medscape; WebMD, 111 8th Avenue, New York, NY 10011.

Chapter 14

86~89쪽, Petrosino, Anthony et al. (2005). "Scared straight and other juvenile awareness programs" in B. Welsh and D. Farrington (Eds.), Preventing crime: what works for children, offenders, victims and places (pp. 87-101). The Netherlands: Springer. With kind permission from Springer Science and Business Media.

Chapter 15

92~93?쪽, "Low-Fat Diets Flub a Test", Editorial, New York Times, 9 February 2006.

Chapter 17

109쪽, Reference to "sample size samba." Reprinted from Schultz, K. and Grimes, D., "Sample Size Calculations in Randomised Trials: Mandatory and Mystical." The Lancet, Vol. 365, Pages 1348-1353, © 2005, with permission from Elsevier.

Chapter 19

126~127쪽, Citation and discussion of study about fast food and exercise habits; "Eating More, Enjoying Less." Pew Resarch. published April 19, 2006. ©2009 Pew Research Center, Social and Demographics Project. www.socialtrends.org.

Chapter 22

142~143쪽, "Three Statistical Errors That Are Totally Trivial but Which Matter a Great Deal." Medscape; WebMD, 111 8th Avenue, New York, NY 10011.

Chapter 24

151쪽, Data, tables, and discussion regarding interfaith marriage survey. Northern Ireland Life and Times, ARK, School of Sociology, Social Policy and Social Work, Queen's University Belfast, University Road, Belfast, Northern Ireland. BT7 1NN.

Chapter 26

162~164쪽, "Regression to the Mike: a statistical explanation of why an eligible friend of mine is still single (and some implications for medical research)." Medscape; WebMD, 111 8th Avenue, New York, NY 10011.

Chapter 28

177~179쪽, Citation and discussion of study regarding use of aspirin after a heart attack analyzed by astrological sign. Schultz, Kenneth F. and Grimes, David A., (2005, April). "Sample size calculations in randomized trials: mandatory and mystical." The Lancet, 365(9467): 1348-1353.

Chapter 30

185~191쪽, “How to Win the Marathon: A Common Statistical Error Can Help.” Medscape; WebMD, 111 8th Avenue, New York, NY 10011. Page 135, Citation and discussion of study re: survival rates in lung cancer patients diagnosed by CT scan. Bach, Peter B. et al, (2007, March). “Computed Tomography Screening and Lung Cancer Outcomes.” Journal of the American Medical Association, 297(9): 953-961.

Chapter 32

195~200쪽, “Statistics Is Unscientific! (Well, as Clinicians See it, Anyway).” Medscape; WebMD, 111 8th Avenue, New York, NY 10011.

Chapter 33

202~205쪽, “Numbers That Mean Something: Linking Math and Science.” Medscape; WebMD, 111 8th Avenue, New York, NY 10011.
Page 204, Portrait of the English statistician and geneticist, Sir Ronald Aylmer Fisher, ©hoto Researchers, Inc.

Chapter 34

207~209쪽, “Statistics Is About People, Even If You Can’t See The Tears.” Medscape; WebMD, 111 8th Avenue, New York, NY 10011. Page 152, Map: public domain.

토론에 대한 답변

Chapter 6

223쪽 막대 그래프: length of paid maternity leave in different countries. Gornick, Janet C. and Marcia K. Meyers. Figure 5.2, "Paid Leave Available to Mothers, Approximately 2000." In Families That Work: Policies for Reconciling Parenthood and Employment. © 2003 Russell Sage Foundation, 112 East 64th Street, New York, NY 10021. Reprinted with permission.

Chapter 9

228~229쪽, "Great Male Survey: 'our results reveal who the modern man is' and '56% of men see the drink they order as a reflection of their masculinity or character.'" AskMen.com.

Chapter 17

246쪽. Huang, Yong et al, (2008, November). "Sensitive analysis of anti-HIV drugs, efavirenz, lopinavir and ritonavir, in human hair by liquid chromatography coupled with tandem mass spectrometry." Rapid Communications in Mass Spectrometry, 22(21): 3401−3409. Wiley-Blackwell.

Chapter 19

252~253쪽, Data in diagram: stork population and birth rate. "King Kong, Storks, and Birth Rates." Teaching Statistics. 25(1): 20-32. Wiley-Blackwell.

Chapter 24

261쪽, Data used in graph showing crime data relative to poverty rate. StatCrunch/DOJ.

262쪽, Data used in graph showing crime data relative to metropolitan vs. rural areas. Ibid.

Chapter 27

272쪽, Shakespeare's Othello.

Chapter 29

278쪽, Data set from a study of cancer drugs in mice. Yiang, Giou-Teng et al, (2009, January). "Immunotherapy: rAAV2 expressing interleukin-15 inhibits HeLa cell tumor growth in mice." Journal of Biomedical Science, 16(1): 47.

Chapter 32

282쪽, 19 lines of code from software package, printout for t test. Stata Statistical Software. College Station, TX: StataCorp LP. Page 205, line of programming code. "The difference between groups is 0.6. The 95% confidence level is 0.1 to 1.2." Stata Statistical Software. College Station, TX: StataCorp LP.